华章图书

一本打开的书，
一扇开启的门，
通向科学殿堂的阶梯，
托起一流人才的基石。

智能系统与技术丛书

Deep Learning for Natural Language Processing

基于深度学习的自然语言处理

[美] 卡蒂克·雷迪·博卡（Karthiek Reddy Bokka）
[印] 舒班吉·霍拉（Shubhangi Hora）
[德] 塔努吉·贾因（Tanuj Jain）
[美] 莫尼卡·瓦姆布吉（Monicah Wambugu） 著
赵鸣 曾小健 詹炜 译

机械工业出版社
China Machine Press

图书在版编目（CIP）数据

基于深度学习的自然语言处理 /（美）卡蒂克·雷迪·博卡（Karthiek Reddy Bokka）等著；赵鸣，曾小健，詹炜译．—北京：机械工业出版社，2020.5
（智能系统与技术丛书）
书名原文：Deep Learning for Natural Language Processing

ISBN 978-7-111-65357-8

I. 基… II. ① 卡 … ② 赵… ③ 曾… ④ 詹… III. 自然语言处理 IV. TP391

中国版本图书馆 CIP 数据核字（2020）第 062507 号

本书版权登记号：图字 01-2019-7265

Karthiek Reddy Bokka,Shubhangi Hora,Tanuj Jain, Monicah Wambugu：*Deep Learning for Natural Language Processing*（ISBN：978-1-83855-029-5）.

基于深度学习的自然语言处理

出版发行：机械工业出版社（北京市西城区百万庄大街 22 号 邮政编码：100037）

责任编辑：李忠明	责任校对：李秋荣
印　　刷：北京瑞德印刷有限公司	版　　次：2020 年 5 月第 1 版第 1 次印刷
开　　本：186mm × 240mm 1/16	印　　张：14.75
书　　号：ISBN 978-7-111-65357-8	定　　价：79.00 元

客服电话：（010）88361066 88379833 68326294　　投稿热线：（010）88379604
华章网站：www.hzbook.com　　读者信箱：hzit@hzbook.com

THE TRANSLATOR'S WORDS

译者序

自然语言处理（Natural Language Processing，NLP）属于人工智能的一个子领域，是指用计算机对自然语言的形、音、义等信息进行处理，即对字、词、句、篇章的输入、输出、识别、分析、理解、生成等进行操作和加工。它对计算机和人类的交互方式有许多重要的影响。

本书可划分为三大部分：第一部分包括第1、2章，主要介绍了NLP的常用基本技术，包括词嵌入、文本规范化、标记文本、词性标注等，并且附有练习，以帮助读者实际上手和巩固所学知识；第二部分涵盖第3章到第8章，这部分专门针对用于NLP任务的神经网络与深度学习技术进行讲解，包括CNN、RNN、GRU、LSTM等，特别是第8章讲解了最前沿的用于自然语言处理任务的技术，包括注意力机制、transformer及BERT等；第三部分（第9章）则是NLP在真正项目工作流中的体现。原理加项目代码实现是整本书的特点。希望读者可以多编码，加深记忆。

译者在本书翻译过程中参考了大量书籍和文献，但由于水平有限，译文中难免有不当之处，恳请读者批评指正。

曾小健
2020年伊始

PREFACE

前　　言

本书首先介绍自然语言处理领域的基本构件，接着介绍使用最先进的神经网络模型可以解决的问题，将深入涵盖文本处理任务中所需的必要预处理以及自然语言处理领域的一些热门话题，包括卷积神经网络、循环神经网络和长短期记忆网络。通过阅读本书，读者将理解文本预处理以及超参数调整的重要性。

学习目标

- 学习自然语言处理的基础知识。
- 了解深度学习问题的各种预处理技术。
- 使用 word2vec 和 GloVe 构建文本的矢量表示。
- 理解命名实体识别。
- 使用机器学习进行词性标注。
- 训练和部署可扩展的模型。
- 了解神经网络的几种架构。

目标读者

对自然语言处理领域的深度学习感兴趣的有抱负的数据科学家和工程师。

他们将从自然语言处理概念的基础开始，逐渐深入到神经网络的概念及其在文本处理问题中的应用。他们将学习不同的神经网络架构及其应用领域。需要具备丰富的 Python 知识和线性代数技能。

方法

本书从自然语言处理的基本概念讲起，在了解了基本概念之后，读者将逐渐意识到自然语言处理技术在现实世界中的应用和问题。接下来本书针对这些问题领域介绍开发解决方案的方法。本书还讨论了作为基于解决方案的方法的一部分的神经网络的基本构造块。最后通过实例阐述各种现代的神经网络架构及其相应的应用领域。

硬件要求

为了获得最佳体验，我们推荐以下硬件配置：

- 处理器：英特尔酷睿 i5 或同级产品
- 内存：4 GB 内存
- 存储：5 GB 可用空间

软件需求

我们还建议你预先安装以下软件：

- 操作系统：Windows 7 SP1 64 位、Windows 8.1 64 位或 Windows 10 64 位、Linux（Ubuntu、Debian、Red Hat 或 Suse）或 OS X 的最新版本。
- Python 3.6.5 或更高版本，最好是 3.7。可访问 https://www.python.org/downloads/release/python-371/ 下载。
- Jupyter（访问网站 https://jupyter.org/install 下载，按照说明安装）。或者，你可以使用 Anaconda 来安装 Jupyter。
- Keras（https://keras.io/#installation）。
- Google Colab 这是一个免费的 Jupyter 笔记本环境，运行在云基础架构上。强烈建议你使用它，因为其不需要任何设置，并且预先安装了流行的 Python 包和库（https://colab.research.google.com/note-books/welcome.ipynb）。

安装和设置

每一次伟大的旅程都是从一个不起眼的步骤开始的，对于即将到来的数据领域的冒险也不例外。在能够用数据做令人敬畏的事情之前，我们需要准备好最高效的环境。

在 Windows 上安装 Python

1）在官方安装页面（https://www.python.org/downloads/windows/）上找到你想要的

Python 版本。

2）确保根据你的计算机系统安装正确的“位”版本（32 位或 64 位）。你可以在操作系统的“系统属性”窗口中找到此信息。

下载安装程序后，只需双击文件，并按照屏幕上显示的用户友好提示操作。

在 Linux 上安装 Python

要在 Linux 上安装 Python，需执行以下操作：

1）在命令提示符下运行 **python3--version** 验证尚未安装 p\Python 3。

2）要安装 Python 3，请运行以下命令：

```
sudo apt-get update
sudo apt-get install python3.6
```

3）如果遇到问题，有许多在线资源可以帮助你解决问题。

在 macOS X 上安装 Python

要在 macOS X 上安装 Python，需执行以下操作：

1）通过按住“CMD + 空格”组合键打开终端，在打开的搜索框中键入终端，然后按回车键。

2）通过命令行运行 **xcode--select--install** 来安装 Xcode。

3）安装 Python 3 最简单的方法是使用 homebrew，通过命令行运行 **ruby--e"$(curl -fsSL https://raw.githubusercontent.com/Homebrew/install/master/install)"** 来安装。

4）将 homebrew 添加到你的 PATH 环境变量中。通过运行 **sudo nano~/.profile** 在命令行中打开你的配置文件，并在底部插入 **export PATH="/usr/local/opt/python/libexec/bin:$PATH"**。

5）最后一步是安装 Python。在命令行中，运行 **brew install python**。

6）注意，如果你安装 Anaconda，最新版本的 Python 将自动安装。

安装 Keras

要安装 Keras，需执行以下步骤：

1）由于 **Keras** 需要另一个深度学习框架作为后端，你需要先下载另一个框架，建议使用 **TensorFlow**。

要在你的平台上安装 **TensorFlow**，请访问 https://www.tensorflow.org/install/。

2）安装后端后，就可以使用以下命令安装 **Keras**:

```
sudo pip install keras
```

也可以从 GitHub 安装它，使用以下方法克隆 **Keras**：

```
git clone https://github.com/keras-team/keras.git
```

3）使用以下命令在 Python 上安装 **Keras**：

```
cd keras
sudo python setup.py install
```

现在需要配置后端。更多信息请参考链接 https://keras.io/backend/。

下载示例代码及彩色图像

本书的示例代码及所有截图和样图，可以从 http://www.packtpub.com 通过个人账号下载，也可以访问华章图书官网 http://www.hzbook.com，通过注册并登录个人账号下载。

CONTENTS

目　　录

CHAPTER 1

第1章

自然语言处理

学习目标

本章结束时，你将能够：

- 描述自然语言处理及其应用。
- 解释不同的文本预处理技术。
- 对文本语料库执行文本预处理。
- 解释 Word2Vec 和 GloVe 的词嵌入功能。
- 使用 Word2Vec 和 GloVe 生成词嵌入。
- 使用 NLTK、Gensim 和 Glove-Python 库用于文本预处理以及生成词嵌入。

本章旨在为你提供自然语言处理基础知识以及深度学习中使用的各种文本预处理技术。

1.1 本章概览

本书将指导你理解和优化深度学习技术，以进行自然语言处理，从而进一步推动强人工智能的实际应用。读者将了解自然语言处理的概念、应用和实现，并学习深度神经网络的方法，利用神经网络使机器理解自然语言。

1.2 自然语言处理的基础知识

为了便于理解，我们将这个术语分为两部分：

- 自然语言是一种有机且自然发展而来的书面和口头交流形式。
- 处理意味着使用计算机分析和理解输入数据。

如图 1-1 所示，自然语言处理是人类语言的机器处理，旨在教授机器如何处理和理解人类的语言，从而在人与机器之间建立一个简单的沟通渠道。

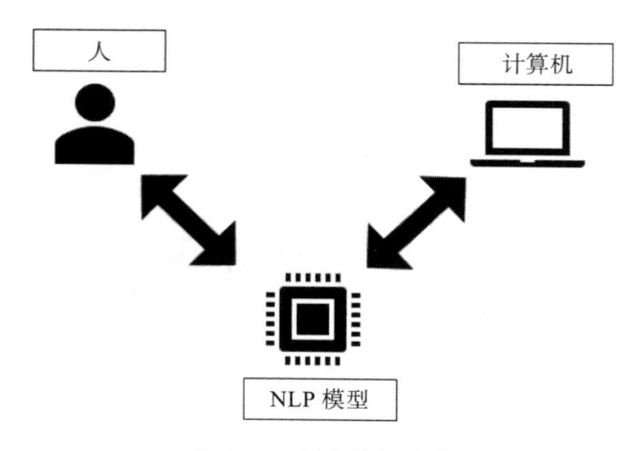

图 1-1　自然语言处理

自然语言处理的应用很广泛，例如，在我们的手机和智能音箱中的个人语音助手，如 Alexa 和 Siri。它们不仅能够理解我们的说话内容，而且能够根据我们说的话采取行动，并做出反馈。自然语言处理算法促进了这种与人类沟通的技术。

在上述自然语言处理定义中要考虑的关键是：沟通需要以人类的自然语言进行。几十年来，我们一直在与机器沟通：创建程序来执行某些任务并执行。然而，这些程序是用非自然语言编写的，因为它们不是口头交流的形式，也不是自然或有机发展而来的。这些语言，例如 Java、Python、C 和 C ++，都是在主要考虑机器的情况下创建的，并且始终考虑的是“机器能够轻松理解和处理的是什么？”

虽然 Python 是一种对用户更加友好的语言，且易于学习和编码，但与机器沟通，人类必须学习机器能够理解的语言。自然语言处理、机器学习、深度学习的关系如图 1-2 所示。

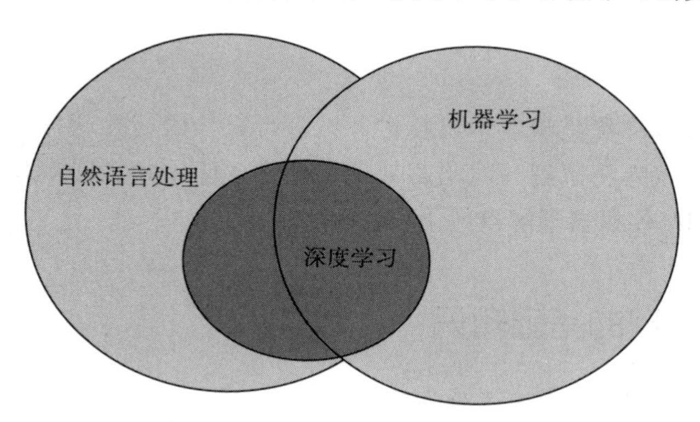

图 1-2　自然语言处理的维恩图

自然语言处理的目的与此相反。自然语言处理不是以人类顺应机器的方式学习如何有效地与它们沟通，而是使机器能够与人类保持一致，并学习人类的交流方式。其意义更为重大，因为技术的目的本来就是让我们的生活更为轻松。

我们用一个例子来澄清这一点，你的第一个程序是一段让机器打印“hello world”代码。这是你顺应机器并要求它用其理解的语言执行任务。通过向其发出这个命令来要求你的语音助手说“hello world”，并做出“hello world”的反馈，就是自然语言处理应用的一个例子，因为你用自然语言与机器通信。机器符合你的沟通形式，理解你所说的内容，处理你要求它执行的操作，然后执行任务。

自然语言处理的重要性

图 1-3 说明了人工智能领域的各个部分。

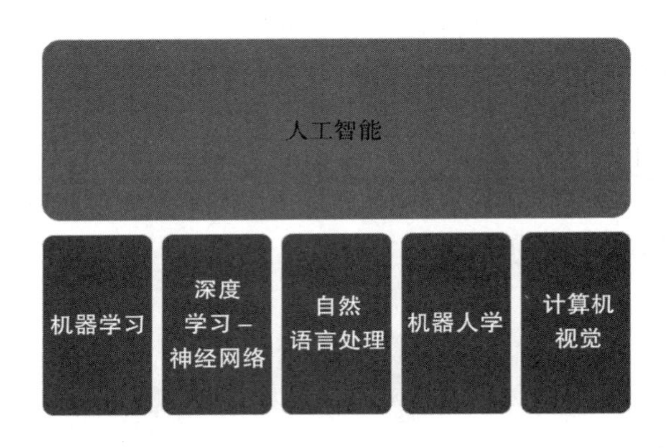

图 1-3　人工智能及其一些子领域

与机器学习和深度学习一样，自然语言处理是人工智能的一个分支，因为其处理自然语言，所以它实际上是人工智能和语言学的交叉。

如上所述，自然语言处理使机器能够理解人类的语言，从而在两者之间建立有效的沟通渠道。然而，自然语言处理的必要性还有另一个原因。那就是，像机器一样，机器学习模型和深度学习模型对数值数据最有效。数值数据对人类来说很难自然产生。很难想象我们用数字而不是语言交谈。因此，自然语言处理与文本数据一起工作，并将其转换成数值数据，从而使机器学习模型和深度学习模型能够适用于文本数据。因此，它的存在是为了通过从人类那里获取语言的口头和书面形式，并将它们转换成机器能够理解的数据，来弥合人类和机器之间的交流差距。得益于自然语言处理，机器能够理解并回答基于自然语言的问题、解决使用自然语言的问题以及用自然语言交流等。

1.3　自然语言处理的能力

自然语言处理有许多有益于人类生活的现实应用。这些应用程序属于自然语言处理的三大功能：

- **语音识别**

机器能够识别自然语言的口语形式，并将其翻译成文本形式。比如智能手机上的听写，你可以启用听写功能并对着手机说话，它会将你所说的一切转换成文本。

- **自然语言理解**

机器能够理解自然语言的口语和书面语。如果给机器一个命令，它就能理解并执行。例如，在你的手机上对Siri说“嘿，Siri，打电话回家”，Siri就会自动为你打电话回家。

- **自然语言生成**

机器能够自己生成自然语言。例如，在手机上对Siri说“Siri，现在几点了？”Siri回复说：“现在是下午2:08”。

这三种能力用于完成和自动化许多任务。让我们来看看自然语言处理的一些应用。

注意 文本数据被称为语料库（corpora）或一个语料（corpus）。

1.4 自然语言处理中的应用

图1-4描述了自然语言处理的一般应用领域。

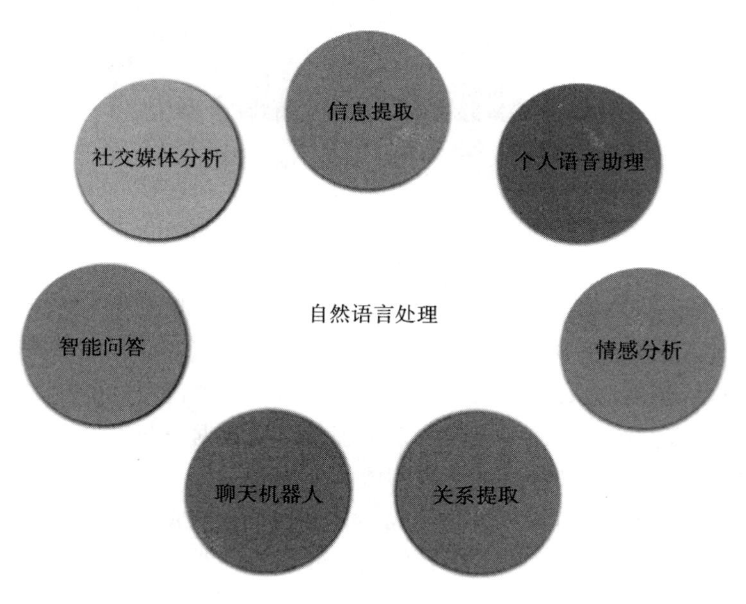

图1-4 自然语言处理的应用领域

- **自动文摘**

包括对语料库生成摘要。

- **翻译**

要求有翻译工具，以从不同的语言翻译文本，例如，谷歌翻译。

- **情感分析**

这也被称为情感的人工智能或意见挖掘，它是从书面和口头语料库中识别、提取和量化情感和情感状态的过程。情感分析工具用于处理诸如客户评论和社交媒体帖子之类的事情，以理解对特定事物的情绪反应和意见，比如新餐厅的菜品质量。

- **信息提取**

这是从语料库中识别并提取重要术语的过程，称为实体。命名实体识别属于这一类，将在下一章中解释。

- **关系提取**

关系提取包括从语料库中提取语义关系。语义关系发生在两个或多个实体（如人、组织和事物）之间属于许多语义类别之一。例如，如果一个关系提取工具被赋予了关于 Sundar Pichai 的内容，以及他是谷歌的 CEO，该工具将能够生成“ Sundar Pichai 就职于谷歌”作为输出，Sundar Pichai 和谷歌是两个实体，“就职于”是定义它们之间关系的语义类别。

- **聊天机器人**

聊天机器人是人工智能的一种形式，被设计成通过语音和文本与人类交流。它们中的大多数模仿人，使你觉得在和另一个人说话。聊天机器人在健康产业被用于帮助患有抑郁症和焦虑症的人。

- **社交媒体分析**

社交媒体的应用，如 Twitter 和 Facebook，都有标签和趋势，并使用自然语言处理来跟踪和监控这些标签和趋势，以了解世界各地正在交谈的话题。此外，自然语言通过过滤负面的、攻击性的和不恰当的评论和帖子来帮助优化过程。

- **个人语音助理**

Siri、Alexa、谷歌助手以及 Cortana 都是个人语音助理，充分利用自然语言处理技术来理解和回应我们。

- **语法检查**

语法检查软件会自动检查和纠正你的语法、标点和拼写错误。

1.4.1　文本预处理

在回答关于理解文章的问题时，由于问题针对文章的不同部分，因此一些词和句子对你很重要，有些则无关紧要。诀窍是从问题中找出关键词，并将其与文章匹配，以找到正确的答案。

文本预处理思想是这样的：机器不需要语料库中的无关部分。它只需要执行手头任务所需的重要单词和短语。因此，文本预处理技术涉及为机器学习模型和深度学习模型以及适当的分析准备语料库。文本预处理基本上是告诉机器什么需要考虑、哪些可以忽略。

每个语料库根据需要来执行任务的不同文本预处理技术，一旦你学会了不同的预处理技术，你就会明白什么地方使用什么文本预处理技术和为什么使用。其中技术的解释顺序通常是被执行的顺序。

在下面的练习中，我们将使用 NLTK Python 库，但是在进行这些活动时可以随意使用不同的库。NLTK 代表**自然语言工具包**（Natural Language Toolkit），是自然语言处理最简单也是最受欢迎的 Python 库之一，这就是为什么我们用它来理解自然语言处理的基本概念。

注意 关于自然语言工具包的更多信息，请访问 https://www.nltk.org/。

1.4.2 文本预处理技术

以下是自然语言处理中最常用的文本预处理技术：

- 小写/大写转换
- 去噪
- 文本规范化
- 词干提取
- 词形还原
- 标记化
- 删除停止词

接下来分别介绍。

1. 小写/大写转换

这是人们经常忘记使用的最简单有效的预处理技术之一。它要么将所有的大写字符转换为小写字符，以便整个语料库都是小写的；要么将语料库中的所有小写字符转换为大写字符，以便整个语料库都是大写的。

当语料库不太大，并且任务涉及同一个词由于字符的大小写，而作为不同的术语或输出识别时，这种方法特别有用，因为机器固有地将大写字母和小写字母作为单独的实体来处理。比如，"A"与"a"是不同的。这种输入大小写的变化可能导致不正确的输出或根本没有输出。

例如，包含"India"和"india"的语料库如果不应用小写化，机器会把它们识别为两个独立的术语，而实际上它们都是同一个单词的不同形式，并且对应于同一个国家。小写化后，仅存在一种"India"实例，即"india"，简化了在语料库中找到所有提到印度时的任务。

注意 所有的练习和活动主要在 Jupyter Notebook 上开发。读者需要在系统上安装 Python 3.6 和 NLTK。

练习 1-6 可以在同一个 Jupyter notebook 上完成。

练习 1：对一个句子执行小写转换

在本练习中，我们将采用一个包含大写字符和小写字符的输入句子，并将它们全部转换成小写字符。以下步骤将帮助你解决问题：

1）根据你的操作系统，打开 cmd 或其他终端。

2）导航至所需路径，并使用以下命令启动 **Jupyter** notebook：

```
jupyter notebook
```

3）将输入句子存储在“s”变量中，如下所示：

```
s = "The cities I like most in India are Mumbai, Bangalore, Dharamsala and Allahabad."
```

4）应用 **lower()** 函数将大写字母转换为小写字符，然后打印新字符串，如下所示：

```
s = s.lower()
print(s)
```

预期输出如图 1-5 所示。

```
the cities i like most in india are mumbai, bangalore, dharamsala and allahabad.
```

图 1-5　混合大小写句子的小写化输出

5）创建一个大写字符的单词数组，如下所示：

```
words = ['indiA', 'India', 'india', 'iNDia']
```

6）使用列表理解，对 **words** 数组的每个元素应用 **lower()** 函数，然后打印新数组，如下所示：

```
words = [word.lower() for word in words]
print(words)
```

预期输出如图 1-6 所示。

```
['india', 'india', 'india', 'india']
```

图 1-6　混合大小写的小写化输出

2. 去噪

噪声是一个非常普遍的术语，对于不同的语料库和不同的任务，它可能意味着不同的东西。对于一个任务来说，被认为是噪声的东西可能对另一个任务来说是重要的，因此这是一种非常特定于领域的预处理技术。例如，在分析推文时，标签对于识别趋势和理解全球谈论的话题可能很重要，但是在分析新闻文章时标签可能并不重要，因此在后者的情况下标签将被视为噪声。

噪声不仅包括单词，还可以包括符号、标点符号、HTML 标记 (<、>、*、？)、数字、空白、停止词、特定术语、特定正则表达式、非 ASCII 字符 (\W|\d+)，以及解析词。

去除噪声是至关重要的，这样只有语料库的重要部分才能输入到模型中，从而确保准确的结果。这也有助于将单词转化为词根或标准形式。考虑以下示例。

如图1-7所示，删除所有符号和标点符号后，“sleepy”的所有实例都对应于单词的一种形式，从而能够更有效地预测和分析语料库。

有噪声	无噪声
..sleepy	sleepy
sleepy!!	
#sleepy	
>>>>>sleepy>>>>	
<a>sleepy</a>	

图1-7　去噪输出

练习2：消除单词中的噪声

在本练习中，我们将采用包含附加噪声的单词的输入数组（例如标点符号和HTML标记），并将这些单词转换为干净、无噪声的形式。为此，我们需要使用Python的正则表达式库。该库有几个功能，允许我们过滤输入数据并删除不必要的部分，这正是噪声消除过程的目的。

注意　要了解有关“**re**”的更多信息，请访问 https://docs.python.org/3/library/re.html。

1）在同一个 **Jupyter** notebook 中，导入正则表达式库，如下所示：

```
import re
```

2）创建一个名为“**clean_words**”的函数，该函数将包含从单词中删除不同类型噪声的方法，如下所示：

```
def clean_words(text):

  #remove html markup
  text = re.sub("(<.*?>)","",text)

  #remove non-ascii and digits
  text=re.sub("(\W|\d+)"," ",text)

  #remove whitespace
  text=text.strip()

  return text
```

3）创建一个带有噪声的原始单词数组，如下所示：

```
raw = ['..sleepy', 'sleepy!!', '#sleepy', '>>>>>sleepy>>>>', '<a>sleepy</ a>']
```

4）对raw数组中的单词应用 **clean_words()** 函数，然后打印去噪后单词数组，如下所示：

```
clean = [clean_words(r) for r in raw]
print(clean)
```

预期输出，如图1-8所示。

```
['sleepy', 'sleepy', 'sleepy', 'sleepy', 'sleepy']
```

图1-8　噪声去除结果输出

预期输出如图 1-16 所示。

```
['weather', 'really', 'hot', 'want', 'go', 'swim']
```

图 1-16 移除停止词后的输出

此外，你可能需要将数字转换成它们的单词形式。这也是一种可以添加到噪声消除功能中的方法。此外，你还可能需要使用缩略库，该库用于扩展文本中现有的缩略。例如，contractions 库将把 “ you 're” 转换成 “ you are”，如果这对你的任务是必要的，那么建议安装并使用这个库。

文本预处理技术超出了本章中讨论的技术，可以包括任务或语料库所需的任何东西。在某些情况下，有些词可能很重要，而在另一些情况下则不重要。

1.5 词嵌入

正如本章前面部分所述，自然语言处理为机器学习模型和深度学习模型准备了文本数据。当提供数值数据作为输入时，模型执行效率最高，因此自然语言处理的关键作用是将预处理的文本数据转换为数值数据，数值数据是文本数据的数字表示。

这就是词嵌入的含义：它们是文本实值向量形式的数值表示。具有相似含义的词映射到相似的向量，因此具有相似的表示。这有助于机器学习不同单词的含义和背景。由于词嵌入是映射到单个单词的向量，因此只有在语料库上执行了标记化后才能生成词嵌入。词嵌入的示例如图 1-17 所示。

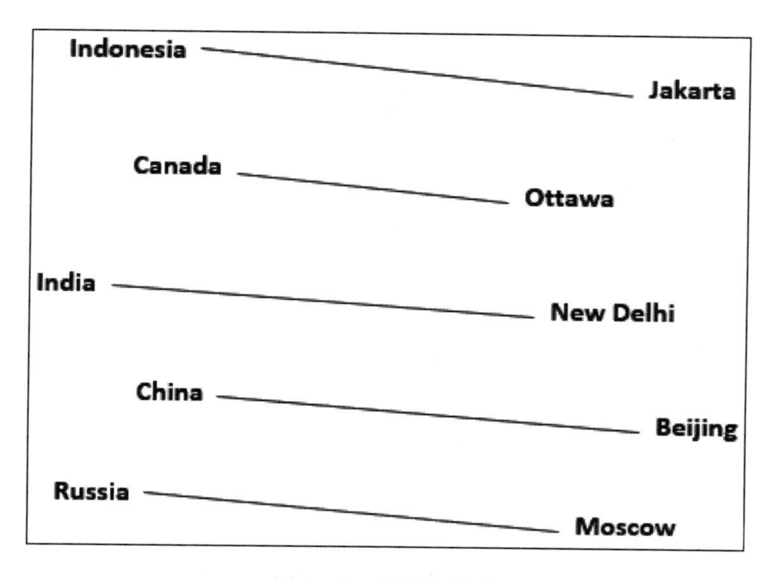

图 1-17 词嵌入示例

词嵌入包含多种用于创建学习的数值表示的技术，是表示文档词汇的最流行方式。词嵌入的好处在于，它们能够捕捉上下文、语义和句法的相似性，以及单词与其他单词的关系，从而有效地训练机器理解自然语言。这是词嵌入的主要目的——形成与具有相似含义的单词相对应的相似向量簇。

使用词嵌入是为了让机器像我们一样理解同义词。以一个在线餐馆评论为例。它们由描述食物、氛围和整体体验的形容词组成。它们要么是正面的，要么是负面的，理解哪些评论属于这两类中的哪一类是重要的。这些评论的自动分类可以让餐馆管理人员快速了解他们需要改进哪些方面，人们喜欢他们餐馆的哪些方面，等等。

有各种各样的形容词可以归类为正面的，负面的形容词也是如此。因此，机器不仅需要能够区分否定和肯定，还需要学习和理解多个单词可以与同一个类别相关，因为它们最终意味着相同的东西。这就是词嵌入的意义所在。

以餐饮服务申请中收到的餐馆评论为例。以下两句话来自两个不同的餐馆评论：

- Sentence A – The food here was great.
- Sentence B – The food here was good.

（句子 A——这里的食物很棒。

句子 B——这里的食物很好。）

机器需要能够理解这两个评论都是正面的，意思是相似的，尽管两个句子中的形容词不同。这是通过创建词嵌入来实现的，因为“good”和“great”两个词映射到两个独立但相似的实值向量，因此可以聚集在一起。

词嵌入的生成

我们已经理解了什么是词嵌入及其重要性，现在需要了解它们是如何产生的。将单词转换成其实值向量的过程称为矢量化，是通过词嵌入技术完成的。有许多可用的词嵌入技术，但是在本章中，我们将讨论两个主要的技术——Word2Vec 和 GloVe。一旦词嵌入（矢量）被创建，它们组合形成一个矢量空间，这是一个由遵循矢量加法和标量乘法规则的矢量组成的代数模型。如果你不记得你的线性代数，这可能是一个快速复习的好时机。

1. Word2Vec

如前所述，Word2Vec 是用于从单词生成向量的词嵌入技术之一。这一点你可能从名字本身就能理解。

Word2Vec 是一个浅层神经网络，只有两层，因此不具备深度学习模型的资格。输入是一个文本语料库，它用来生成矢量作为输出。这些向量被称为输入语料库中单词的特征向量。它将语料库转换成可以被深层神经网络理解的数值数据。

Word2Vec 的目的是理解两个或更多单词一起出现的概率，从而将具有相似含义的单词组合在一起，在向量空间中形成一个聚类。像任何其他机器学习或深度学习模型一样，通过从过去的数据和过去出现的单词中学习，Word2Vec 变得越来越有效。因此，如果有足够的数据和上下文，它可以根据过去的事件和上下文准确地猜测一个单词的意思，就像我们理解语言的方式一样。

例如，一旦我们听说并阅读了"男孩"和"男人"以及"女孩"和"女人"这几个词，并理解了它们的含义，我们就能够在它们之间建立联系。同样，Word2Vec 也可以形成这种连接，并为这些单词生成向量，这些单词在同一个簇中紧密地放在一起，以确保机器知道这些单词意味着类似的事情。

一旦给了 Word2Vec 一个语料库，它就会产生一个词汇，其中每个单词都有一个自己的向量，这就是所谓的神经词嵌入，简单地说，这个神经词嵌入是一个用数字写的单词。

Word2Vec 的功能

Word2Vec 针对与输入语料库中的单词相邻的单词训练单词，有两种方法：

❑ **连续单词袋（CBOW）**

该方法基于上下文预测当前单词。因此，它将单词的周围单词作为输入来产生单词作为输出，并且它基于这个单词确实是句子的一部分的概率来选择这个单词。

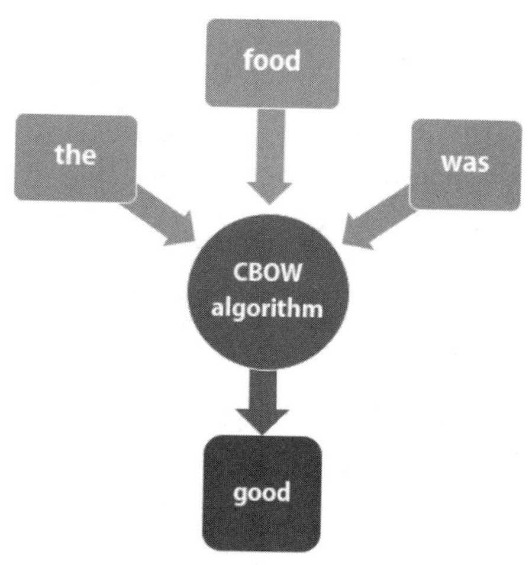

图 1-18 连续词袋算法

例如，如图 1-18 所示，如果算法被提供了单词"the food was"并且需要预测它后面的形容词，它最有可能输出单词"good"而不是输出单词"delightful"，因为将会有更多的例子使用单词"good"，并且因此它已经知道"good"比"delightful"具有更高的概率。CBOW 比 skip-gram 更快，并且使用更频繁的单词具有更高的准确性。

❑ **Skip-gram**

这种方法通过将单词作为输入，理解单词的意思，并将其分配给上下文来预测单词周围的单词。例如，如图 1-19 所示，如果算法被赋予"delightful"这个词，它就必须理解它的意思，并从过去的上下文中学习来预测周围的词是"the food was"的概率是最高的。Skip-gram 在小语料库中效果最好。

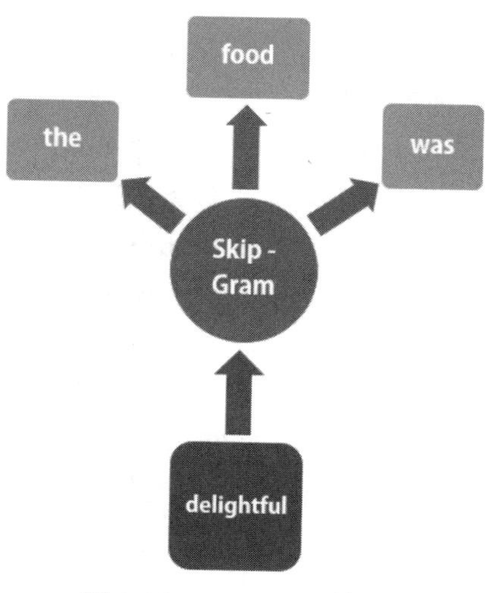

图 1-19 skip-gram 算法

虽然这两种方法似乎以相反的方式工作，但它们本质上是基于本地（附近）单词的上下文来预测单词。它们使用上下文窗口来预测下一个单词。这个窗口是可配置的参数。

选择使用哪种算法取决于手头的语料库。CBOW 基于概率工作，因此选择在特定上下文中出现概率最高的单词。这意味着它通常只预测常见和频繁的单词，因为这些单词具有最高的概率，而罕见和不频繁的单词永远不会由 CBOW 产生。另一方面，Skip-gram 预测上下文，因此当给定一个单词时，它将把它作为一个新的观察，而不是把它与一个具有相似含义的现有单词进行比较。正因为如此，罕见的词语将不会被避免或忽略。然而，这也意味着 skip-gram 需要大量的训练数据才能有效工作。因此，应该根据手头的训练数据和语料库，来决定使用哪种算法。

从本质上说，这两种算法以及整个模型，都需要一个高强度的学习阶段，在这个阶段，它们要经过成千上万个单词的训练，才能更好地理解上下文和含义。基于此，它们能够给单词分配向量，从而帮助机器学习和预测自然语言。为了更好地理解 Word2Vec，让我们使用 Gensim 的 Word2Vec 模型做一个练习。

Gensim 是一个开源库，用于无监督主题建模和使用统计机器学习的自然语言处理。Gensim 的 Word2Vec 算法以单个单词（标记）的形式输入句子序列。

此外，我们可以使用 **min_count** 参数。它会问你一个单词在语料库中应该有多少个实例，以使它对你来说很重要，然后在生成词嵌入时会考虑到这一点。在现实生活中，当处理数百万个单词时，一个只出现一两次的单词可能根本不重要，因此可以忽略。然而，现在，我们只在三个句子上训练模型，每个句子只有 5-6 个单词。因此，**min_count** 设置为 1，因为一个词对我们也很重要，即使它只出现一次。

练习 8：使用 Word2Vec 生成词嵌入

在本练习中，我们将使用 Gensim 的 Word2Vec 算法在标记化后生成词嵌入。

注意：在以下练习中，你需要在系统上安装 gensim。如果尚未安装，可以使用以下命令安装：

```
pip install --upgrade gensim
```

欲了解更多信息，请访问 https://radimrehurek.com/gensim/models/word2vec.html。

以下步骤将帮助你解决问题：

1）打开一个新的 **Jupyter** notebook。

2）从 **gensim** 导入 Word2Vec 模型，并从 **nltk** 导入 **word_tokenize**，如下所示：

```
from gensim.models import Word2Vec as wtv
from nltk import word_tokenize
```

3）将包含一些常用单词的三个字符串存储到三个独立的变量中，然后标记每个句子，并将所有标记存储在一个数组中，如下所示：

```
s1 = "Ariana Grande is a singer"
s2 = "She has been a singer for many years"
```

```
s3 = "Ariana is a great singer"
sentences = [word_tokenize(s1), word_tokenize(s2), word_tokenize(s3)]
```

4）训练模型：

```
model = wtv(sentences, min_count = 1)
```

Word2Vec 的 **min_count** 默认值为 5。

5）总结模型，如下所示：

```
print('this is the summary of the model: ')
print(model)
```

输出将如图 1-20 所示。

```
this is the summary of the model:
Word2Vec(vocab=12, size=100, alpha=0.025)
```

图 1-20 模型概要的输出

Vocab = 12 表示输入模型的句子中有 12 个不同的单词。

6）让我们通过总结来找出词汇中有哪些单词，如下所示：

```
words = list(model.wv.vocab)
print('this is the vocabulary for our corpus: ')
print(words)
```

输出将如图 1-21 所示。

```
this is the vocabulary for our corpus:
['Ariana', 'Grande', 'is', 'a', 'singer', 'She', 'has', 'been', 'for', 'many', 'years', 'great']
```

图 1-21 语料库词汇的输出

让我们看看‘singer’这个词的向量（词嵌入）是什么：

```
print("the vector for the word singer: ")
print(model['singer'])
```

预期输出如图 1-22 所示。

我们的 Word2Vec 模型已经在这三个句子上训练过了，因此它的词汇只包括这个句子中的单词。如果我们从 Word2Vec 模型中找到与特定输入单词相似的单词，则找不到真正有意义的单词，因为词汇量太小了。考虑以下示例：

```
#lookup top 6 similar words to great
w1 = ["great"]
model.wv.most_similar (positive=w1, topn=6)
```

“positive”是指在输出中只描述正矢量值。

与“great”相似的前 6 个词如图 1-23 所示。

```
the vector for the word singer:
[ 3.9150659e-03  2.6659777e-03  1.0298982e-03 -2.7156321e-03
  1.9977870e-03  3.1204436e-03  1.2055682e-04  1.0450699e-03
 -6.4308796e-04  3.0822519e-03  2.1972554e-03  5.1480172e-05
 -3.7099270e-03  3.9439583e-03  6.8276987e-04  7.7137066e-04
  2.3698520e-03 -7.8547641e-04  6.0383842e-04  4.6370425e-03
 -1.6786088e-03  1.7417425e-03  2.4216413e-03  3.6545738e-03
 -1.9871239e-03  2.9489421e-03 -1.2810023e-03 -4.9174053e-04
 -3.9743204e-03 -2.7023794e-03 -3.0541950e-04 -1.5724347e-03
 -2.1029566e-03 -2.1624754e-03  2.1620055e-04 -1.4000515e-03
 -4.0824865e-03  4.6588355e-04  3.5028579e-03  4.8283348e-03
 -2.8737928e-03 -4.5569306e-03 -7.6568732e-04 -3.3311991e-03
  3.5790715e-03  4.2424244e-03  3.3478225e-03 -7.4140396e-04
  1.0030111e-03 -5.2394503e-04  5.8383477e-04 -4.8430995e-03
  2.6972082e-03 -4.8002079e-03 -2.3011414e-03  8.0388715e-04
  3.1952575e-05 -8.1621204e-04 -3.8127291e-03 -6.7428290e-04
 -1.7713077e-03 -3.0159748e-03  1.7178850e-03 -1.9258332e-03
 -2.4637436e-03  3.3779652e-03  2.7676420e-03  1.8853768e-03
 -2.4718521e-03 -1.9754141e-03  2.6104036e-03 -2.1335895e-03
  2.4405334e-03 -3.2013952e-04  3.9961869e-03  4.0419102e-03
  2.0586823e-03  4.9897884e-03  4.5599132e-03 -1.0976522e-03
  1.5563263e-03  3.9063310e-03 -2.9308300e-03 -4.8254002e-03
 -8.7642738e-06  3.9748671e-03  5.2895391e-04  6.3330121e-04
 -1.2614765e-03 -8.5018738e-04  3.7659388e-03  3.0237564e-03
  4.5014662e-03  4.3258793e-03 -4.2659100e-03  4.9081761e-03
 -3.9214552e-03 -2.4262110e-03 -8.1192164e-05 -4.1112076e-03]
```

图 1-22　“singer”一词的向量

```
[('has', 0.13253481686115265),
 ('been', 0.12117968499660492),
 ('for', 0.10510198771953583),
 ('singer', 0.08586522936820984),
 ('a', 0.08413773775100708),
 ('She', 0.08044794946908951)]
```

图 1-23　与单词“great”相似的单词向量

同样，对于“singer”一词，可以如下所示：

```
#lookup top 6 similar words to singer
w1 = ["singer"]
model.wv.most_similar (positive=w1, topn=6)
```

与“singer”相似的前 6 个词如图 1-24 所示。

```
[('for', 0.17918002605438232),
 ('been', 0.12124449759721756),
 ('great', 0.08586522936820984),
 ('is', 0.0768381804227829),
 ('a', 0.03302524611353874),
 ('Ariana', 0.029574703425l6899)]
```

图 1-24　与单词“singer”相似的单词向量

我们知道这些词实际上与输入的词在意义上根本不相似，这也显示在它们旁边的相关值中。然而，它们出现是因为这些是词汇中唯一存在的单词。

Gensim Word2Vec 模型的另一个重要参数是尺寸参数。它的默认值是 100，表示用于训练模型的神经网络层的大小。这相当于训练算法的自由度。更大的尺寸需要更多的数据，但也会达到更高的精度。

注意 如需了解更多关于 Gensim 的 Word2Vec 模型的信息，请访问 https://rare-technologies.com/word2vec-tutorial/。

2. GloVe

GloVe 是“全局向量（global vector）”的缩写，是斯坦福开发的一种词嵌入技术。这是一个无监督的学习算法，建立在 Word2Vec 的基础上。虽然 Word2Vec 在生成词嵌入方面相当成功，但它的问题是它有一个小窗口，通过这个窗口它可以聚焦于本地单词和局部上下文来预测单词。这意味着它无法从全局，即整个语料库中出现的词的频率中学习。GloVe，顾名思义，可以查看语料库中的所有单词。

Word2Vec 是一种预测模型，学习向量来提高预测能力，而 GloVe 是一种基于计数的模型。这意味着 GloVe 通过对共现计数矩阵（co-occurrence counts matrix）进行降维来学习向量。GloVe 能够建立的联系是这样的：

king – man + woman = queen

（国王 - 男人 + 女人 = 王后）

这意味着它能够理解“king”和“queen”之间的关系类似于“man”和“woman”之间的关系。

这些是复杂的术语，让我们一个接一个地理解它们。所有这些概念都来自统计学和线性代数，所以如果你已经知道怎么回事，可以跳出这个活动！

在处理语料库时，存在基于词频构造矩阵的算法。基本上，这些矩阵包含以行的形式出现在文档中的单词，而列则是段落或单独的文档。矩阵的元素代表单词在文档中出现的频率。自然，有了一个大语料库，这个矩阵将是巨大的。处理如此大的矩阵将花费大量的时间和内存，因此我们执行降维。这是减小矩阵尺寸的过程，因此可以对其执行进一步的操作。

在 GloVe 的例子中，矩阵被称为共现计数矩阵，它包含一个单词在语料库的特定上下文中出现了多少次的信息。行是单词，列是上下文。这个矩阵然后被分解以减少维数，且新矩阵对于每个单词以一个向量表示。

GloVe 也有附带向量的预处理词，如果语义匹配语料库和手头的任务，就可以使用这些词。下面的活动将引导你完成在 Python 中实现 GloVe 的过程，代码不是直接提供的，所以你需要做一些思考，也许还要进行一些谷歌搜索。试试看。

练习 9：使用 GloVe 生成词嵌入

在本练习中，我们使用 **GloVe-Python** 生成词嵌入。

注意　要在平台上安装 GloVe-Python，请访问 https://pypi.org/project/glove/#files。

从 http://mattmahoney.net/dc/text8.zip. 下载 Text8Corpus。

提取文件并将其保存在 Jupyter notebook 中。

1）导入 **itertools**：

```
import itertools
```

2）我们需要一个语料库来生成词嵌入，幸运的是，**gensim.models.word2vec** 库有一个名为 **Text8Corpus** 的语料库。将它与 **GloVe-Python** 库中的两个模块一起导入：

```
from gensim.models.word2vec import Text8Corpus
from glove import Corpus, Glove
```

3）使用 **itertools** 将语料库转换成列表形式的句子：

```
sentences = list(itertools.islice(Text8Corpus('text8'),None))
```

4）启动 **Corpus()** 模型，并将其应用于句子：

```
corpus = Corpus()

corpus.fit(sentences, window=10)
```

window 参数控制有多少相邻单词被考虑。

5）我们已经准备好了语料库，需要训练嵌入。启动 **GloVe()** 模型：

```
glove = Glove(no_components=100, learning_rate=0.05)
```

6）基于语料库生成共现计数矩阵，并将 **gloVe** 模型与该矩阵相匹配：

```
glove.fit(corpus.matrix, epochs=30, no_threads=4, verbose=True)
```

模型已训练好了！

7）添加语料库的词典：

```
glove.add_dictionary(corpus.dictionary)
```

8）根据生成的词嵌入，使用以下命令查看哪些单词与你选择的单词相似：

```
glove.most_similar('man')
```

预期输出如图 1-25 所示。

```
[('woman', 0.7866706012658177),
 ('young', 0.7787864197368234),
 ('spider', 0.7728204994207245),
 ('girl', 0.7642560909647501)]
```

图 1-25　“man”的词嵌入输出

你可以试着用几个不同的词来看看哪些词与它们相邻，哪些词与它们最相似：

```
glove.most_similar('queen', number = 10)
```

预期输出如图 1-26 所示。

```
[('elizabeth', 0.9290495990532598),
 ('victoria', 0.8600464526851297),
 ('mary', 0.8089403382412337),
 ('anne', 0.7667713770457262),
 ('scotland', 0.6942531928211478),
 ('catherine', 0.6910265819525973),
 ('consort', 0.6906798004149294),
 ('tudor', 0.6686379422061477),
 ('isabella', 0.6666968276614551)]
```

图 1-26 “queen”的词嵌入输出

注意 要了解更多关于 GloVe 的知识，可访问 https://nlp.stanford.edu/projects/glove/。

活动 1：使用 Word2Vec 从语料库中生成词嵌入

你被赋予了在一个特定的语料库上训练一个 Word2Vec 模型的任务（在这个例子中是 Text8Corpus），以此来确定哪些单词彼此相似。以下步骤将帮助你解决问题。

注意 你可以在 http://mattmahoney.net/dc/text8.zip. 找到文本语料库文件。

1）从前面给出的链接上传文本语料库。

2）从 `gensim` 模型导入 `word2vec`。

3）将语料库存储在变量中。

4）在语料库上匹配 word2vec 模型。

5）找到与“man”最相似的词。

6）“father”对应“girl”，“x”对应“boy”。找出“x”的前三个单词。

注意 该活动的解决方案参见附录。

预期输出如图 1-27 所示。

```
[('woman', 0.6842043995857239),
 ('girl', 0.5943484306335449),
 ('creature', 0.5780946612358093),
 ('boy', 0.5204570293426514),
 ('person', 0.5135789513587952),
 ('stranger', 0.506704568862915),
 ('beast', 0.504448652267456),
 ('god', 0.5037523508071899),
 ('evil', 0.4990573525428772),
 ('thief', 0.4973783493041992)]
```

图 1-27 相似词嵌入的输出

“x”的前三个词可能如图 1-28 所示。

```
[('mother', 0.7770676612854004),
 ('grandmother', 0.7024110555648804),
 ('wife', 0.6916966438293457)]
```

图 1-28 “x”前三个单词的输出

1.6 本章小结

在本章中，我们学习了自然语言处理是如何让人类和机器用人类自然语言交流的。自然语言处理有三种广泛的应用，它们是语音识别、自然语言理解和自然语言生成。

语言是一件复杂的事物，因此文本在对机器有意义之前需要经历几个阶段。这种过滤过程被称为文本预处理，包括各种服务于不同目的的技术。它们都依赖于任务和语料库，并为操作准备文本，使其能够被输入到机器学习模型和深度学习模型中。

由于机器学习模型和深度学习模型最适用于数值数据，因此有必要将预处理后的语料库转换成数值形式。这就是词嵌入入场的时候。它们是单词的实值向量表示，有助于模型预测和理解单词。用于生成词嵌入的两种主要算法是 Word2Vec 和 GloVe。

在下一章中，我们将在已建立自然语言处理算法的基础上，介绍和解释词性标注和命名实体识别的过程。

CHAPTER 2

第2章

自然语言处理的应用

学习目标

本章结束时，你将能够：

- ❑ 描述词性标注及其应用。
- ❑ 区分基于规则的和随机的词性标注器。
- ❑ 对文本数据进行词性标注、分块和加缝。
- ❑ 为信息提取执行命名实体识别。
- ❑ 开发和训练你自己的词性标注器和命名实体识别器。
- ❑ 使用 NLTK 和 spaCy 来执行词性标注、分块、加缝和命名实体识别。

本章旨在向你介绍自然语言处理的大量应用，以及涉及的各种技术。

2.1 本章概览

本章首先简要回顾什么是自然语言处理，以及它可以提供什么服务。然后讨论自然语言处理的两个应用：**词性标注**和**命名实体识别**。之后解释这两种算法的功能、必要性和目的。此外，还有用来执行词性标注和命名实体识别的练习与活动，并构建和开发这些算法。

自然语言处理包括帮助机器理解人类的自然语言，以便与它们有效地交流并自动化大量任务。第1章讨论了自然语言处理的应用，以及现实生活中使用这些技术可以简化人类生活的例子。本章将具体探讨其中两种算法及其实际应用。

自然语言处理的每一个方面都可以被视为遵循了教学语言的相同类比。在第1章中，我们看到了如何告知机器要注意语料库的哪些部分，以及哪些部分是不相关和不重要的。

它们需要接受训练，去除停止词和嘈杂的元素，并专注于关键词，将同一单词的各种形式简化为单词的词根形式，以便更容易搜索和解释。以类似的方式，本章中讨论的两种算法也像我们人类被教导的那样，教导机器关于语言的特定知识。

2.2 词性标注

在我们直接进入算法之前，先了解什么是词类。词类是我们大多数人在学习英语的早期被教授的东西。它们是根据自身句法或语法功能分配给单词的类别。这些功能是不同单词之间存在的功能关系。

2.2.1 词性

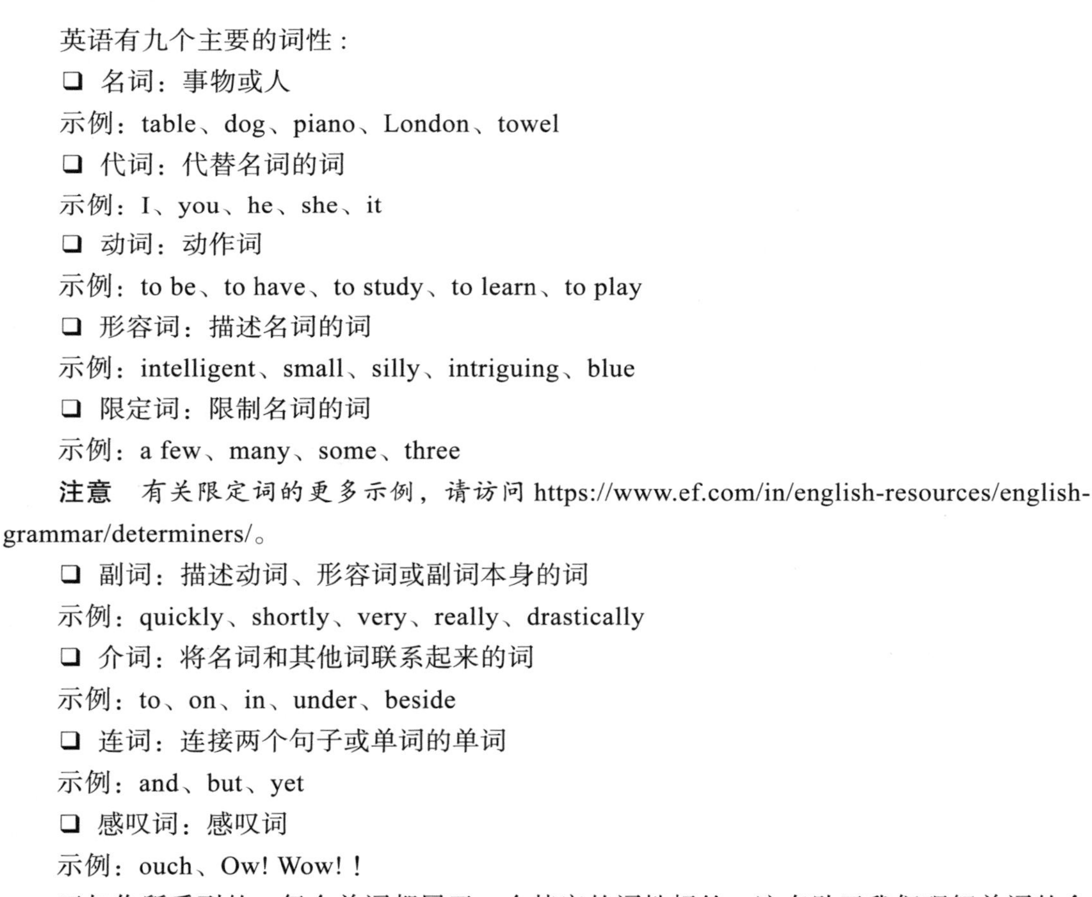

英语有九个主要的词性：

- 名词：事物或人

示例：table、dog、piano、London、towel

- 代词：代替名词的词

示例：I、you、he、she、it

- 动词：动作词

示例：to be、to have、to study、to learn、to play

- 形容词：描述名词的词

示例：intelligent、small、silly、intriguing、blue

- 限定词：限制名词的词

示例：a few、many、some、three

注意　*有关限定词的更多示例，请访问* https://www.ef.com/in/english-resources/english-grammar/determiners/。

- 副词：描述动词、形容词或副词本身的词

示例：quickly、shortly、very、really、drastically

- 介词：将名词和其他词联系起来的词

示例：to、on、in、under、beside

- 连词：连接两个句子或单词的单词

示例：and、but、yet

- 感叹词：感叹词

示例：ouch、Ow! Wow!！

正如你所看到的，每个单词都属于一个特定的词性标签，这有助于我们理解单词的含义和目的，使我们能够更好地理解它所使用的语境。

2.2.2 词性标注器

词性标注是给单词指定标签的过程。这是通过一种称为词性标注器的算法来完成的。算法的目的就这么简单。

大多数词性标注器都是有监督学习算法。有监督学习算法是机器学习算法，学习根据以前标记的数据执行任务。这些算法以数据行作为输入。该数据包含特征列（用于预测某些事物的数据），通常是一个标签列（需要预测的事物）。模型在这个输入上被训练，以学习和理解哪些特征对应于哪个标签，从而学习如何执行预测标签的任务。最终，它们会得到未标记的数据（仅由特征列组成的数据），它们必须为这些数据预测标记。

如图 2-1 所示是有监督学习模型的一般说明。

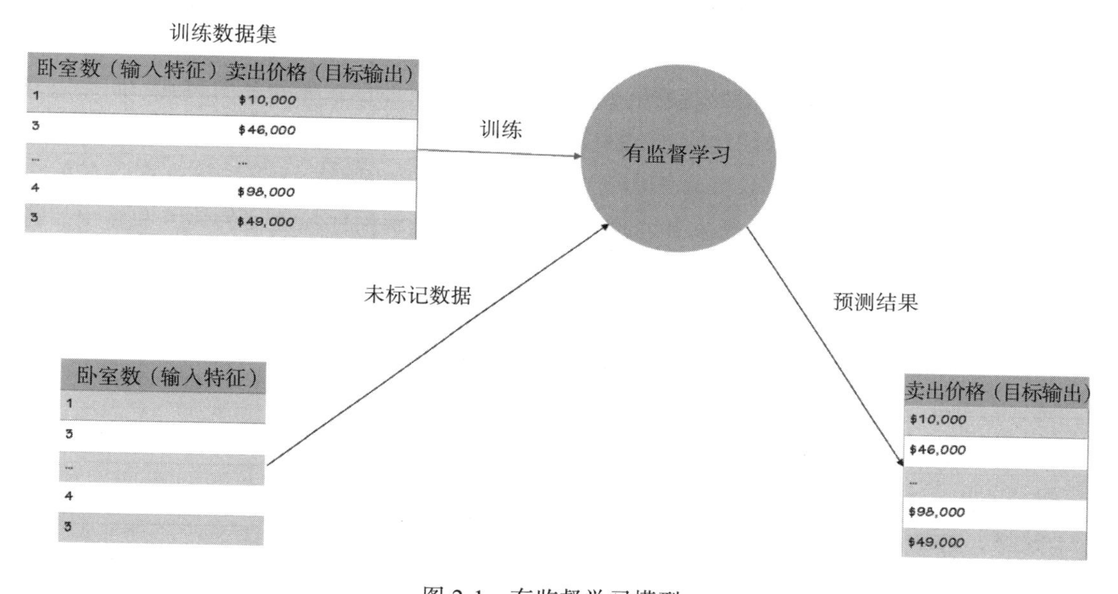

图 2-1 有监督学习模型

注意 有关有监督学习的更多信息，请访问 https://www.packtpub.com/big-data-and-business-intelligence/applied-supervised-learning-python。

因此，词性标注器通过学习先前标注的数据集来磨炼它们的预测能力。在这种情况下，数据集可以由多种特征组成，例如单词本身（显然），单词的定义，单词与其前一个、后一个以及出现在同一句子、短语或段落中的其他相关单词的关系。这些特性共同帮助标注器预测应该给一个单词分配什么样的词性标记。用于训练有监督词性标注器的语料库称为预标注语料库。这种语料库作为创建一个系统的基础，使词性标注器能够标记未标记的单词。这些系统 / 类型的词性标注将在下一节讨论。

然而，预标注语料库并不总是容易获得的，为了准确地训练标注器，语料库必须很大。因此，最近出现了可被视为无监督学习算法的词性标注器的迭代。这些算法将仅由特征组成的数据作为输入。这些特征与标签无关，因此算法不是预测标签，而是形成输入数据的组或簇。

在词性标注的情况下，模型使用计算方法自动生成词性标注集。虽然在有监督的词性标注器的情况下，预标注语料库负责帮助为标注器创建系统的过程，但是这些计算方法作为创建这种系统的基础。无监督学习方法的缺点是自动生成的词性标注聚类可能不总是像在用于训练有监督方法的预标注语料库中发现的那样准确。

总之，有监督学习方法和无监督学习方法的主要区别如下：

- 有监督词性标注器将预标注语料库作为输入进行训练，而无监督词性标注器将未标注的语料库作为输入来创建一组词性标注。
- 有监督词性标注器根据标注的语料库创建带有各自词性标注的单词词典，而无监督词性标注器使用自己创建的词性标注集生成这些词典。

几个 Python 库（如 NLTK 和 spaCy）已经训练了自己的词性标注器。你将在下面的内容中学习如何使用标签，但是现在让我们用一个例子来理解词性标注器的输入和输出。需要记住的一件重要事情是，由于词性标注器为给定语料库中的每个单词指定了词性标注，因此输入需要以单词标记的形式进行。因此，在执行词性标注之前，需要对语料库进行标记化。假设我们给训练有素的词性标注器以下标记作为输入：

```
['I', 'enjoy', 'playing', 'the', 'piano']
```

在词性标注之后，输出将如下所示：

```
['I_PRO', 'enjoy_V', 'playing_V', 'the_DT', piano_N']
```

这里，**PRO** = 代词，**V** = 动词，**DT** = 限定词，**N** = 名词。

训练好的有监督和无监督词性标注器的输入和输出是相同的：分别是标记和带有词性标注的标记。

注意　这不是输出的确切语法。稍后当你完成练习时，你会看到正确的输出。这只是给你一个词性标注器的概念。

前面提到的词性是非常基本的标签，为了简化理解自然语言的过程，词性算法创建了更复杂的标签，这些标签是基本标签的变体。以下是词性标注及其描述的完整列表，如图 2-2 所示。

这些标签来自 Penn Treebank 标签集（https://www.ling.upenn.edu/courses/Fall_2003/ling001/penn_treebank_pos.html），这是最受欢迎的标签集之一。大多数预先训练过的英语标注器都接受过这种标签集的训练，包括 NLTK 的词性标注器。

Number	Tag	Description
1	CC	Coordinating conjunction
2	CD	Cardinal number
3	DT	Determiner
4	EX	Existential there
5	FW	Foreign word
6	IN	Preposition or subordinating conjunction
7	JJ	Adjective
8	JJR	Adjective, comparative
9	JJS	Adjective, superlative
10	LS	List item marker
11	MD	Modal
12	NN	Noun, singular or mass
13	NNS	Noun, plural
14	NNP	Proper noun, singular
15	NNPS	Proper noun, plural
16	PDT	Predeterminer
17	POS	Possessive ending
18	PRP	Personal pronoun
19	PRP$	Possessive pronoun
20	RB	Adverb
21	RBR	Adverb, comparative
22	RBS	Adverb, superlative
23	RP	Particle
24	SYM	Symbol
25	TO	*To*
26	UH	Interjection
27	VB	Verb, base form
28	VBD	Verb, past tense
29	VBG	Verb, gerund or present participle
30	VBN	Verb, past participle
31	VBP	Verb, non-3rd person singular present
32	VBZ	Verb, 3rd person singular present
33	WDT	Wh-determiner
34	WP	Wh-pronoun
35	WP$	Possessive wh-pronoun
36	WRB	Wh-adverb

图 2-2　带描述的词性标注

2.3 词性标注的应用

就像文本预处理技术通过鼓励机器只关注重要的细节来帮助机器更好地理解自然语言一样，词性标注帮助机器实际解释文本的上下文，从而理解它。虽然文本预处理更像是一个清理阶段，词性标注实际上是机器开始输出有关语料库的有价值信息的部分。

理解哪些单词对应哪些词性，有助于机器以多种方式处理自然语言：

- 词性标注有助于区分同音异义词——拼写相同但含义不同的词。例如，单词“play”

可以指进行活动时的动词，也可以指将在舞台上表演的戏剧作品中的名词。词性标注器可以通过确定词性标注来帮助机器理解单词“play”在什么上下文中使用。

- 词性标注建立在句子和分词需求的基础上，这是自然语言处理的基本任务之一。
- 词性标注被其他算法用于执行更高级别的任务，我们将在本章讨论命名实体识别。
- 词性标注也有助于情感分析和问题回答的过程。例如，在句子“蒂姆·库克（Tim Cook）是这家科技公司的首席执行官”中，你希望机器能够用公司的名称来代替“这家科技公司”。词性标注可以帮助机器识别短语“该技术公司”是限定词（(this)+名词短语（technology company)）。例如，它可以使用这些信息在网上搜索文章，并检查“蒂姆·库克是苹果公司的首席执行官”出现多少次，然后决定苹果公司是否是正确的答案。

因此，词性标注是理解自然语言过程中的重要一步，因为它有助于完成其他任务。

词性标注的类型

正如我们在上一节中看到的，词性标注器可以是有监督学习类型和无监督学习类型。这种差异很大程度上影响了标注器的训练方式。还有一个区别会影响标注器实际上如何给一个未标记的单词分配一个标记，这是用来训练标注器的方法。

这两种类型的词性标注器是基于规则的和随机的。下面分别介绍。

1. 基于规则的词性标注器

这些词性标注器的工作方式几乎和它们的名字一样——按照规则。给标注器一组规则的目的是确保它们在大多数情况下准确地标记一个模棱两可或未知的单词，因此大多数规则仅在标注器遇到模棱两可或未知的单词时才适用。

这些规则通常被称为上下文框架规则，并为标注器提供上下文信息，以理解给一个模棱两可的单词加什么标记。一个规则的例子如下：如果一个模棱两可或未知的单词“x”前面有限定词，后面有名词，那么就给它指定一个形容词的标记。例如“一个小女孩”，其中“一个”是限定词，“女孩”是名词，因此标注器会给“小”一词指定形容词。

规则取决于你的语法理论。此外，它们通常还包括大写和标点符号等规则。这可以帮助你识别代词，并将其与句子开头（句号后）的单词区分开来。

大多数基于规则的词性标注器都是有监督的学习算法，以便能够学习正确的规则并将其应用于正确标注歧义词。然而，最近有一些实验以无监督的方式训练这些标注器。未标注的文本被给予标注器进行标注，并且人类检查输出标注，纠正不准确的标注。然后，将正确标注的文本交给标注器，以便它可以在两个不同的标注集之间制定校正规则，并学习如何准确标注单词。

这种基于校正规则的词性标注器的一个例子是布里尔的标记器，它遵循前面提到的过程。它的功能可以和绘画艺术相提并论——当画房子的时候，先画房子的背景（例如，棕色的正方形)，然后用更细的刷子在背景上画细节，例如门和窗户。类似地，布里尔的基于规则的词性标注器的目标是首先通常标注一个未标注的语料库（即使有些标注可能是错误的)，然后重新访问这些标注以理解为什么有些标注是错误的并从中学习。

注意 练习 10 ~ 16 可以在同一个 Jupyter Notebook 上进行。

练习 10：执行基于规则的词性标注

NLTK 有一个基于规则的词性标记器。在本练习中，我们将使用 NLTK 的词性标注器来执行词性标注。以下步骤将帮助你解决问题：

1）根据你的操作系统，打开 cmd 或终端。

2）导航至所需路径，并使用以下命令初始化 **Jupyter Notebook**：

```
jupyter notebook
```

3）导入 **nltk** 和 **punkt**，如下所示：

```
import nltk
nltk.download('punkt')
nltk.download('averaged_perceptron_tagger')
nltk.download('tagsets')
```

4）将输入字符串存储在名为 **s** 的变量中，如下所示：

```
s = 'i enjoy playing the piano'
```

5）将句子标记化，如下所示：

```
tokens = nltk.word_tokenize(s)
```

6）在标记上应用词性标注器，然后打印标注集，如下所示：

```
tags = nltk.pos_tag(tokens)
tags
```

你的输出将如图 2-3 所示。

```
[('i', 'NN'),
 ('enjoy', 'VBP'),
 ('playing', 'VBG'),
 ('the', 'DT'),
 ('piano', 'NN')]
```

图 2-3　标记输出

7）要理解“**NN**”词性标注代表什么，可以使用以下代码行：

```
nltk.help.upenn_tagset("NN")
```

输出如图 2-4 所示。

```
NN: noun, common, singular or mass
    common-carrier cabbage knuckle-duster Casino afghan shed thermostat
    investment slide humour falloff slick wind hyena override subhumanity
    machinist ...
```

图 2-4　名词细节

你可以通过使用“NN”代替每个词性标注来实现这一点。

让我们用一个包含同音异义词的句子来试试。

8）将包含同音异义词的输入字符串存储在名为 sent 的变量中：

```
sent = 'and so i said im going to play the piano for the play tonight'
```

9）标注这个句子，然后在标记上应用词性标注符，如下所示：

```
tagset = nltk.pos_tag(nltk.word_tokenize(sent))
tagset
```

预期输出如图 2-5 所示。

```
[('and', 'CC'),
 ('so', 'RB'),
 ('i', 'JJ'),
 ('said', 'VBD'),
 ('im', 'NN'),
 ('going', 'VBG'),
 ('to', 'TO'),
 ('play', 'VB'),
 ('the', 'DT'),
 ('piano', 'NN'),
 ('for', 'IN'),
 ('the', 'DT'),
 ('play', 'NN'),
 ('tonight', 'NN')]
```

图 2-5　标注输出

如你所见，单词 play 的第一个实例被标注为“**VB**”，代表动词；单词 play 的第二个实例被标记为“**NN**”，代表名词。因此，词性标注器能够区分同音异义词和同一个词的不同实例。这有助于机器更好地理解自然语言。

2. 随机的词性标注器

随机词性标注器是使用除了基于规则的方法之外的任何方法来给单词指定标注的标注器。因此，有许多方法属于随机范畴。当确定单词的词性标注时，所有结合统计方法（如概率和频率）的模型都是随机模型。

我们将讨论三种模型：

- 单位法或词频法
- n 元法
- 隐马尔可夫模型

1）单位法或词频法

最简单的随机词性标注器仅根据一个单词与一个标签一起出现的概率将词性标注分配给模棱两可的单词。这基本上意味着，标注器在训练集中发现的与某个单词最常链接的任何标注，都会被分配给同一个单词的模糊实例。例如，假设训练集中的单词“美丽（beautiful）”在大多数情况下被标注为形容词。当词性标注器遇到“beaut”时，不能直接标注，因为它不是一个合适的词。这将是一个模棱两可的单词，因此它将根据该单词的不同实例被每个词性标注标注的次数来计算它成为每个词性标注的概率。“beaut”可以被看作是“美丽”的模糊形式，由于“美丽”在大多数情况下被标记为形容词，所以词性标注器也会将“beaut”标记为形容词。这称为词频法，因为标记器会检查分配给单词的词性标注的频率。

2）n 元法

这基于前面的方法。名称中的 **n** 代表在确定一个单词属于特定词性标注的概率时要考虑多少个单词。在单位标注器中，**n=1**，因此只考虑单词本身。增加 n 值会导致标注器计算 n 个词性标注的特定序列一起出现的概率，并基于该概率为单词分配标签。

当给一个单词分配一个标注时，这些词性标注器通过将它是什么类型的标记以及前面 n 个单词的词性标注考虑在内来创建单词的上下文。基于上下文，标注器选择最有可能与前面单词的标注顺序一致的标注，并将其分配给所讨论的单词。最流行的 n 元标注器被称为维特比算法（Viterbi Algorithm）。

3）隐马尔可夫模型

隐马尔可夫模型结合了词频法和 n 元法。马尔可夫模型是描述一系列事件或状态的模型。每种状态发生的概率仅取决于前一事件所达到的状态。这些事件基于观察。隐马尔可夫模型的“隐藏”方面是事件可能隐藏的一组状态。

在词性标注的情况下，观察值是单词标记，隐藏的状态集是词性标注。这种工作方式是，模型基于前一个单词的标注计算一个单词具有特定标注的概率。例如，假设前一个单词是名词，则 P (V | NN) 是当前单词成为动词的概率。

注意 这是隐马尔可夫模型的一个非常基本的解释。要了解更多信息，请访问 https://medium.freecodecamp.org/an-introduction-to-part-of-speech-tagging-and-the-hidden-markov-model-953d45338f24。

要了解有关随机模型的更多详细信息，请访问 http://ccl.pku.edu.cn/doubtfire/NLP/Lexical_Analysis/Word_Segmentation_Tagging/POS_Tagging_Overview/POS%20Tagging%20Overview.htm。

前面提到的三种方法已经按照每个模型建立在前一个模型的基础上并提高其准确性的顺序进行了解释。然而，建立在前面模型基础上的每个模型都涉及更多的概率计算，因此根据训练语料库的大小，执行计算需要更多的时间。因此，使用哪种方法取决于语料库的大小。

练习 11：执行随机词性标注

spaCy 的词性标注是随机的。在本练习中，我们将在一些句子上使用 spaCy 的词性标注器来查看基于规则的标注和随机标注结果的差异。以下步骤将帮助你解决问题：

注意 要安装 spaCy，请访问链接 https://spacy.io/usage 并按照说明操作。

1）导入 **spaCy**：

```
import spacy
```

2）加载 spaCy 的 '**en_core_web_sm**' 模型：

```
nlp = spacy.load('en_core_web_sm')
```

spaCy 有特定于不同语言的模型。'en_core_web_sm' 模型是一种英语语言模型，已经在博客和新闻文章等书面网络文本上训练了，包括词汇、语法和实体。

注意　*要了解更多关于 spaCy 模型的信息，请访问 https://spacy.io/models。*

3）将模型与你想要分配词性标注的句子相匹配。这里使用我们给 NLTK 的词性标注器的句子：

```
doc = nlp(u"and so i said i'm going to play the piano for the play
tonight")
```

4）现在，让我们标记这个句子，分配词性标注，并打印它们：

```
for token in doc:
    print(token.text, token.pos_, token.tag_)
```

预期输出如图 2-6 所示。

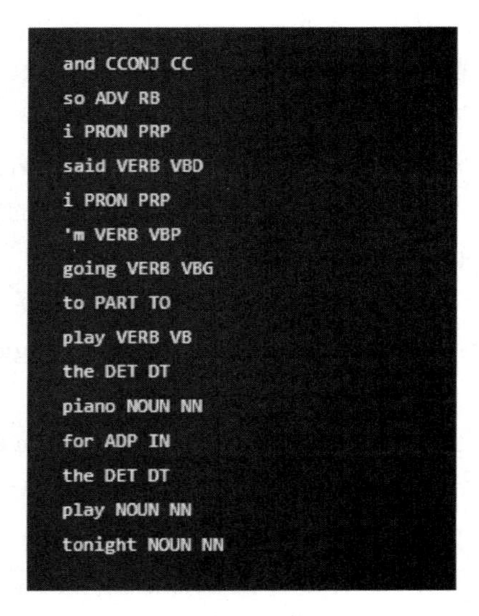

图 2-6　词性标注的输出

要理解词性标注代表什么，请使用以下代码行：

```
spacy.explain("VBZ")
```

用你想知道的词性标注替换“VBZ”。在这种情况下，你的输出将是：

```
'verb, 3rd person singular present'
```

如你所见，结果与从 NLTK 词性标注器获得的结果基本相同。这是因为我们的输入很简单。

2.4 分块

词性标注器研究单词的单个标记。然而，标注单个单词并不总是理解语料库的最佳方式。例如，“United”和“Kingdom”这两个词分开时没有多大意义，但是“United Kingdom”连在一起告诉机器这是一个国家，从而为它提供了更多的上下文和信息。这就是分块过程起作用的地方。

分块是一种以单词及其词性标注作为输入的算法。它处理这些单独的标记及其标签，以查看它们是否可以组合。一个或多个单独标记的组合称为块，分配给这种块的词性标注称为分块标签。

分块标签是基本词性标注的组合。它们比简单的词性标注更容易定义短语，也更有效。这些短语是分块。在某些情况下，单个单词被认为是一个块，并被赋予一个分块标签。有五个主要的分块标签：

- **名词短语（NP）**：这些短语以名词为词头。它们充当动词或动词短语的主语或宾语。
- **动词短语（VP）**：这些短语以动词为词头。
- **形容词短语（ADJP）**：这些短语以形容词为词头。描述和限定名词或代词是形容词短语的主要功能。它们直接位于名词或代词之前或之后。
- **副词短语（ADVP）**：这些短语以副词为词头。通过提供描述和限定名词和动词的细节，它们被用作名词和动词的修饰语。
- **介词短语（PP）**：这些短语以介词为词头。它们在时间或空间上定位一个行为或实体。

例如，在句子“the yellow bird is slow and is flying into the brown house（黄色的鸟跑得很慢，正在飞向棕色的房子）”中，以下短语将被分配以下分块标签：

“the yellow bird” – NP

“is” – VP

“slow” – ADJP

“is flying” – VP

“into” – PP

“the brown house” – NP

因此，分块是在词性标注已经应用于语料库之后执行的。这允许文本被分解成最简单的形式（单词的标记），对其结构进行分析，然后再组合成有意义的更高级的块。分块也有利于命名实体识别的过程。我们将在下一节中看到。

NLTK 库中的块解析器是基于规则的，因此需要将正则表达式作为规则输出带有块标注的块。spaCy 可以在没有规则的情况下执行分块。让我们看看这两种方法。

练习 12：用 NLTK 进行分块

在本练习中，我们将生成块和块标签。nltk 有一个正则表达式解析器。这需要输入短语的正则表达式和相应的块标签。然后它在语料库中搜索这个表达式，并给它分配标签。

由于分块适用于词性标注，我们可以从词性标注练习中添加代码。我们将标记及其各自的词性标注保存在“标签集”中。以下步骤将帮助你解决问题：

1）创建一个正则表达式来搜索名词短语，如下所示：

```
rule = r"""Noun Phrase: {<DT>?<JJ>*<NN>}"""
```

这个正则表达式搜索限定词 (可选)，后面跟着一个或多个形容词，然后是一个名词。这将形成一个名为名词短语 (Noun Phrase) 的分块。

注意　如果你不知道如何写正则表达式，请查阅以下快速教程：https://www.w3schools.com/python/python_regex.asp 和 https://pythonprogramming.net/regular-expressions-regex-tutorial-python-3/。

2）创建 **RegexpParser** 的实例，并为其提供规则：

```
chunkParser = nltk.RegexpParser(rule)
```

3）给 **chunkParser** 包含标记及其各自的词性标注的**标签集**（tagset)，以便它可以执行分块，然后绘制分块：

```
chunked = chunkParser.parse(tagset)
chunked.draw()
```

注意　需要在你的机器上安装 matplotlib。draw() 函数工作。

你的输出将如图 2-7 所示。

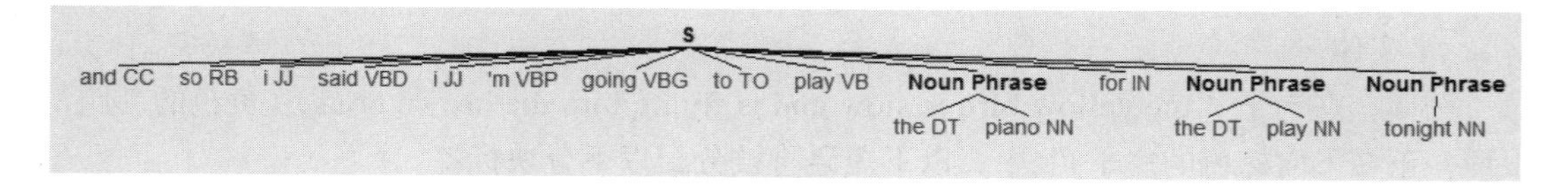

图 2-7　解析树

这是一个解析树。正如你所看到的，分块过程已经识别出名词短语并给它们贴上标签，剩下的标记用它们的词性标注显示。

4）让我们用另一句话来试试同样的东西。将输入句子存储在另一个变量中：

```
a = "the beautiful butterfly flew away into the night sky"
```

5）标记句子，并使用 NLTK 的词性标注器进行词性标注：

```
tagged = nltk.pos_tag(nltk.word_tokenize(a))
```

6）重复步骤 3：

```
chunked2 = chunkParser.parse(tagged)
chunked2.draw()
```

预期输出如图 2-8 所示。

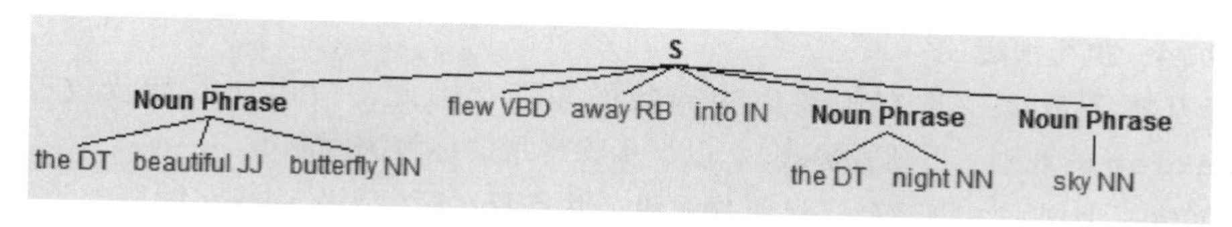

图 2-8　分块输出

练习 13：用 spaCy 语进行分块

在本练习中，我们将使用 spaCy 实现分块。spaCy 不要求我们制定规则来识别分块。它自己识别分块，并告诉我们词头是什么，从而告诉我们分块标签是什么。让我们用练习 12 中的同一个句子来识别一些名词块。以下步骤将帮助你解决问题：

1）将 **spaCy** 的英语模式运用到句子中：

```
doc = nlp(u"the beautiful butterfly flew away into the night sky")
```

2）在此模型上应用 **noun_chunks**，并为每个分块打印分块的文本、分块的词根以及连接词根和词头的依存关系：

```
for chunk in doc.noun_chunks:
    print(chunk.text, chunk.root.text, chunk.root.dep_)
```

预期输出如图 2-9 所示。

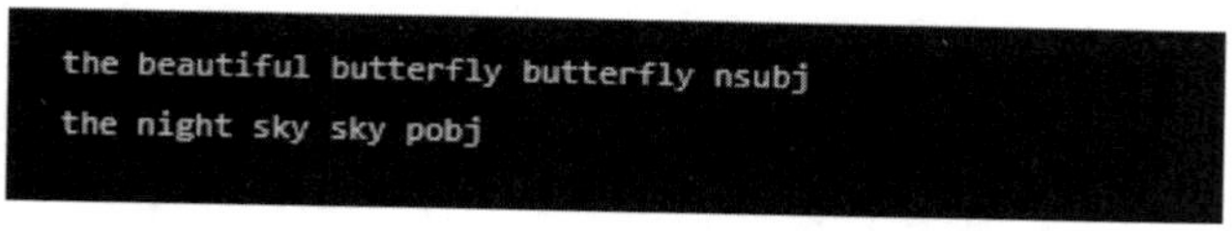

```
the beautiful butterfly butterfly nsubj
the night sky sky pobj
```

图 2-9　用 spaCy 分块的输出

如你所见，用 **spaCy** 分块比用 NLTK 分块简单得多。

2.5　加缝

加缝是分块的延伸，你可能已经从它的名字中猜到了。它不是处理自然语言的强制性步骤，但可能是有益的。

分块是在加缝后进行的。分块之后，你有分块及其分块标签，以及单个单词及其词性标注。通常，这些多余的词是不必要的。它们对理解自然语言的最终结果或整个过程没有贡献，因此是一种麻烦。加缝的过程通过提取分块来帮助我们处理这个问题，分块标注形成标注语料库，从而去除不必要的位。这些有用的分块一旦从标注语料库中提取出来，就被称为缝隙。

例如，如果你只需要语料库中的名词或名词短语来回答诸如“这个语料库在谈论什么？”，你会应用加缝，因为它会提取出你想要的东西并呈现在你眼前。让我们通过练习来看看这个。

练习14：执行加缝

加缝基本上改变了你在语料库中寻找的东西。因此，应用加缝涉及改变提供给**chinkParser**的规则（正则表达式）。以下步骤将帮助你解决问题：

1）创建一个规则，将整个语料库分成块，并且只在标注为名词或名词短语的单词或短语中创建缝隙：

```
rule = r"""Chink: {<.*>+}
                  }<VB.?|CC|RB|JJ|IN|DT|TO>+{"""
```

这条规则是正则表达式的形式。基本上，这个正则表达式告诉机器忽略所有不是名词或名词短语的单词。当遇到一个名词或名词短语时，这条规则将确保它被提取为缝隙。

2）创建**RegexpParser**的实例，并为其提供规则：

```
chinkParser = nltk.RegexpParser(rule)
```

3）给**chinkssParser**包含标记及其各自的词性标注的标签集，以便它可以执行加缝，然后绘制缝隙：

```
chinked = chinkParser.parse(tagset)
chinked.draw()
```

预期输出如图2-10所示。

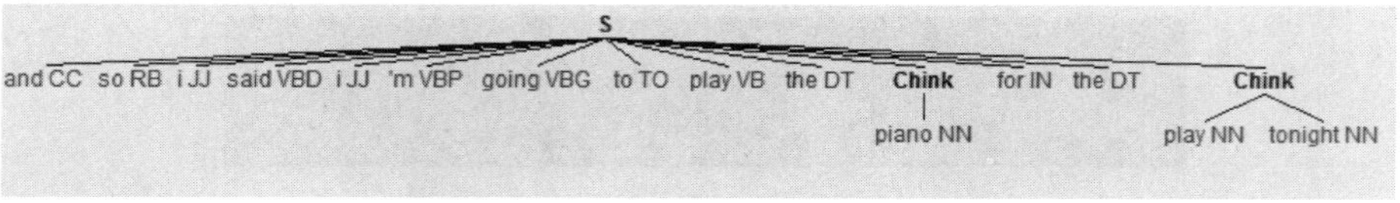

图2-10　加缝输出

如你所见，缝隙已经被突出显示，只包含名词。

活动2：建立和训练自己的词性标注

我们已经使用现有的和预先训练过的词性标注器查看了词性标注词。在本次活动中，我们将训练我们自己的词性标注器。这就像训练任何其他机器学习算法一样。以下步骤将帮助你解决问题：

1）挑选一个语料库来训练标注器。你可以使用nltk treebank进行工作。以下代码将帮助你导入treebank语料库：

```
nltk.download('treebank')
tagged = nltk.corpus.treebank.tagged_sents()
```

2）确定标注器在给单词分配标签时会考虑哪些特性。

3）创建一个函数来剥离标签中的标签词，这样我们就可以将它们输入到标注器中。

4）构建数据集，并将数据分成训练集和测试集。将特征指定给“X”，并将词性标注附加到“Y”。将此功能应用于训练集。

5）使用决策树分类器来训练标注器。

6）导入分类器，初始化它，在训练数据上拟合模型，并打印准确性分数。

注意　输出中的准确性分数可能会有所不同，这取决于所使用的语料库。

预期输出如图 2-11 所示。

```
Training completed
Accuracy: 0.8959505061867267
```

图 2-11　预期准确性分数

注意　该活动的解决方案参见附录。

2.6　命名实体识别

这是信息提取过程中的第一步。信息提取是机器从非结构化或半结构化文本中提取结构化信息的任务。这促进了机器对自然语言的理解。

经过文本预处理和词性标注，我们的语料库成为半结构化和机器可读的。因此，信息提取是在我们准备语料库后执行的。

如图 2-12 所示是命名实体识别的示例。

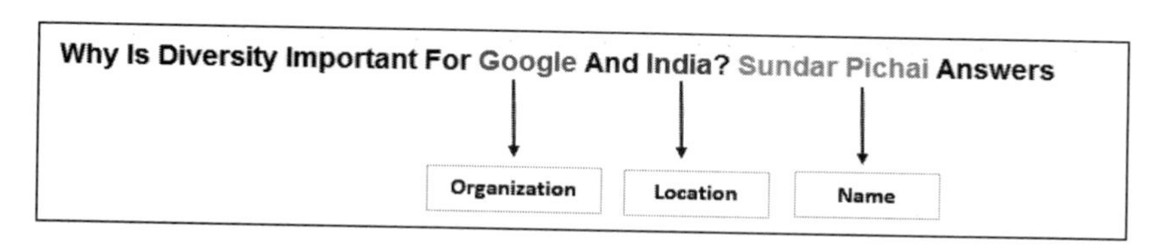

图 2-12　命名实体识别示例

2.6.1　命名实体

命名实体是现实世界中的对象，可以分为类别，如人、地方和事物。基本上，这些词可以用一个恰当的名字来表示。命名实体还可以包括数量、组织、货币价值和许多其他东西。

命名实体及其所属类别的一些示例如下：

- 唐纳德·特朗普（人）
- 意大利（国家）
- 瓶子（物品）
- 500 美元（钱）

命名实体可以被视为实体的实例。在前面的例子中，类别基本上是它们自己的实体，命名实体是这些实体的实例。例如，伦敦是城市的一个实例，它是一个实体。

最常见的命名实体类别如下：

- 组织
- 人
- 地点
- 日期
- 时间
- 钱
- 百分比
- 设施
- 地缘政治实体

2.6.2 命名实体识别器

命名实体识别器（NER）是一种从语料库中识别和提取命名实体并给它们分配类别的算法。提供给训练有素的命名实体识别器的输入，由带有各自词性标注的标记化单词组成。命名实体识别的输出是命名实体及其类别，以及其他标记化单词及其词性标注。

命名实体识别问题分两个阶段进行：

1）找到并识别命名实体（例如，“London”）；

2）对这些名称实体进行分类（例如，“London” is a “location”）。

识别命名实体的第一阶段与分块过程非常相似，因为目标是识别用专有名词表示的事物。命名实体识别器需要寻找连续的标记序列，以便能够正确识别命名实体。例如，“美国银行”应该被确定为一个单独的命名实体，尽管短语中包含“美国”一词，而“美国”本身就是一个命名实体。

很像词性标注器，大多数命名实体识别器都是有监督学习算法。它们接受包含命名实体及其所属类别的输入训练，从而使算法能够学习如何在未来对未知命名实体进行分类。

这种包含命名实体及其各自类别的输入通常被称为知识库。一旦一个命名实体识别器已经被训练，并且被给予一个未被识别的语料库，它就参考这个知识库来搜索要分配给一个命名实体的最准确的分类。

然而，由于有监督学习需要过多的标记数据，命名实体识别器的无监督学习版本也在研究中。这些都是在没有分类命名实体的未标记语料库上训练的。像词性标注器一样，命名实体识别器对命名实体进行分类，然后不正确的类别由人手动纠正。这些修正后的数据被反馈给 NER（命名实体识别器），这样它们就可以简单地从错误中学习。

2.6.3 命名实体识别的应用

如前所述，命名实体识别是信息提取的第一步，因此在使机器理解自然语言并基于自然语言执行各种任务方面起着重要作用。命名实体识别现在可以用于各种行业和场景，以简化并自动化流程。让我们看看几个用例：

- **在线内容**，包括文章、报告和博客帖子，它们通常会被标记，以便用户能够更容易地搜索，并快速了解确切内容。命名实体识别器可用于搜索该内容，并提取命名实体以自动生成这些标签。这些标签也有助于将文章分类到预定义的层次结构中。
- **搜索算法**也受益于这些标签。如果用户要在搜索算法中输入关键词，而不是搜索每篇文章的所有单词（这将需要很长时间），该算法只需要参考命名实体识别产生的标签，就可以提取包含或属于输入关键词的文章。这大大减少了计算时间和操作。
- 这些标签的另一个目的是创建一个**高效的推荐系统**。如果你读了一篇讨论印度当前政治形势的文章，因此可能被标注为"印度政治"（这只是一个例子），新闻网站可以使用这个标签来建议不同的文章使用相同或相似的标签。这也适用于电影和表演等视觉娱乐。在线流媒体网站使用分配给内容的标签（例如，"动作""冒险""惊悚"等类型）来更好地理解你的品味，从而向你推荐类似的内容。
- **客户反馈**对任何服务或产品提供公司都很重要。通过命名实体识别器运行客户投诉和审查，生成标签，可以帮助根据位置、产品类型和反馈类型（正面或负面）对其进行分类。然后，这些评论和投诉可以发送给负责特定产品或特定领域的人员，并可以根据反馈是正面的还是负面的来处理。推特、图片说明、脸书帖子等也可以做到这一点。

如你所见，命名实体识别有许多应用。因此，理解它是如何工作的以及如何实现它是很重要的。

2.6.4 命名实体识别器类型

与词性标注器的情况一样，有两种设计命名实体识别器的一般方法：通过定义规则来识别实体的语言学方法，或者使用统计模型来准确确定命名实体属于哪个类别的随机方法。

1. 基于规则的 NER

基于规则的 NER 的工作方式与基于规则的词性标注器的工作方式相同。

2. 随机 NER

这些模型包括使用统计数据命名和识别实体的所有模型。随机命名实体识别有几种方法。让我们看看其中两个：

- **最大熵分类**

这是一个机器学习分类模型。它仅根据提供给它的信息（语料库）来计算命名实体落入特定类别的概率。

注意 *有关最大熵分类的更多信息，请访问* http://blog.datumbox.com/machine-learning-tutorial-the-max-entropy-text-classifier/。

- **隐马尔可夫模型**

该方法与词性标注部分中解释过的方法相同，但隐藏的状态集不是词性标注，而是命名实体的类别。

注意 有关随机命名实体识别，以及何时使用哪种方法的更多信息，请访问 http://www.datacommunitydc.org/blog/2013/04/a-surveyof-stochastic-and-gazetteer-based-approaches-for-named-entity-recognition-part-2。

练习 15：用 NLTK 进行命名实体识别

在本练习中，我们将使用 **NLTK** 的 **ne_chunk** 算法对句子执行命名实体识别。我们不使用在前面练习中使用的句子，而是创建一个新的句子，其中包含可以分类的专有名词，以便你可以实际看到结果，具体步骤如下：

1）将输入句子存储在变量中，如下所示：

```
ex = "Shubhangi visited the Taj Mahal after taking a SpiceJet flight from
Pune."
```

2）标记句子并为标记分配**词性标注**：

```
tags = nltk.pos_tag(nltk.word_tokenize(ex))
```

3）对标记单词应用 **ne_chunk()** 算法，并打印或绘制结果：

```
ne = nltk.ne_chunk(tags, binary = True)
ne.draw()
```

将“**True**”值赋给“**binary**”参数会告诉算法只识别命名实体，而不对它们进行分类。因此，结果将如图 2-13 所示。

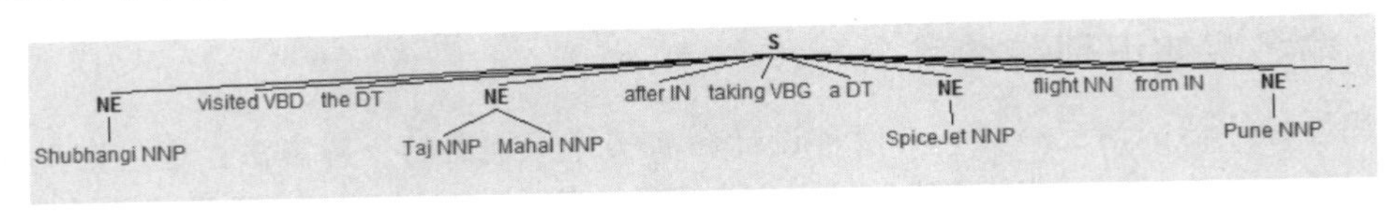

图 2-13 带有词性标注的命名实体识别的输出

如你所见，命名实体被突出显示为“**NE**”。

4）要知道算法已将哪些类别分配给这些命名实体，只需将“**False**”值分配给“**binary**”参数即可：

```
ner = nltk.ne_chunk(tags, binary = False)
ner.draw()
```

预期输出如图 2-14 所示。

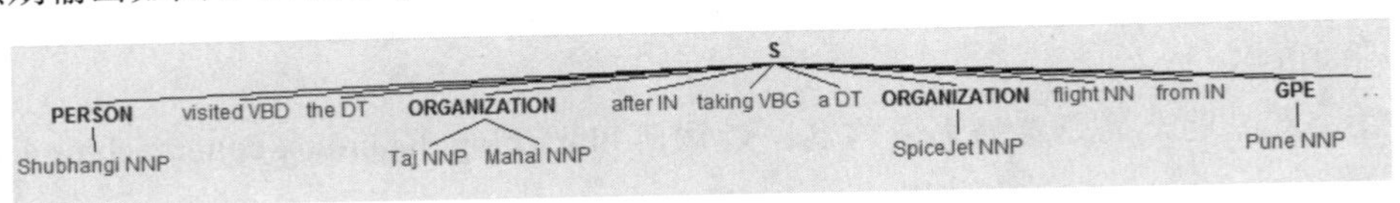

图 2-14 带有命名实体的输出

该算法准确地对“Shubhangi”和“SpiceJet”进行了分类。然而，“Taj Mahal”不应该是一个组织，它应该是一个设施。因此，NLTK 的 **ne_ chunk()** 算法不是最好的算法。

练习 16：使用 spaCy 执行命名实体识别

在本练习中，我们将对上一个练习中的句子实现 **spaCy** 的命名实体识别器，并比较结果。spaCy 有几个已经在不同语料库上接受过训练的命令实体识别器。每个模型都有不同的类别集。下面是 spaCy 可以识别的所有类别的列表，如图 2-15 所示。

PERSON	People, including fictional.
NORP	Nationalities or religious or political groups.
FAC	Buildings, airports, highways, bridges, etc.
ORG	Companies, agencies, institutions, etc.
GPE	Countries, cities, states.
LOC	Non-GPE locations, mountain ranges, bodies of water.
PRODUCT	Objects, vehicles, foods, etc. (Not services.)
EVENT	Named hurricanes, battles, wars, sports events, etc.
WORK_OF_ART	Titles of books, songs, etc.
LAW	Named documents made into laws.
LANGUAGE	Any named language.
DATE	Absolute or relative dates or periods.
TIME	Times smaller than a day.
PERCENT	Percentage, including "%".
MONEY	Monetary values, including unit.
QUANTITY	Measurements, as of weight or distance.
ORDINAL	"first", "second", etc.
CARDINAL	Numerals that do not fall under another type.

图 2-15　spaCy 的类别

以下步骤将帮助你解决问题：

1）将 **spaCy** 的英语模型与我们在前面练习中使用的句子相匹配：

```
doc = nlp(u"Shubhangi visited the Taj Mahal after taking a SpiceJet flight
from Pune.")
```

2）对于这句话中的每个实体，打印实体的文本和标签：

```
for ent in doc.ents:
    print(ent.text, ent.label_)
```

输出将如图 2-16 所示。

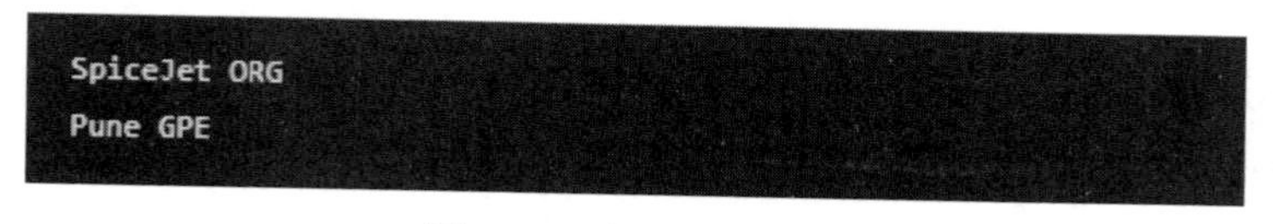

图 2-16　命名实体输出

它仅识别“SpiceJet”和“Pune”是命名实体，而不承认“Shubhangi”和“Taj

Mahal”。让我们试着给“Shubhangi”加上一个姓，再看看是否有所不同。

3）根据新句子调整模型：

```
doc1 = nlp(u"Shubhangi Hora visited the Taj Mahal after taking a SpiceJet
flight from Pune.")
```

4）重复步骤2：

```
for ent in doc1.ents:
    print(ent.text, ent.label_)
```

预期输出如图2-17所示。

```
Shubhangi Hora PERSON
the Taj Mahal WORK_OF_ART
SpiceJet ORG
Pune GPE
```

图2-17 使用spaCy进行命名实体识别的输出

现在我们已经添加了一个姓，“Shubhangi Hora”被认为是一个人，“"Taj Mahal”被认为是**WORK_OF ART**（艺术作品）。后者是不正确的，因为如果你查看分类表，**WORK_OF ART**被用来描述歌曲和书籍。

因此，命名实体的识别和分类在很大程度上取决于识别器所训练的数据。这是在实现命名实体识别时要记住的事情。为特定的用例训练和开发自己的识别器通常更好。

活动3：在标记语料库上运行NER

既然我们已经看到了如何对句子执行命名实体识别，在本练习中，我们将对经过词性标注的语料库执行命名实体识别。假设你有了一个语料库，已经为它识别了词性标注，现在你的工作是从其中提取实体，这样就可以提供语料库所讨论内容的总体概要。以下步骤将帮助你解决问题：

1）导入NLTK和其他必要的包。

2）打印`nltk.corpus.treebank.tagged_sents()`，查看需要从中提取命名实体的标记语料库。

3）将标记句子的第一句存储在变量中。

4）用`nltk.ne_chunk`来执行NER。将二进制参数设置为`True`，并打印命名实体。

5）对任意数量的句子重复步骤3和4，查看语料库中存在的不同实体。将**二进制**参数设置为`False`，查看命名实体的分类。

预期输出如图2-18所示。

注意 该活动的解决方案参见附录。

```
(S
  (PERSON Rudolph/NNP)
  (GPE Agnew/NNP)
  ,/,
  55/CD
  years/NNS
  old/JJ
  and/CC
  former/JJ
  chairman/NN
  of/IN
  (ORGANIZATION Consolidated/NNP Gold/NNP Fields/NNP)
  PLC/NNP
  ,/,
  was/VBD
  named/VBN
  *-1/-NONE-
  a/DT
  nonexecutive/JJ
  director/NN
  of/IN
  this/DT
  (GPE British/JJ)
  industrial/JJ
  conglomerate/NN
  ./.)
```

图 2-18　标记语料库上 NER 的预期输出

2.7　本章小结

自然语言处理使机器能够理解人类的语言，正如我们学会了如何理解和处理语言一样，机器也被教会了。更好地理解语言并使机器为现实世界做出贡献的两种方法是词性标注和命名实体识别。

前者是将词性标签分配给单个单词的过程，以便机器能够学习上下文，而后者是识别命名实体并对其进行分类，以便从语料库中提取有价值的信息。

这些过程的执行方式有所不同：算法可以是有监督的或无监督的，方法可以是基于规则的或随机的。不管怎样，目标是一样的，那就是用人类的自然语言理解和交流。

在下一章，我们将讨论神经网络，讨论它们是如何运行的，以及它们是如何用于自然语言处理的。

CHAPTER 3

第3章

神经网络

学习目标

本章结束时，你将能够：

- ❑ 描述深度学习及其应用。
- ❑ 区分深度学习和机器学习。
- ❑ 探索神经网络及其应用。
- ❑ 了解神经网络的训练和运行。
- ❑ 使用 Keras 创建神经网络。

本章旨在向你介绍神经网络、神经网络在深度学习中的应用，以及它们的一般缺点。

3.1 本章概览

在前两章中，你学习了自然语言处理的基础知识、其重要性、准备文本进行处理所需的步骤，以及帮助机器理解和执行基于自然语言任务的两种算法。然而，为了处理更高、更复杂的自然语言处理问题，例如创建一个像 Siri 和 Alexa 这样的个人语音助理，需要额外的技术。深度学习系统，如神经网络，经常用于自然语言处理，所以我们将在本章中介绍它们。在接下来的章节中，你将学习如何使用神经网络进行自然语言处理。

本章首先解释深度学习和机器学习的区别。然后讨论构成深度学习技术很大一部分的神经网络，以及它们的基本功能和实际应用。此外，本章还介绍了 Keras，它是一个 Python 深度学习库。

3.1.1 深度学习简介

人工智能是指智能体拥有人类的自然智能。这种自然智能包括计划、理解人类语言、学习、决策、解决问题以及识别单词、图像和物体的能力。当构建这些智能体时，这种智能被称为人工智能，因为它是人造的。这些智能体不涉及物理对象。事实上，它们指的是展示人工智能的软件。

人工智能有两种类型——狭义和广义。狭义人工智能是我们目前身边的那种人工智能。和它是任何一个拥有自然智能能力的个体。你在本书第 1 章学到的自然语言处理的应用领域就是狭义人工智能的例子，因为它们是能够执行单一任务的智能体，例如能够自动总结文章的机器。确实存在能够完成一项以上任务的技术，例如自动驾驶汽车，但是这些技术仍然被认为是几种狭义人工智能的组合。

广义人工智能是指在单个智能体中拥有所有人类能力和更多能力，而不是在单个智能体中拥有一两种能力。人工智能专家称，一旦人工智能超越了广义人工智能的这一目标，并且在各个领域都比人类自身更聪明、更熟练，它将成为超级人工智能。

如前几章所述，自然语言处理是一种实现人工智能的方法，它使机器能够用人类的自然语言理解人类，并与之交流。自然语言处理准备文本数据，并将其转换成机器能够处理的数字形式。这是深度学习的切入点。

像自然语言处理和机器学习一样，深度学习也是一种技术和算法。它是机器学习的一个分支，因为这两种方法有着相同的基本原理：机器学习和深度学习算法都接受输入，并使用输入来预测输出。人工智能、机器学习、深度学习的关系如图 3-1 所示。

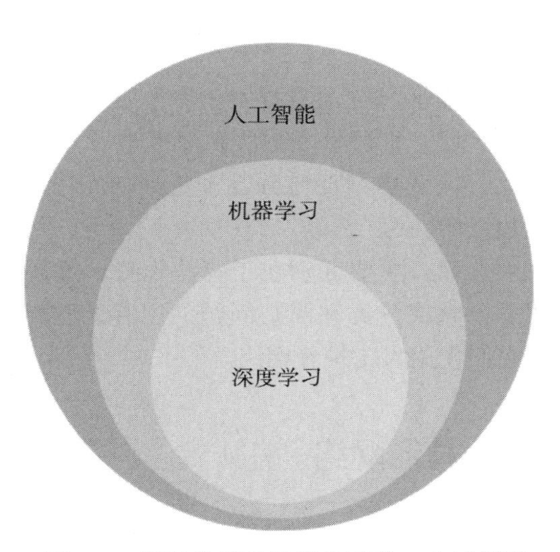

图 3-1 深度学习是机器学习的一个子领域

当在训练数据集上训练时，两种算法（机器学习和深度学习）都旨在最小化实际结果和预测结果之间的差异。这有助于它们在输入和输出之间形成关联，从而导致更高的精度。

3.1.2 机器学习与深度学习的比较

虽然这两种方法都基于相同的原则——从输入预测输出。但它们以不同的方式实现，这就是为什么深度学习被归类为一种单独的方法。此外，深度学习产生的主要原因之一是这些模型在预测过程中提供了更高的精度。

虽然机器学习模型很大程度上自给自足，但它们仍然需要人工干预来确定预测是否正确，从而更好地执行特定的任务。另一方面，深度学习模型能够自行判断预测是否正确。因此，深度学习模式是自给自足的。它们可以在没有人为干预的情况下做出决策并提高效率。

为了更好地理解这一点，让我们以一台空调为例，它的温度设置可以通过语音命令来控制。比方说，当空调听到“热”这个词时，它会降低温度，当它听到“冷”这个词时，它会升高温度。如果这是一个机器学习模型，那么随着时间的推移，空调将学会在不同的句子中识别这两个单词。然而，如果这是一个深度学习模式，它可以根据类似于“热”和“冷”的单词和句子来改变温度，比如“有点暖”或“冻死了！”等。

这是一个与自然语言处理直接相关的例子，因为该模型理解人类的自然语言，并根据它的理解进行操作。在这本书里，我们将使用深度学习模型来实现自然语言处理的目的，尽管实际上它们可以用于几乎任何领域。它们目前参与了自动驾驶任务，使车辆能够识别停车标志、读取交通信号，并面对行人停车。医学领域也在利用深度学习方法检测早期癌细胞。但是我们在这本书里的重点是让机器理解人类的自然语言，因此我们回到这一点上来。

深度学习技术最常用于有监督学习方式，也就是说，它们被提供有标签的数据以供学习。然而，机器学习方法和深度学习方法的关键区别在于后者需要大量以前不存在的数据。因此，深度学习直到最近才变得有优势。它还需要相当大的计算能力，因为它需要接受大量数据的训练。

然而，主要区别在于算法本身。如果你以前研究过机器学习，那么你就知道有多种算法可以解决分类和回归问题，还有无监督的学习问题。深度学习系统不同于这些算法，因为它们使用人工神经网络。

3.2 神经网络

神经网络和深度学习通常是可以互换使用的术语。然而，它们的意思并不相同，让我们来了解一下它们的区别。

如前所述，深度学习是一种遵循与机器学习相同原则的方法，但它更准确和有效。深度学习系统利用人工神经网络，人工神经网络本身就是计算模型。因此，基本上，神经网络是深度学习方法的一部分，但它本身不是深度学习方法。它们是通过深度学习方法整合的框架。它们之间的关系如图3-2所示。

人工神经网络是基于一个受人脑中发现的生物神经网络启发的框架。这些神经网络由节点组成，这些节点使网络能够从图像、文本、现实生活中的物体和其他事物中学习，从而能够执行任务并准确预测事物。

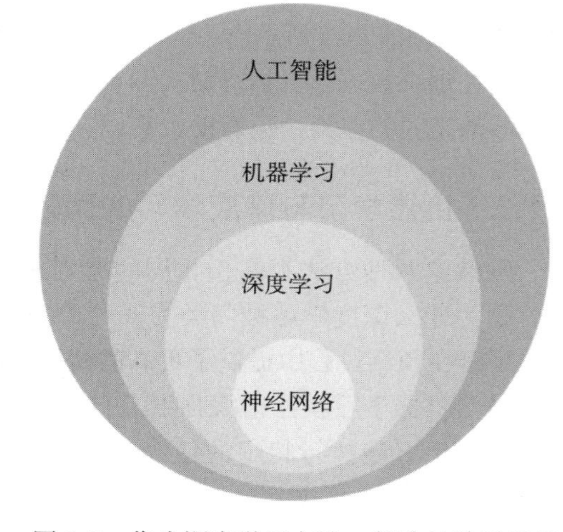

图3-2 作为深度学习方法一部分的神经网络

神经网络分为多层，我们将在下一节中讨论。网络的层数可以从三层到数百层。仅由三层或四层组成的神经网络称为浅神经网络，而很多层的网络称为深神经网络。因此，深度学习方法使用的神经网络是深度神经网络。因此，深度学习模型非常适合复杂的任务，如人脸识别、文本翻译等。

这些层将输入分解成几个抽象层次。因此，深度学习模式能够更好地学习和理解输入，无论是图像、文本还是其他形式的输入，这有助于它像人类思维那样做出决策和预测事物。

让我们通过一个例子来理解这些层。想象一下，你在卧室里做一些工作，你发现自己在流汗。那是你的输入数据——事实上你感觉很热，所以在你的脑海里有一个小小的声音说："我感觉很热！"接下来，你可能会想为什么你感觉这么热——"为什么我感觉这么热？"这是一个想法。然后你会试着想出一个解决这个问题的办法，也许可以洗个澡——"让我赶紧洗个澡。"这是你做出的决定。但是你记得你必须马上离开去上班——"但是，我必须马上离开家。"这是一段记忆。你可以试着说服自己，想想"但是，难道没有足够的时间洗个澡吗？"这是一个推理的过程。最后，你可能会根据自己的想法采取行动，要么想"我要去洗澡"，要么想"没时间洗澡了，没关系。"这是一个决策，如果你真的洗澡，这是一个行动。

深层神经网络中的多层允许模型像大脑一样经历这些不同层次的处理，从而建立在生物神经网络的基础上。这些层次是深度学习模型能够如此高精度地执行任务和预测输出的方式和原因。

神经网络架构

神经网络架构指的是构成神经网络的构件。虽然有几种不同类型的神经网络，但其基本结构和基础保持不变。该架构包括：

- 层
- 节点
- 边
- 偏置
- 激活函数

1. 层

如前所述，神经网络由多层组成。虽然这些层的数量因模型而异，并取决于手头的任务，但只有三种类型的层。每层由单个节点组成，这些节点的数量取决于该层和整个神经网络的要求。一个节点可以被认为是一个神经元。

神经网络中存在的层如下：

- **输入层**

顾名思义，这是由输入神经网络的输入数据组成的层。这是一个必须要有的层，因为每个神经网络都需要输入数据来学习和执行操作，才能生成输出。这一层在神经网络中只能出现一次。每个输入节点都连接到前一层中的每个节点。

输入数据的变量或特性称为特征。目标输出取决于这些特征。例如，以 iris 数据集为例。（iris 数据集是最受机器学习初学者欢迎的数据集之一。它由三种不同类型的花的数据组成。每个实例有四个特征和一个目标类。）花的分类标签取决于四个特征——花瓣的长度和宽度，以及萼片的长度和宽度。特征以及输入层由 $\boldsymbol{X}$ 表示，每个特征有 x_1，x_2，…，x_n。

- **隐藏层**

这是进行实际计算的层。它在输入层之后，因为它作用于输入层提供的输入，而在输出层之前，因为它产生输出层提供的输出。

隐藏层由被称为“激活节点”的节点组成。每个节点都有一个激活函数，这是一个对激活节点接收的输入执行的数学函数，以生成输出。本章稍后将讨论激活函数。

这是唯一一种可以出现多次的层，因此在深层神经网络中，可能存在多达数百个隐藏层。隐藏层的数量取决于手头的任务。

一个隐藏层的节点产生的输出作为输入，被馈送到下一个隐藏层。隐藏层的每个激活节点生成的输出被发送到下一层的每个激活节点。

- **输出层**

这是神经网络的最后一层，由提供所有处理和计算最终结果的节点组成。这也是一个必要层，因为神经网络必须基于输入数据产生输出。

在 iris 数据集的例子中，一朵花的特定实例的输出将是该花的类别：山鸢尾、弗吉尼亚鸢尾或变色鸢尾。

输出，通常称为目标，表示为 $\boldsymbol{y}$。

如图 3-3 所示为具有两个隐藏层的神经网络。

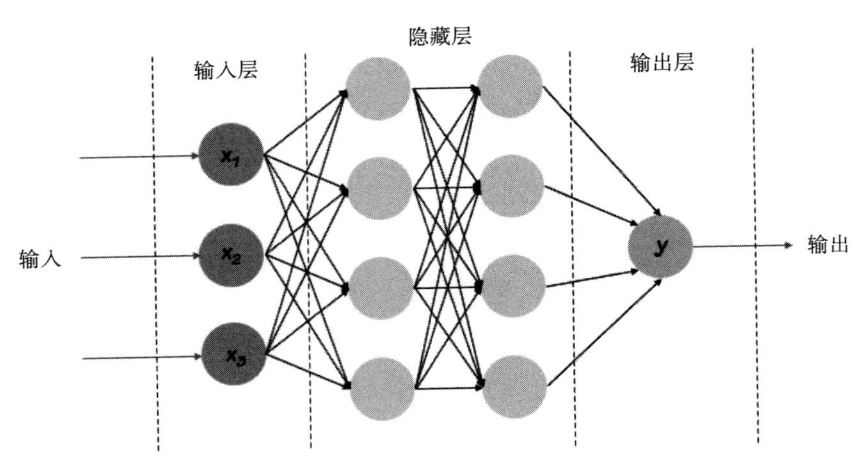

图 3-3　具有两个隐藏层的神经网络

2. 节点

每个激活节点或神经元具有以下组成部分：

- ❑ 激活

这是节点的当前状态，无论它是否处于活动状态。

- ❑ 阈值（可选）

如果存在，这将根据加权和是高于还是低于该阈值来确定神经元是否被激活。

- ❑ 激活函数

这是根据输入和加权和为激活节点计算新激活的方法。

- ❑ 输出函数

这基于激活函数为特定激活节点生成输出。

输入神经元没有这样的组件，因为它们不执行计算，也没有任何先前的神经元。同样，输出神经元没有这些成分，因为它们不执行计算，也没有进行中的神经元。

3. 边

如图 3-4 所示，图中的每个箭头代表来自两个不同层的两个节点之间的连接。连接被称为边。通向激活节点的每条边都有自己的权重，这可以被视为一个节点对另一个节点的某种影响。权重可以是正数，也可以是负数。

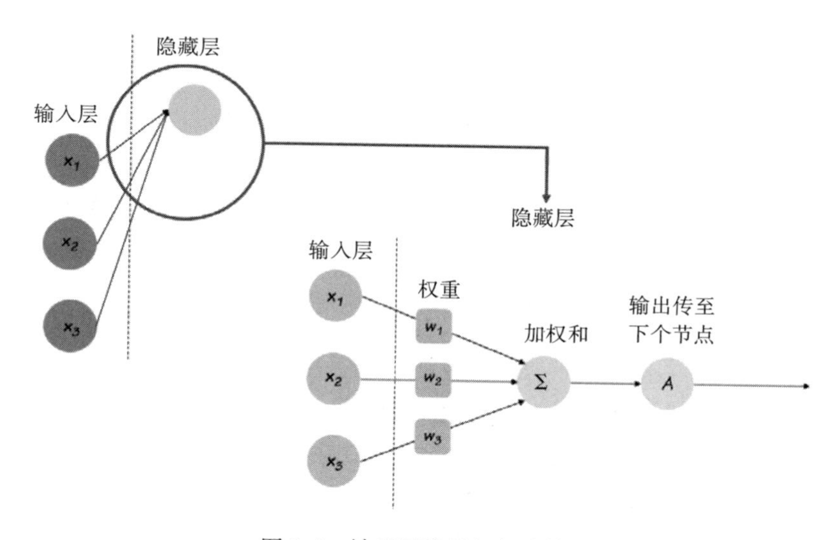

图 3-4 神经网络的加权连接

我们来看一下前面的图表。在这些值到达激活函数之前，它们的值乘以分配给它们各自连接的权重。然后将这些相乘的值相加，得到加权和。这个加权和基本上是衡量该节点对输出有多大影响的指标。因此，如果这个值很低，这意味着它不会对输出产生太大的影响，所以也没那么重要。如果该值很高，那么它与目标输出具有很强的相关性，因此在确定输出时起着一定的作用。

4. 偏置

偏置是一个节点，神经网络的每一层都有自己的偏置节点，输出层除外。因此，每层都有自己的偏置节点。偏置节点保存一个值，称为偏置。该值包含在计算加权和的过程中，因此也在确定节点生成的输出中发挥作用。

偏置是神经网络的一个重要方面，因为它允许激活函数向左或向右移动。这有助于模型更好地拟合数据，从而产生准确的输出。

5. 激活函数

激活函数是神经网络隐藏层中激活节点的一部分。它们的目的是将非线性引入神经网络，这是非常重要的，因为没有它们，神经网络将只有线性函数，它们和线性回归模型之间没有区别。这违背了神经网络的目的，因为那样它们就不能学习数据中存在的复杂的函数关系。激活函数也需要是可微分的，才能发生反向传播。这将在本章的后续内容中讨论。

基本上，激活节点计算它接收的输入的加权和，加上偏置，然后将激活函数应用于该值。这为该特定激活节点生成输出，然后由前进层用作输入。该输出被称为激活值。因此，下一层中正在进行的激活节点将从前面的激活节点接收多个激活值，并计算新的加权和。它会将其激活函数应用于该值，以生成自己的激活值。这就是数据流经神经网络的过程。因此，激活函数有助于将输入信号转换成输出信号。

计算加权和、应用激活函数和产生激活值的过程称为前馈。

激活函数有很多（Logistic、TanH、ReLU 等）。sigmoid 函数是目前最流行和简单的激活函数之一。当用数学表示时，这个函数如图 3-5 所示。

$$f(x)=\frac{1}{1+e^{-x}}$$

图 3-5　sigmoid 函数的表达式

如你所见，这个函数是非线性的。

3.3　训练神经网络

到目前为止，我们知道一旦输入被提供给神经网络，它就进入输入层（这是一个存在的接口），将输入传递给下一层。如果存在隐藏层，则输入通过加权连接发送到隐藏层的激活节点。激活节点接收到的所有输入的加权和是通过将输入与其各自的权重相乘，并将这些值与偏置相加来计算的。激活函数根据加权和生成激活值，并将其传递给下一层的节点。如果下一层是另一个隐藏层，则它使用来自前一隐藏层的激活值作为输入，并重复激活过程。然而，如果处理层是输出层，则输出由神经网络提供。

从所有这些信息中，我们可以得出结论，深度学习模型的三个部分对模型产生的输出有影响：输入、连接权重和偏置以及激活函数，如图 3-6 所示。

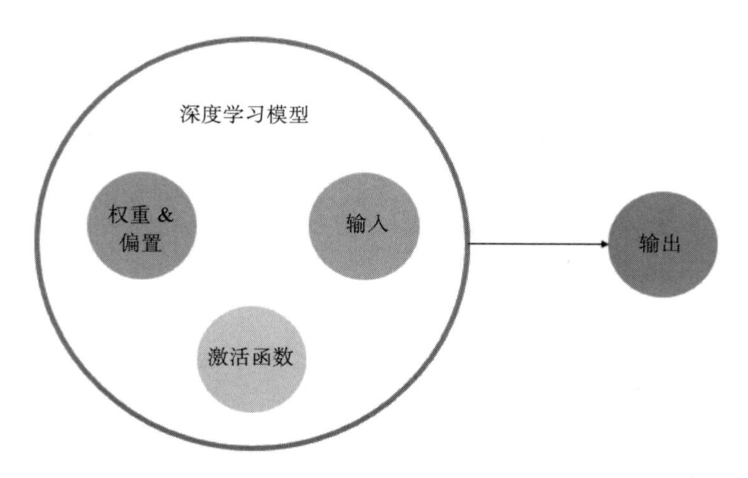

图 3-6　影响深度学习模型输出的三个方面

虽然输入来自数据集，但前两个不是。因此，出现了以下两个问题——谁或什么决定了连接的权重？我们如何知道使用哪些激活函数？让我们逐一解决这些问题。

3.3.1　计算权重

权重在多层神经网络中起着非常重要的作用，因为改变单个连接的权重可以完全改变分配给其他连接的权重，从而改变由执行层产生的输出。因此，拥有最佳权重对于创建精确的深度学习模型是必要的。这听起来压力很大，但幸运的是，深度学习模式能够自己找到最佳权重。为了更好地理解这一点，让我们先以线性回归为例。

线性回归是一种有监督的机器学习算法，顾名思义，它适用于解决回归问题（输出为连续数值形式的数据集，如房屋售价）。该算法假设输入（特征）和输出（目标）之间存在线性关系。基本上，它认为存在一条精确描述输入和输出变量之间关系的最佳拟合线。它用这个来预测未来的数值。在只有一个输入特征的情况下，这条线的等式如图 3-7 所示。

$$y=c+mx$$

图 3-7　线性回归的表达式

上式中：

y 是目标输出；

c 是 y 截距；

m 是模型系数；

x 是输入特征。

与神经网络中的连接类似，输入特征也有附加的值，它们被称为模型系数。在某种程度上，这些模型系数决定了特征在确定输出中的重要性，这与神经网络中的权重相似。重要的是确保这些模型系数具有正确的值，以便获得正确的预测。

假设我们想根据一所房子有多少间卧室来预测它的售价。所以，房子的价格是我们的目标输出，卧室的数量是我们的输入特征。由于这是一种有监督的学习方法，我们的模型将被输入一个数据集，该数据集包含与正确的目标输出相匹配的输入特征实例。如图3-8所示。

卧室数量（输入特征）	房屋售价（目标输出）
1	$10 000
3	$46 000
…	…
4	$98 000
3	$49 000

图3-8　线性回归的样本数据集

现在，我们的线性回归模型需要找到一个模型系数来描述卧室数量对房子售价的影响。这是通过使用两种算法来实现的——损失函数和梯度下降算法。

3.3.2　损失函数

损失函数有时也被称为成本函数。

对于分类问题，损失函数计算特定类别的预测概率和类别本身之间的差。例如，假设你有一个二元分类问题，需要预测房子是否会被出售。只有两个输出——“是”和“否”。当分类模型适用于该数据时，它将预测数据实例落入“是”类别或“否”类别的概率。假设“是”类别的值为1，“否”的值为0。因此，如果输出概率接近1，它将属于“是”类别。该模型的损失函数将测量这种差异。

对于回归问题，损失函数计算实际值和预测值之间的误差。上一节的房价例子是一个回归问题，因此损失函数计算的是实际房价和我们的模型预测的房价之间的误差。因此，在某种程度上，损失函数有助于模型自我评估其性能。显然，该模型的目的是预测准确的价格，即使不是最接近实际价格。为此，需要尽可能地最小化损失函数。

唯一直接影响模型预测价格的因素是模型系数。为了得到最适合当前问题的模型系数，模型需要不断改进模型系数的值。我们称每个不同的值为模型系数的更新。因此，随着模型系数的每次更新，模型必须计算实际价格和模型使用模型系数的更新预测的价格之间的误差。

一旦函数达到最小值，在该最小值点的模型系数被选为最终模型系数。该值通过线性回归算法存储并用于前面的线性方程中。从那时起，每当模型以一所房子有多少间卧室而没有目标输出的形式被输入数据时，它使用带有apt模型系数的线性方程来计算和预测该房子的售价。

有许多不同类型的损失函数，例如最小均方误差（用于回归问题）和对数损失（用于分类问题）。让我们看看它们是如何工作的。

均方误差函数计算实际值和预测值之间的差值，对该差值求平方，然后对整个数据集取平均值。该函数在数学上表达如图 3-9 所示。

$$\text{MSE} = \frac{1}{n}\sum_{i}^{n}(y_i - f(x_i))^2$$

图 3-9 均方误差函数的表达式

上式中：

n 是数据点的总数；

y_i 是第 i 个实际值；

x_i 是输入；

$f()$ 是对输入执行的生成输出的函数；

$f(x_i)$ 是预测值。

对数损失用于分类模型，其输出是 0 到 1 范围内的概率值。预测概率和实际类别之间的差异越大，对数损失就越高。对数损失函数的数学表示如图 3-10 所示。

$$\text{对数损失} = -\frac{1}{N}\sum_{i=1}^{N} y_i\,(\log(p(y_i)) + (1 - y_i))(\log(1 - p(y_i)))$$

图 3-10 对数损失函数的表达式

上式中：

N 是数据点的总数；

y_i 是第 i 个真实标签；

p 是预测的概率。

3.3.3 梯度下降算法

通过损失函数评估模型性能的过程是模型独立执行的过程，更新和最终选择模型系数的过程也是如此。

想象你在一座山上，你想爬下去，到达绝对的底部。因为多云且有很多山峰，所以你不能确切地看到底部在哪里，或者它在哪个方向，你只知道你需要到达那里。你从海拔 5000 米开始旅程，然后你决定迈出一大步。你走一步，然后检查你的手机，看看你在海平面以上多少米。你的手机显示你在海拔 5003 米，这意味着你走错方向了。现在，你朝另一个方向迈了一大步，手机显示你在海拔 4998 米。这意味着你越来越接近底部，但是你怎么知道这一步是下山最多的一步？如果你朝着另一个方向迈出一步，把你带到海拔 4996 米的地方呢？因此，在向每个可能的方向迈出一步后，你会检查你的位置，哪个最接近底部，就是应该选择哪个。

不断重复这个过程，然后你的手机显示你在海平面以上100米。当你再走一步，你的手机读数保持不变——海拔100米。最后，你已经到达了底部，因为从这个点向任何方向迈出一步都会导致你仍然高出海平面100米。

这就是梯度下降算法的工作原理。该算法将损失函数与模型系数和 y 截距的可能值进行比较，就像你下山一样。它以模型系数的指定值开始——海拔5000米的地方。它计算此点的梯度。这个梯度告诉模型应该向哪个方向移动来更新系数，以便更接近全局最小值，这是最终目标。迈出一步后，到达了一个新的点，有了一个新的模型系数。它重复计算梯度、获得移动方向、更新系数和采取另一步骤的过程。它会检查此步是否为它提供了最陡的下降。每走一步，它都会得到一个新的模型系数，并计算出该点的梯度。重复这个过程，直到梯度值在多次试验中没有改变。这意味着该算法已达到全局最小值并已收敛。此时的模型系数被用作线性方程中的最终模型系数。如图3-11所示。

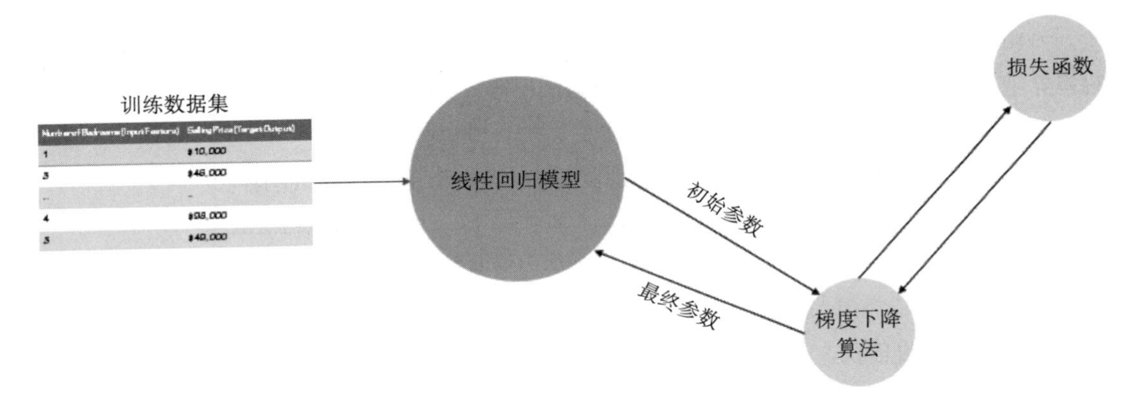

图3-11 更新参数

在神经网络中，梯度下降算法和损失函数一起运行，以找到作为权重和偏置分配给连接的值。通过使用梯度下降算法最小化损失函数来更新这些值，与线性回归模型中的情况相同。此外，在线性回归的情况下，由于损失函数是碗形的，所以总是只有一个最小值。这使得梯度下降算法很容易找到它，并确保这是最低点。然而，就神经网络而言，事情并没有那么简单。神经网络使用的激活函数用于将非线性引入到情况中。

因此，神经网络的损失函数曲线不是碗形曲线，也不只有一个最小点。相反，它有几个最小值，其中只有一个是全局最小值。其余的被称为局部最小值。这听起来像是一个主要问题，但实际上，梯度下降算法达到局部最小值并选择该点的权重值是可以的，因为大多数局部最小值通常非常接近全局最小值。在设计神经网络时，也使用了梯度下降算法的修改版本。随机梯度下降和批量梯度下降是其中两种。

假设我们的损失函数是均方误差，我们需要梯度下降算法来更新权重 (w) 和偏置 (b)。损失函数梯度的表达式如图 3-12 所示。

$$f(w,b)=\frac{1}{n}\sum_{i}^{n}(y_i-f(wx_i+b))^2$$

图 3-12 损失函数梯度的表达式

梯度是损失函数相对于权重和偏置的偏导数。这一点的数学表示如图 3-13 所示。

$$f'(w,b)=\begin{bmatrix}\frac{df}{dw}\\ \frac{df}{db}\end{bmatrix}=\begin{bmatrix}\frac{1}{N}\sum-2x_i(y_i-(wx_i+b))\\ \frac{1}{N}\sum-2x_i(y_i-(wx_i+b))\end{bmatrix}$$

图 3-13 损失函数部分导数的梯度表达式

其结果是当前位置的损失函数的梯度。这也告诉我们应该朝哪个方向前进，以继续更新权重和偏置。

所采取的步骤的大小由一个称为学习率的参数来调整，并且在梯度下降算法中是一个非常敏感的参数。它用 α 表示。如果学习率太小，那么该算法将采取很多很微小的步骤，因此需要很长时间才能达到最小值。然而，如果学习率太大，那么算法可能会完全错过最小值。因此，使用不同的学习率来调整和测试算法以确保选择正确的算法是很重要的。

学习率与每一步计算的梯度相乘，以修改步长，因此每一步的步长并不总是相同的。数学上，这看起来如图 3-14 所示。

$$w=w-\left(\frac{df/dw}{N}\right)\times\alpha$$

图 3-14 学习率乘以梯度的表达式

还有如图 3-15 所示的表达式。

$$b=b-\left(\frac{df/db}{N}\right)\times\alpha$$

图 3-15 每一步学习率乘以梯度的表达式

从先前的权重和偏置值中减去这些值，因为偏导数指向最陡上升的方向，但是我们的目标是下降。如图 3-16 所示。

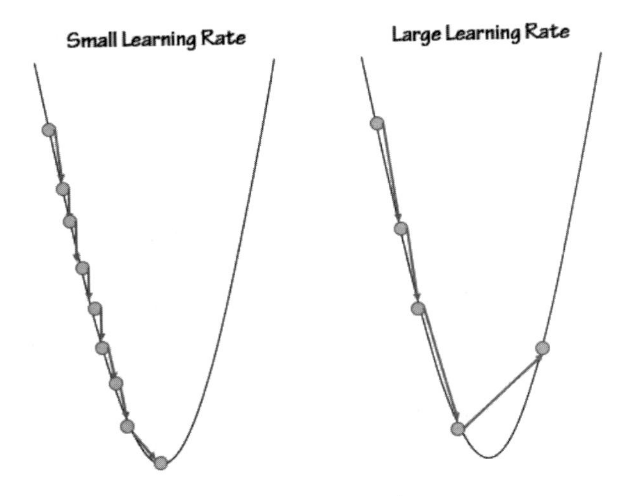

图 3-16　学习率

3.3.4　反向传播

线性回归基本上是一个神经网络，它没有隐藏层，具有身份激活函数（这是一个线性函数，因此是线性的）。因此，学习过程与前面章节中描述的过程相同——损失函数旨在通过梯度下降算法不断更新权重，直到达到全局最小值来最小化误差。

然而，当处理更大、更复杂的非线性神经网络时，计算出的损失通过网络返回每一层，然后再开始权重更新过程。损失向后传播，因此这被称为反向传播。

反向传播使用损失函数的偏导数进行。它包括通过在神经网络中反向传播来计算每层中每个节点的损失。了解每个节点的损失，可以让网络了解哪些权重会对输出和损失产生严重的负面影响。因此，梯度下降算法能够降低这些具有高错误率的连接的权重，从而降低该节点对网络输出的影响。

当处理神经网络中的许多层时，有许多激活函数在处理输入。反向传播函数的表达式如图 3-17 所示。

$$f(x) = X(Y(Z(x)))$$

图 3-17　反向传播函数的表达式

这里，X、Y 和 Z 是激活函数。正如我们所看到的，$f(x)$ 是一个复合函数，因此，反向传播可以看作是链式法则的一个应用。链式法则是用来计算复合函数偏导数的公式，这就是我们通过反向传播所做的。因此，通过将链式法则应用于前面的函数（由于值正向移动以生成输出，所以称为正向传播函数），并计算每个权重的偏导数，我们将能够准确确定每个节点对最终输出的影响程度。

出现在输出层中的最后一个节点的损失是整个神经网络的总损失，因为它在输出层中，所以所有先前节点的损失被累积。输入层中的输入节点没有损失，因为它们对神经网络没有影响。输入层仅仅是将输入发送到隐藏层中存在的激活节点的接口。

因此，反向传播的过程就是使用梯度下降算法和损失函数更新权重的过程。

注意 *有关反向传播数学的更多信息，请访问*:https://mlcheatsheet.readthedocs.io/en/latest/backpropagation.html。

3.4 神经网络的设计及其应用

在训练和设计神经网络时，通常使用机器学习技术。神经网络可以分为：

- 有监督神经网络
- 无监督神经网络

3.4.1 有监督神经网络

这就像上一节中使用的例子（根据房子有多少卧室来预测房子的价格）。有监督神经网络在由样本输入及其相应输出组成的数据集上进行训练。适用于噪声分类和预测。

有两种类型的有监督学习方法：

- **分类**

分类是针对以离散类别或类作为目标输出的问题，例如 Iris 数据集。神经网络从样本输入和输出中学习如何正确分类新数据。

- **回归**

回归是针对具有一系列连续数值作为目标输出的问题，例如房价。神经网络描述输入和输出之间的因果关系。

3.4.2 无监督神经网络

此类神经网络是在没有任何目标输出的数据上训练的，因此能够从数据中识别和得出模式和推论。这使得它们非常适合于识别类别关系和发现数据中的自然分布等任务。

- **聚类**

聚类分析是相似输入的组合。这些神经网络可用于基因序列分析和物体识别等。

能够进行模式识别的神经网络可以通过有监督或无监督的方法进行训练。它们在文本分类和语音识别中起着关键作用。

练习 17：创建神经网络

在本练习中，我们将通过遵循前面概述的工作流程来实现一个简单、经典的神经网络，以预测评论是正面的还是负面的。

这是一个自然的语言处理问题，因为神经网络将被输入成行的句子，这些句子实际上是评论。每个评估在训练集中都有一个标签——0表示否定，1表示肯定。这种标记依赖于评论中出现的单词，因此，我们的神经网络需要理解评论的含义，并相应地对其进行标记。最终，我们的神经网络需要能够预测评论是正面的还是负面的。

注意　从链接下载数据集：https://github.com/TrainingByPackt/Deep-Learning-for-Natural-Language-Processing/tree/master/Lesson%2003。

以下步骤将帮助你解决问题。

1）在要编码的目录中键入以下命令，打开一个新的 Jupyter notebook：

```
jupyter notebook
```

2）接下来，导入 **pandas**，以便将数据存储在数据帧中：

```
import pandas as pd
df = pd.read_csv('train_comment_small_50.csv', sep=',')
```

3）导入正则表达式包

```
import re
```

4）创建一个函数，通过删除 **HTML** 标签、转义引号和普通引号来预处理评论：

```
def clean_comment(text):
    # 删除 HTML 标签
    text = re.sub('<[^<]+?>', ' ', text)

    # 删除转义的引号
    text = text.replace('\\"', '')

    # 删除普通引号
    text = text.replace('"', '')

    return text
```

5）将此功能应用于当前存储在数据框中的评论：

```
df['cleaned_comment'] = df['comment_text'].apply(clean_comment)
```

6）从 **scikit-learn** 导入 **train _ test _ split** 来将此数据分为训练集和验证集：

```
from sklearn.model_selection import train_test_split

X_train, X_test, y_train, y_test = train_test_split(df['cleaned_comment'],
df['toxic'], test_size=0.2)
```

7）从 **nltk** 库中导入 **nltk** 和 **stopwords**：

```
import nltk
nltk.download('stopwords')
```

8）现在机器学习模型和深度学习模型需要数值数据作为输入，目前我们的数据是文本形式的。因此，我们将使用一种叫作计数向量器的算法将评论中出现的单词转换成单词计数向量：

```
from sklearn.feature_extraction.text import CountVectorizer
from nltk.corpus import stopwords

vectorizer = CountVectorizer(binary=True, stop_words = stopwords.
words('english'), lowercase=True, min_df=3, max_df=0.9, max_features=5000)
X_train_onehot = vectorizer.fit_transform(X_train)
```

我们的数据是干净的，现在已经准备好了！

9）我们将创建一个双层神经网络。当定义神经网络时，层数不包括输入层，因为输入层是存在的，并且输入层不是计算过程的一部分。因此，两层神经网络包括输入层、隐藏层和输出层。

10）从 Keras 导入模型和层：

```
from keras.models import Sequential
from keras.layers import Dense
```

11）初始化神经网络：

```
nn = Sequential()
```

12）添加隐藏层。指定层将具有的节点（节点拥有的激活函数）数量以及层的输入内容：

```
nn.add(Dense(units=500, activation='relu', input_dim=len(vectorizer.get_
feature_names())))
```

13）添加输出层。再次指定节点数量和激活函数。我们将在这里使用 **sigmoid** 函数，因为这是一个二元分类问题（预测评论是正面的还是负面的）。我们将只有一个输出节点，因为输出只有一个值——1 或 0。

```
nn.add(Dense(units=1, activation='sigmoid'))
```

14）我们现在要编译神经网络，并决定我们要使用哪个损失函数、优化算法和性能度量。由于问题是二进制分类问题，我们将使用**二进制交叉熵**作为**损失函数**。优化算法基本上是梯度下降算法。梯度下降存在不同的版本和修改。在这种情况下，我们将使用 **Adam** 算法，它是随机梯度下降的扩展：

```
nn.compile(loss='binary_crossentropy', optimizer='adam',
metrics=['accuracy'])
```

15）现在，让我们总结一下我们的模型，看看发生了什么：

```
nn.summary()
```

输出如图 3-18 所示。

16）现在，是时候训练模型了。将神经网络应用于我们之前划分的 **X-train** 和 **y-train** 数据：

```
nn.fit(X_train_onehot[:-20], y_train[:-20],
          epochs=5, batch_size=128, verbose=1,
          validation_data=(X_train_onehot[-100:], y_train[-20:]))
```

```
_________________________________________________________________
Layer (type)                 Output Shape              Param #
=================================================================
dense_1 (Dense)              (None, 500)               28500
_________________________________________________________________
dense_2 (Dense)              (None, 1)                 501
=================================================================
Total params: 29,001
Trainable params: 29,001
Non-trainable params: 0
_________________________________________________________________
```

图 3-18　模型摘要

我们的神经网络现在可以测试了。

17）将输入验证数据转换成字数向量并评估神经网络。打印精度分数，了解你的网络运行情况：

```
scores = nn.evaluate(vectorizer.transform(X_test), y_test, verbose=1)
print("Accuracy:", scores[1])
```

你的结果可能有点不同，但应该接近0.875。

这是一个相当好的分数。你刚刚创建了你的第一个神经网络，训练并验证了它。

预期输出如图3-19所示。

```
10/10 [==============================] - 0s 135us/step
Accuracy: 0.8999999761581421
```

图 3-19　预期精度得分

18）保存模型：

```
model.save('nn.hd5')
```

3.5　部署模型即服务的基础

将模型部署为服务的目的是让其他人可以轻松地查看和访问它，除了在GitHub上查看代码之外，还可以通过其他方式查看和访问。模型部署有不同的类型，这取决于你最初创建模型的原因。具体有三种类型——流式模型（一种随着不断输入数据而不断学习，然后做出预测的模型）、分析即服务模型（AaAS——一种对任何人开放的交互模型）和在线模型（一种只有在同一公司工作的人才能访问的模型）。

展示作品最常见的方式是通过网络应用程序。有多种部署平台可以帮助并允许你通过它们部署你的模型，例如深度认知、多层流和其他平台。

Flask是在不使用现有平台的情况下部署你自己的模型的最简单的微网络框架。它是用Python写的。使用这个框架，你可以为你的模型构建一个Python应用程序接口，它将很容易地生成预测并为你显示它们。

流程如下：

1）为应用程序接口创建一个目录。

2）将你预先训练的神经网络模型复制到此目录。

3）编写一个加载该模型的程序，预处理输入，使其与模型的训练输入相匹配，使用该模型进行预测，并准备、发送、显示该预测。

要测试和运行该应用程序接口，只需键入应用程序名和 `.run()`。

对于我们创建的神经网络，我们会保存该模型并将其加载到一个新的 Jupyter notebook 中。我们将把输入数据（已清理的评论）转换成字数向量，这样我们的应用程序接口的输入数据将与训练数据相同。然后，我们将使用我们的模型来生成预测并显示它们。

活动 4：评论的情感分析

在本活动中，我们将回顾数据集中的注释，并将它们分为正面或负面。以下步骤将帮助你解决问题。

注意 *读者可在以下链接中找到数据集*：https://github.com/TrainingByPackt/Deep-Learning-for-Natural-Language-Processing/tree/master/Lesson%2004。

1）打开一个新的 Jupyter notebook。导入数据集。

2）导入必要的 Python 包和必要的类。将数据集加载到数据帧中。

3）导入必要的库来清理和准备数据。为要存储的已清理文本创建一个数组。使用 for 循环遍历每个实例（每个评论）。

4）导入计数向量器，并将单词转换为单词计数向量。创建一个数组，将每个唯一的单词存储为自己的列，从而使它们成为独立变量。

5）导入必要的标签编码实体。

6）将数据集分为训练集和测试集。

7）创建神经网络模型。

8）训练模型并验证它。

9）评估神经网络并打印精度分数，看看它的效果。

预期输出如图 3-20 所示。

```
20/20 [==============================] - 0s 160us/step
Accuracy: 1.0
[1.192093321833454e-07, 1.0]
```

图 3-20 精度得分

注意 *该活动的解决方案参见附录。*

3.6　本章小结

本章介绍了机器学习和深度学习以及这两类技术的异同，还介绍了深度学习的要求及其应用。

神经网络是存在于人脑中的生物神经网络的人工表示。人工神经网络是由深度学习模型结合而成的框架，已经被证明越来越有效和准确。它们被用于多个领域，从训练自动驾驶汽车到检测早期癌细胞。

我们研究了神经网络的不同组成部分，通过损失函数、梯度下降算法和反向传播，学习了网络训练和自我校正。还学会了如何对文本输入进行情感分析！此外，还学习了将模型部署为服务的基础知识。

在接下来的章节中，读者将学习更多关于神经网络及其不同类型的知识，以及在什么情况下使用哪种神经网络。

CHAPTER 4

第 4 章

卷积神经网络

学习目标

本章结束时，你将能够：

- 描述 CNN 在神经科学中的启发。
- 描述卷积运算。
- 描述分类任务的基本 CNN 结构。
- 为图像和文本分类任务实现简单的 CNN。
- 实现 CNN 对文本进行情感分析。

在本章中，我们将介绍卷积神经网络（Convolutional Neural Network，CNN）的架构，并基于其在图像数据上的应用获得对 CNN 的直观认识，然后再深入研究其在自然语言处理中的应用。

4.1 本章概览

神经网络是一个广阔的领域，从生物系统，特别是大脑中借鉴了很多东西。神经科学的进步直接影响了对神经网络的研究。

CNN 的灵感来自神经科学家 D.H.Hubel 与 T.N.Wiesel。他们的研究集中在哺乳动物的视觉皮层，这是大脑中负责视觉的部分。通过他们在 20 世纪 60 年代的研究，他们发现视觉皮层由多层神经元组成。此外，这些层以分层结构排列。这种层次从简单到超复杂的神经元不等。他们还提出了“感受野”的概念，即特定刺激激活或激发神经元的空间，具有一定程度的空间不变性。空间或平移不变性允许动物检测物体，不管它们是旋转、缩放、变换还是部分模糊，如图 4-1 所示。

图 4-1　空间差异的例子

受动物视觉神经概念的启发，计算机视觉科学家已经建立了遵循相同的局部性、层次性和空间不变性原则的神经网络模型。我们将在下一节深入探讨 CNN 的架构。

CNN 是包含一个或多个“卷积”层的神经网络的子集。典型的神经网络是全连接的，这意味着每个神经元都连接到下一层的每个神经元。当处理诸如图像、声音等高维数据时，典型的神经网络速度很慢，并且由于学习了太多的权重而倾向于溢出。卷积层通过将神经元连接到较低层的输入区域来解决这个问题。我们将在下一节更详细地讨论卷积层。

为了理解 CNN 的一般架构，我们首先将它们应用于图像分类任务，然后应用于自然语言处理。首先，我们将做一个小练习来理解计算机是如何解释图像的。

练习 18：了解计算机如何理解图像

图像和文本有一个重要的相似之处。图像中像素或文本中单词的位置很重要。这种空间意义使得卷积神经网络在文本和图像中的应用成为可能。

在本练习中，我们想确定计算机如何解释图像。我们将通过使用 **MNIST** 数据集来做到这一点，该数据集包含一个非常适合演示 CNN 的手写数字库。

注意　MNIST 是一个内置的 Keras 数据集。

你需要同时安装 Python 和 Keras。为了便于可视化，可以在 Jupyter notebook 中运行代码：

1）首先导入必要的类：

```
%matplotlib inline
import keras
import matplotlib.pyplot as plt
```

2）因为我们将在本章中使用这个数据集，所以需要导入如下所示的训练集和测试集：

```
(X_train, y_train), (X_test, y_test) = keras.datasets.mnist.load_data()
```

3）可视化数据集中的第一幅图像：

```
sample_image = X_train[0]
plt.imshow(sample_image)
```

运行前面的代码应该会使图像可视化，如图 4-2 所示。

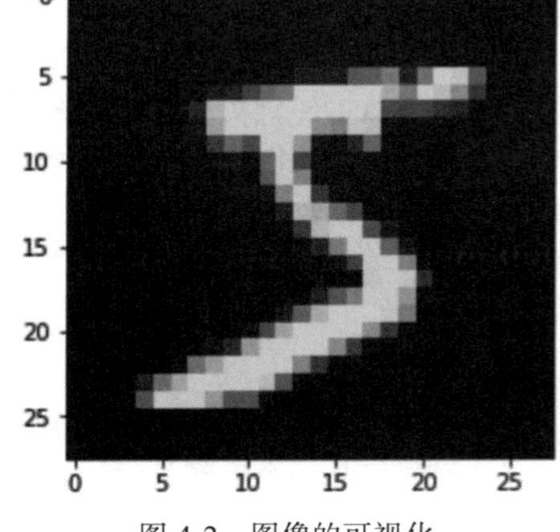

图 4-2　图像的可视化

图像的像素是 28×28，每个像素是 0 到 255 之间的数字。尝试使用不同的索引来显示它们的值，如下所示。你可以将 x 和 y 设为 0 到 255 之间的任意数字：

```
print(sample_image[x][y])
```

4）当你按如下方式运行打印代码时，预计会看到 0 到 255 之间的数字：

```
print(sample_image[22][11])
print(sample_image[6][12])
print(sample_image[5][23])
print(sample_image[10][11])
```

预期输出如图 4-3 所示。

```
253
170
127
154
```

图 4-3 图像的数字表示

本练习旨在帮助你了解如何以 0 到 255 之间的数字处理每个像素的图像数据。这种理解是至关重要的，因为我们将在下一节把这些图像输入 CNN。

4.2 理解 CNN 的架构

假设我们的任务是将每个 **MNIST** 图像分类为 0 到 9 之间的数字。上例中的输入是图像矩阵。对于彩色图像，每个像素是一个数组，其三个值对应于 **RGB** 颜色方案。对于灰度图像，正如我们前面看到的，每个像素对应一个数字。

为了理解 CNN 的架构，最好把它分成两部分，如图 4-4 所示。

CNN 的一次前向传播涉及两个部分的一系列操作。

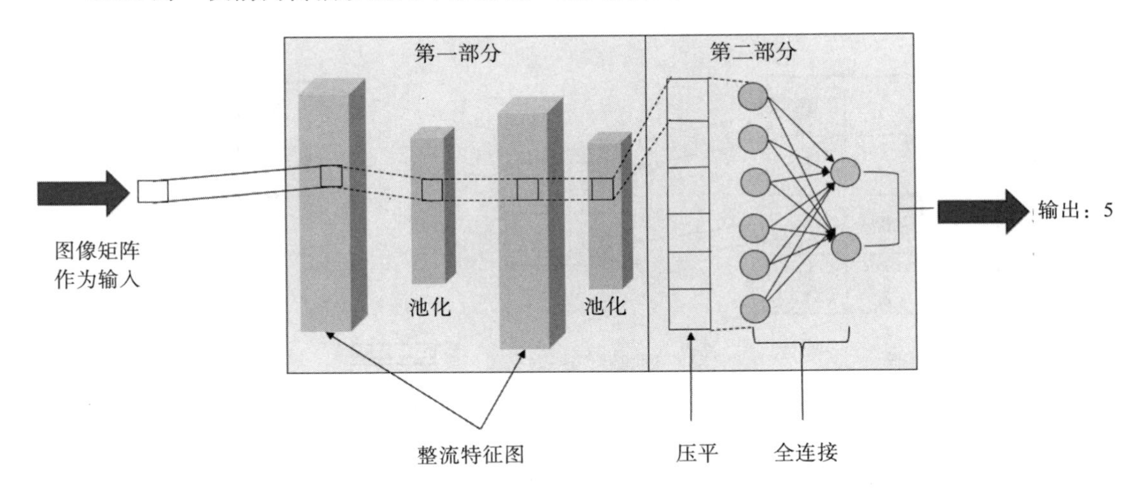

图 4-4 卷积和 ReLU 运算的应用

该图对以下两部分进行解释：

- ❑ 特征提取
- ❑ 神经网络

4.2.1　特征提取

CNN 的第一部分是关于特征提取的。从概念上来说，它可以被解释为模型试图了解哪些特性将一个类与另一个类区分开来。在图像分类任务中，这些特征可能包括独特的形状和颜色。

CNN 了解这些特征的层次结构。CNN 的低层抽象特征（如边），而高层学习更多定义的特征（如形状）。

特征学习通过一组重复多次的三个操作进行，如下所示：

1）卷积。

2）激活函数（应用 ReLU 激活函数实现非线性）。

3）池化。

1. 卷积

卷积是将卷积神经网络与其他神经网络区分开来的一种运算。卷积运算不是机器学习独有的。它被应用于许多其他领域，如电气工程和信号处理。

如图 4-5 所示，当我们向右和向下移动窗口时，卷积可以被认为是透过一个小窗口看。在这种情况下，卷积包括在图像中反复滑动一个“过滤器”，同时在我们向左和向下移动时执行点积。

这个窗口被称为**“过滤器”**或**“卷积核”**。在实际意义上，过滤器或卷积核是一个比输入尺寸更小的矩阵。为了更好地理解如何将过滤器应用于图像，请观察以下示例。在计算过滤器覆盖区域上的点积之后，我们向右移动一步，计算点积。

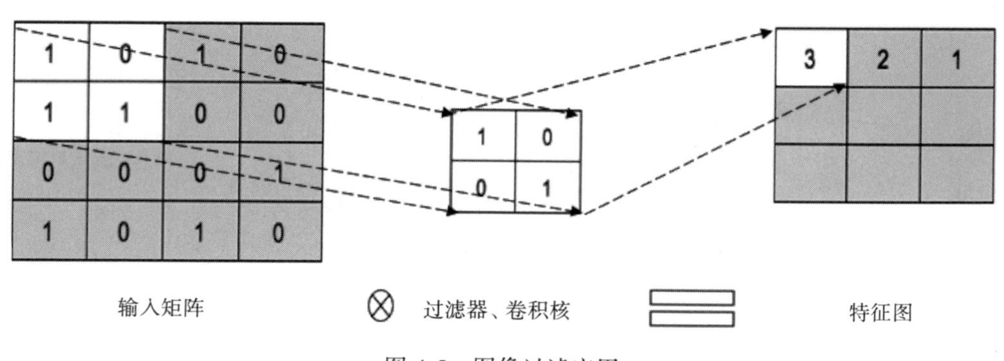

图 4-5　图像过滤应用

这种卷积的结果称为特征图或激活图。

过滤器的大小需要定义为超参数。这个大小也可以被认为是神经元可以“看到”输入的区域。这被称为神经元的**感受野**。此外，我们需要定义步幅大小，即在应用过滤器之前需要采取的步骤数。与边缘的像素相比，中心像素的过滤器要通过几次。为了避免在角落丢失信息，建议添加一层额外的零层作为填充。

2. ReLU 激活函数

激活函数在机器学习中被广泛使用。它们对于引入非线性和允许模型学习非线性函数非常有用。在这种特殊情况下，我们应用了**修正线性单元**（Rectified Linear Unit，ReLU），它用零代替所有负值。

图 4-6 演示了应用 ReLU 后图像的变化。

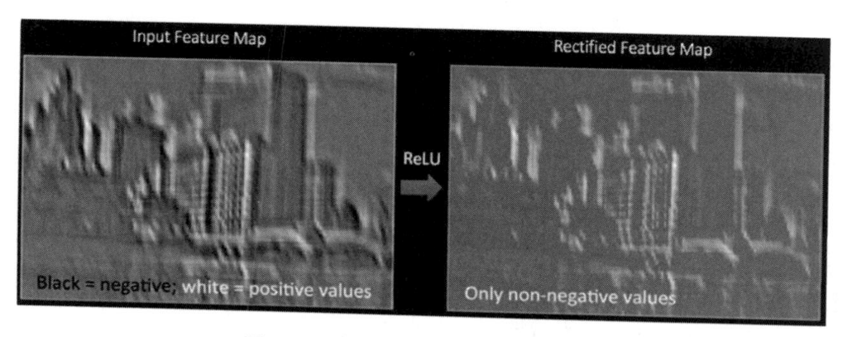

图 4-6 应用 ReLU 函数后的图像

练习 19：可视化 ReLU

在本练习中，我们将可视化修正线性单元函数。ReLU 函数将绘制在一个 X-Y 轴上，其中 X 是 -15 到 15 范围内的数字，Y 是应用 ReLU 函数后的输出。本练习的目标是可视化 ReLU。

1）导入所需的 Python 包：

```
from matplotlib import pyplot
```

2）定义 ReLU 函数：

```
def relu(x):
    return max(0.0, x)
```

3）指定输入和输出引用：

```
inputs = [x for x in range(-15, 15)]
outputs = [relu(x) for x in inputs]
```

4）根据输出绘制输入：

```
pyplot.plot(inputs, outputs) #Plot the input against the output
pyplot.show()
```

预期输出如图 4-7 所示。

3. 池化

池化是一个下采样过程，涉及从高维空间到低维空间的降维。在机器学习中，池化被用作降低层的空间复杂性的一种方法。它允许学习更少的权重，从而加快训练时间。

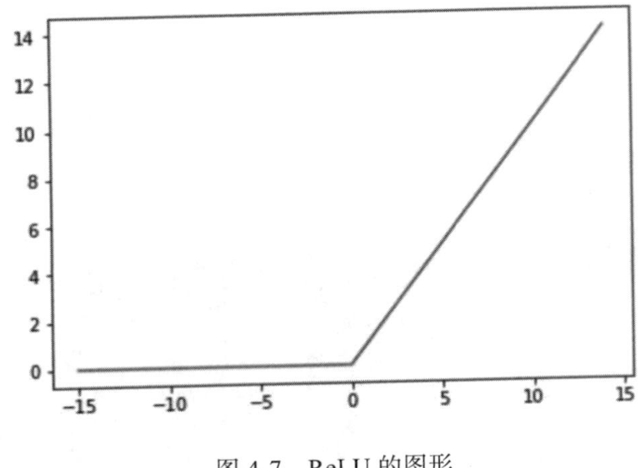

图 4-7　ReLU 的图形

历史上，执行池化使用了不同的技术，例如平均池化和 L2 范数池化。首选的池化技术是最大池化。最大池化涉及在定义的窗口大小内取最大的元素。如图 4-8 所示是在矩阵上最大池化的示例。

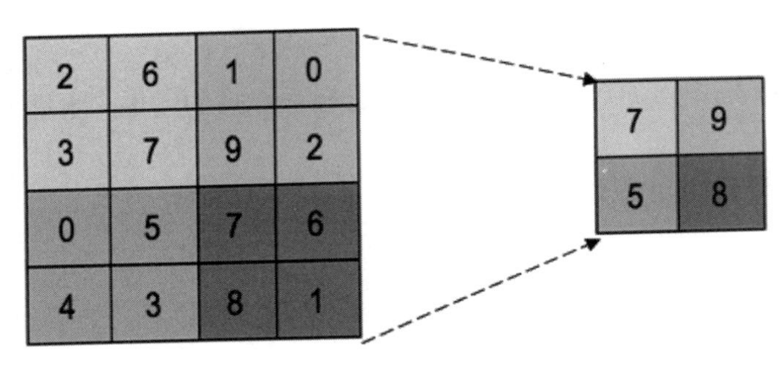

图 4-8　最大池化

如果我们将最大池化应用于前面的例子，则包含 2、6、3 和 7 的部分将减少到 7。类似地，具有 1、0、9 和 2 的部分减少到 9。使用最大池化时，我们选择一个区段中最大的数字。

4.2.2　随机失活

机器学习中遇到的一个常见问题是过拟合。当模型“记忆”了训练数据，并且在测试中不能用不同的例子概括时，就会出现过拟合。有几种方法可以避免过拟合，特别是通过正则化，如图 4-9 所示。

正则是将系数约束为零的过程。正则化可以概括为用于惩罚学习系数的技术，使得它们趋向于零。随机失活是一种常见的正则化技术，通过在前向和后向过程中随机“失活”

一些神经元来应用。为了实现随机失活，我们将神经元被失活的概率指定为参数。通过随机失活神经元，我们确保模型能够更好地推广，因此更加灵活。

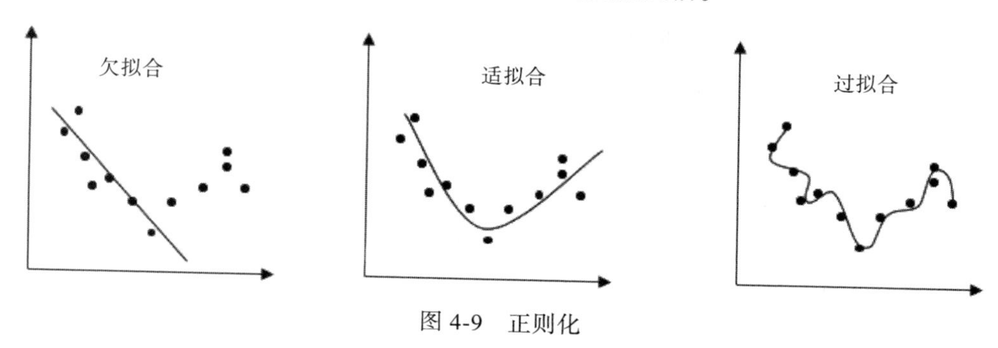

图 4-9 正则化

4.2.3 卷积神经网络的分类

CNN 的第二部分更有针对性。对于分类任务，这一部分基本上是一个全连接的神经网络。当一层中的每个神经元都连接到下一层中的所有神经元时，神经网络被认为是全连接的。全连接层的输入是一个扁平向量，它是第一部分的输出。压平将矩阵转换成一维向量。

全连接层中隐藏层的数量是一个可以优化和微调的超参数。

练习 20：创建一个简单的 CNN 架构

在本练习中，你将使用 Keras 构建一个简单的 CNN 模型。本练习将需要创建一个模型，其中包含到目前为止所讨论的层。在模型的第一部分，我们将有两个具有 ReLU 激活函数的卷积层，一个池化层和随机失活层。在第二部分，我们将有一个压平层和一个全连接层。

1）我们导入必要的类：

```
from keras.models import Sequential #For stacking layers
from keras.layers import Dense, Conv2D, Flatten, MaxPooling2D, Dropout
from keras.utils import plot_model
```

2）定义使用的变量：

```
num_classes = 10
```

3）定义模型。Keras 的顺序模型允许你边运行边堆叠图层：

```
model = Sequential()
```

4）添加第一部分的层。卷积层和 ReLU 层一起定义。我们有两个卷积层。定义每个卷积核大小为 3。模型的第一层接收输入。我们需要定义它应该如何预期输入的结构。在本例子，输入的是 28 × 28 图像。还需要指定每层神经元的数量。在本例中，我们为第一层定义了 64 个神经元，为第二层定义了 32 个神经元。请注意，这些是可以优化的超参数：

```
model.add(Conv2D(64, kernel_size=3, activation='relu', input_
shape=(28,28,1)))
model.add(Conv2D(32, kernel_size=3, activation='relu'))
```

5）添加一个池化层，接着是一个随机失活层，神经元“失活”的概率为25%：

```
model.add(MaxPooling2D(pool_size=(2, 2)))
model.add(Dropout(0.25))
```

第一层完成。请注意，层数也是一个可以优化的超参数。

6）对于第二部分，我们首先压平输入。然后添加一个全连接或密集的层。使用softmax激活函数，我们可以计算10类中每一类的概率：

```
model.add(Flatten())
model.add(Dense(num_classes, activation='softmax'))
```

7）为了可视化模型架构，我们可以按如下代码打印出模型：

```
model.summary()
```

预期输出如图4-10所示。

```
Layer (type)                 Output Shape              Param #
=================================================================
conv2d_5 (Conv2D)            (None, 26, 26, 64)        640
_________________________________________________________________
conv2d_6 (Conv2D)            (None, 24, 24, 32)        18464
_________________________________________________________________
max_pooling2d_3 (MaxPooling2 (None, 12, 12, 32)        0
_________________________________________________________________
dropout_3 (Dropout)          (None, 12, 12, 32)        0
_________________________________________________________________
flatten_3 (Flatten)          (None, 4608)              0
_________________________________________________________________
dense_2 (Dense)              (None, 10)                46090
=================================================================
Total params: 65,194
Trainable params: 65,194
Non-trainable params: 0
```

图4-10 模型概要

8）还可以运行以下代码将图像导出到文件中：

```
plot_model(model, to_file='model.png')
```

在前面的练习中，我们创建了一个简单的CNN，它有两个卷积层用于分类任务。在前面的输出图像中，你会注意到层是如何堆叠的——从输入层开始，然后是两个卷积层、池化层、随机失活层、压平层，最后是全连接层。如图4-11所示。

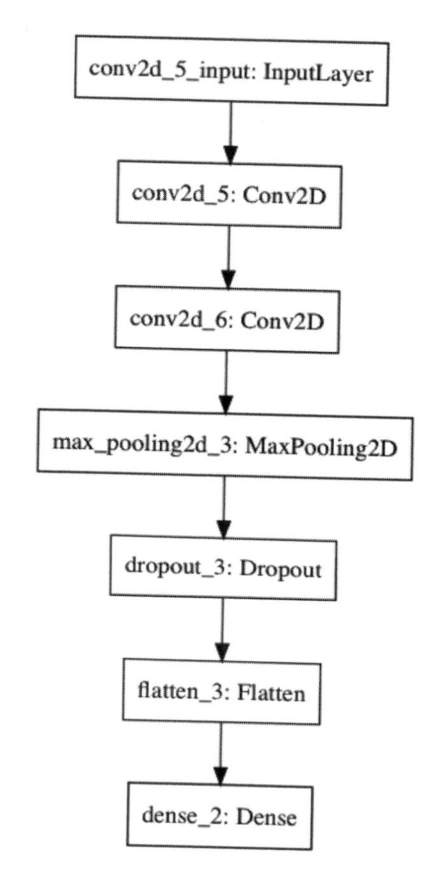

图 4-11 简单 CNN 的可视化架构

4.3 训练 CNN

在训练卷积神经网络的过程中，该模型试图了解特征提取中滤波器的权重，以及神经网络中全连接层的权重。为了理解模型是如何训练的，我们将讨论如何计算每个输出类的概率，如何计算误差或损失，如何在更新权重的同时优化或最小化损失。

1）概率

回想一下，在神经网络部分的最后一层，我们使用了 softmax 函数来计算每个输出类的概率。该概率通过将该类分数的指数，除以所有分数的指数之和来计算，如图 4-12 所示。

$$softmax = \frac{exp(y_i)}{\sum_j^c exp(y_i)}，其中\ i=0, 1, \cdots, 9$$

图 4-12 计算概率的表达式

2）损失

我们需要能够量化计算出的概率对实际类别的预测程度。这是通过计算损失来完成的，在分类概率的情况下，最好通过分类交叉熵损失函数来完成。分类交叉熵损失函数采用两个向量，即预测类（我们称之为 y'）和实际类（比如 y），来输出总损失。交叉熵损失计算为类概率的负对数似然之和。它在这里可以表示为 H 函数，如图 4-13 所示。

$$H(y', y) = -\sum_i y' \text{ Log } (softmax(y_i))$$

图 4-13　计算损失的表达式

3）优化

考虑如图 4-14 所示的交叉熵损失。通过最小化损失，我们可以以更高的概率预测正确的类别。

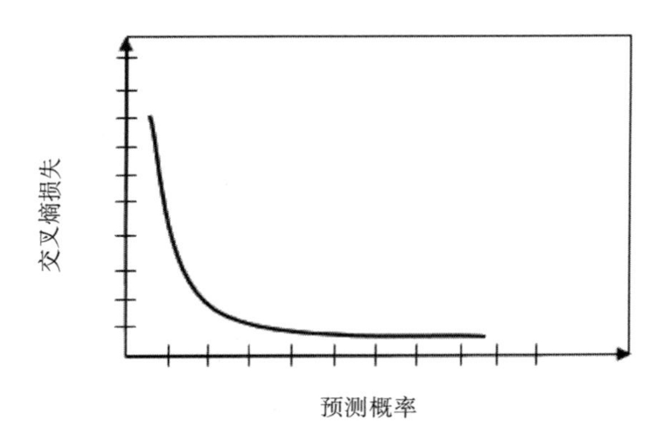

图 4-14　交叉熵损失与预测概率

梯度下降是一种寻找函数最小值的优化算法，如前面描述的损失函数。尽管计算了总体误差，但我们需要返回并计算每个节点造成了多少损失。因此，我们可以更新权重，以最小化总误差。反向传播应用微积分的链式法则来计算每个权重的更新。这是通过对误差或损失相对于权重的偏导数来实现的。

为了更好地可视化这些步骤，请考虑图 4-15，它总结了三个步骤。对于分类任务，第一步涉及计算每个输出类的概率，之后应用损失函数来量化概率对实际类别的预测程度。为了更好地预测未来，通过梯度下降进行反向传播来更新权重。

练习 21：训练 CNN

在本练习中，我们将训练在练习 20 中创建的模型。以下步骤将帮助你解决问题。回想一下，这是为了分类的总体任务。

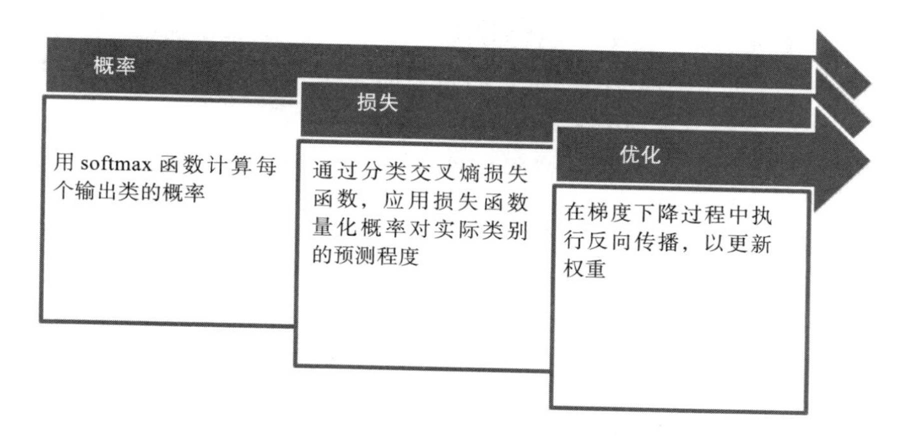

图 4-15　分类任务的步骤

1）我们从定义轮的数量开始。轮是深度神经网络中常用的超参数。一轮是指整个数据集通过完整的向前和向后传递。由于训练数据通常很多，数据可以分成几批：

```
epochs=12
```

2）通过运行以下命令导入 MNIST 数据集：

```
(X_train, y_train), (X_test, y_test) = keras.datasets.mnist.load_data()
```

3）变形数据以适应模型：

```
X_train = X_train.reshape(60000,28,28,1) #60000 是训练示例的数量

X_test = X_test.reshape(10000,28,28,1)
```

4）to_categorical 函数将一个整数向量更改为独热编码向量矩阵。给定以下示例，该函数返回所示数组：

```
# 演示 to_categorical 方法
Import numpy as np
from keras.utils import to_categorical
example = [1,0,3,2]
to_categorical(example)
```

数组如图 4-16 所示。

```
array([[0., 1., 0., 0.],
       [1., 0., 0., 0.],
       [0., 0., 0., 1.],
       [0., 0., 1., 0.]])
```

图 4-16　数组输出

5）我们将其应用于目标列，如下所示：

```
from keras.utils import to_categorical
y_train = to_categorical(y_train)
y_test = to_categorical(y_test)
```

6）将损失函数定义为分类交叉熵损失函数。此外，我们定义了优化器和度量标准。自适应矩优化器是一种常用于代替随机梯度下降的优化算法。它为模型的每个参数定义了自适应学习率：

```
model.compile(optimizer='adam', loss='categorical_crossentropy',
metrics=['accuracy'])
```

7）要训练模型，运行 .fit 方法：

```
model.fit(X_train, y_train, validation_data=(X_test, y_test),
epochs=epochs)
```

输出应如图 4-17 所示。

```
Train on 60000 samples, validate on 10000 samples
Epoch 1/12
60000/60000 [==============================] - 209s 3ms/step - loss: 11.8406 - acc: 0.2646 - val_loss: 11.0491 - val_
acc: 0.3130
Epoch 2/12
60000/60000 [==============================] - 197s 3ms/step - loss: 9.8795 - acc: 0.3867 - val_loss: 9.8567 - val_ac
c: 0.3884
Epoch 3/12
60000/60000 [==============================] - 199s 3ms/step - loss: 9.8271 - acc: 0.3901 - val_loss: 9.7647 - val_ac
c: 0.3940
Epoch 4/12
60000/60000 [==============================] - 227s 4ms/step - loss: 9.6686 - acc: 0.4000 - val_loss: 9.6117 - val_ac
c: 0.4033
```

图 4-17　训练模型

8）要评估模型的性能，可以运行以下程序：

```
score = model.evaluate(X_test, y_test, verbose=0)
print('Test loss:', score[0])
print('Test accuracy:', score[1])
```

9）对于这项任务，我们期望在几轮之后有相当高的精确度。精度和损耗输出见图 4-18。

```
Test loss: 6.17029175567627
Test accuracy: 0.6169
```

图 4-18　精度和损耗输出

将 CNN 应用于文本

现在我们对 CNN 如何使用图像有了一个大体的认识，让我们看看如何将它们应用于自然语言处理。就像图像一样，文本具有空间质量，这使得它非常适合 CNN 使用。然而，在处理文本时，我们引入的结构有一个主要变化。文本不是二维卷积层，而是一维的，如图 4-19 所示。

注意，前面的输入序列可以是字符序列，也可以是单词序列。CNN 在文字上的应用，在字符级别，可以被可视化。CNN 有 6 个卷积层和 3 个全连接层，如图 4-20 所示。

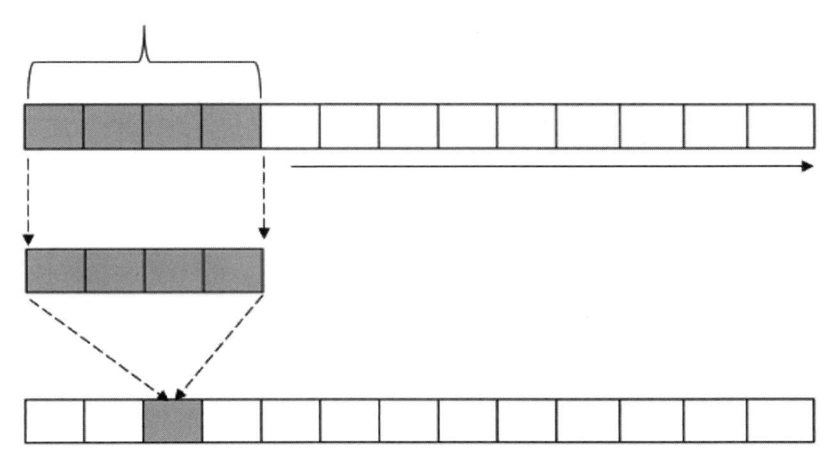

图 4-19　一维卷积

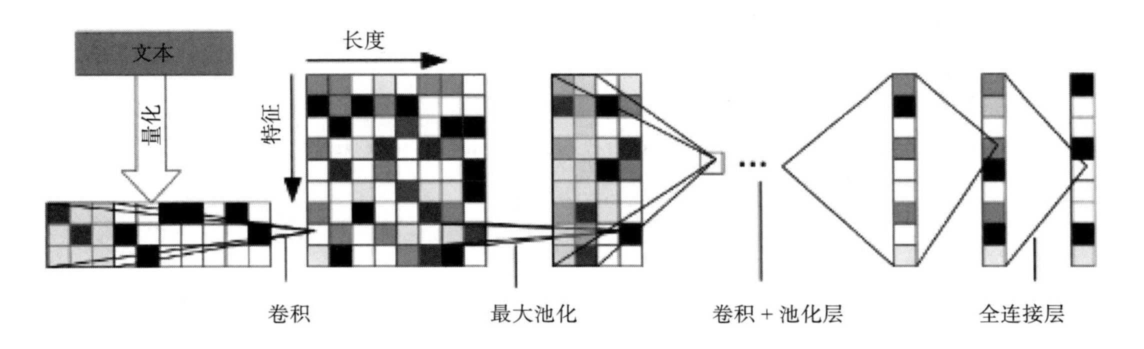

图 4-20　有 6 个卷积层和 3 个全连接层的 CNN

当应用于大噪声数据时，字符级 CNN 表现良好。它们也比单词级应用程序简单，因为它们不需要预处理（例如词干），字符表示为独热编码表示。

在下面的例子中，我们将展示 CNN 在词层面上的应用。因此，在将数据输入 CNN 架构之前，我们需要执行一些矢量化和填充。

练习 22：简单的 CNN 对路透社新闻主题的分类应用

在本练习中，我们将把 CNN 模型应用于内置的 Keras 路透社数据集。

注意　如果你正在使用谷歌 Colab，你需要把你的 **numpy** 版本降级到 1.16.2。可运行以下命令完成：

```
!pip install numpy==1.16.1


import numpy as np
```

这种降级是必要的，因为此版本的 **numpy** 的 **allow_pickle** 默认值为 **True**。

1）导入必要的类：

```
import keras
from keras.datasets import reuters
from keras.preprocessing.text import Tokenizer
from keras.models import Sequential
from keras import layers
```

2）定义变量：

```
batch_size = 32
epochs = 12
maxlen = 10000
batch_size = 32
embedding_dim = 128
num_filters = 64
kernel_size = 5
```

3）加载路透社数据集：

```
(x_train, y_train), (x_test, y_test) = reuters.load_data(num_words=None,
test_split=0.2)
```

4）准备数据：

```
word_index = reuters.get_word_index(path="reuters_word_index.json")
num_classes = max(y_train) + 1
index_to_word = {}
for key, value in word_index.items():
    index_to_word[value] = key
```

5）标记（Tokenize）输入数据：

```
tokenizer = Tokenizer(num_words=maxlen)
x_train = tokenizer.sequences_to_matrix(x_train, mode='binary')
x_test = tokenizer.sequences_to_matrix(x_test, mode='binary')

y_train = keras.utils.to_categorical(y_train, num_classes)
y_test = keras.utils.to_categorical(y_test, num_classes)
```

6）定义模型：

```
model = Sequential()
model.add(layers.Embedding(512, embedding_dim, input_length=maxlen))
model.add(layers.Conv1D(num_filters, kernel_size, activation='relu'))
model.add(layers.GlobalMaxPooling1D())
model.add(layers.Dense(10, activation='relu'))
model.add(layers.Dense(num_classes, activation='softmax'))
model.compile(loss='categorical_crossentropy', optimizer='adam',
metrics=['accuracy'])
```

7）训练和评估模型。打印精度分数：

```
history = model.fit(x_train, y_train, batch_size=batch_size, epochs=epochs,
```

```
verbose=1, validation_split=0.1)
score = model.evaluate(x_test, y_test, batch_size=batch_size, verbose=1)
print('Test loss:', score[0])
print('Test accuracy:', score[1])
```

预期输出如图 4-21 所示。

```
Test loss: 2.2279047027615064
Test accuracy: 0.43232413178984863
```

图 4-21　精度得分

至此，我们创建了一个模型，并在数据集上对其进行了训练。

4.4　CNN 的应用领域

了解了 CNN 的结构，让我们来看看一些应用。总之，CNN 非常适合具有空间结构的数据。具有空间结构的数据类型的示例有声音、图像、视频和文本。

在自然语言处理中，CNN 用于各种任务，如句子分类。一个例子是情感分类的任务，其中句子被分类为属于预定的类别组。

如前所述，CNN 应用于字符级别的分类任务，如情感分类，特别是在嘈杂的数据集中，如社交媒体帖子。

CNN 更常用于计算机视觉。以下是这方面的一些应用：

- **面部识别**

大多数社交网站都使用 CNN 来检测人脸，然后执行标记等任务，如图 4-22 所示。

图 4-22　面部识别

- **物体检测**

CNN 同样能够检测图像中的物体。有几种基于 CNN 的架构用于检测物体，其中最受欢迎的是 R-CNN（Region CNN）。一个 R-CNN 的工作原理是应用选择性搜索来找出区域，然后使用 CNN 进行分类，一次一个区域，如图 4-23 所示。

图 4-23　物体检测

❑ 图像字幕[⊖]

该任务包括为图像创建文本描述。执行图像字幕的一种方法是用循环神经网络 (RNN) 替换第二部分中的全连接层，如图 4-24 所示。

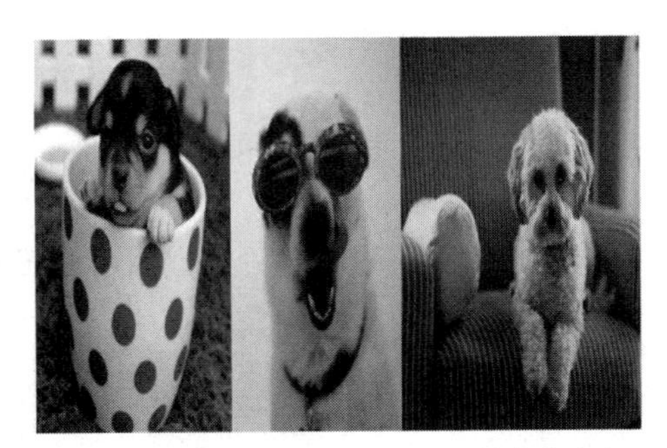

图 4-24　图像字幕

❑ 语义分割

语义分割是将图像分割成更有意义的部分的任务。图像中的每个像素被分类为属于某个类别，如图 4-25 所示。

一个可以用来执行语义分割的结构是一个全卷积网络（Fully Convoluted Network，FCN）。FCN 架构在两个方面与前一个略有不同：它没有全连接层，并且具有上采样。上采样是使输出图像更大的过程，最好与输入图像大小相同。

⊖ image captioning，又叫看图说话。——译者注

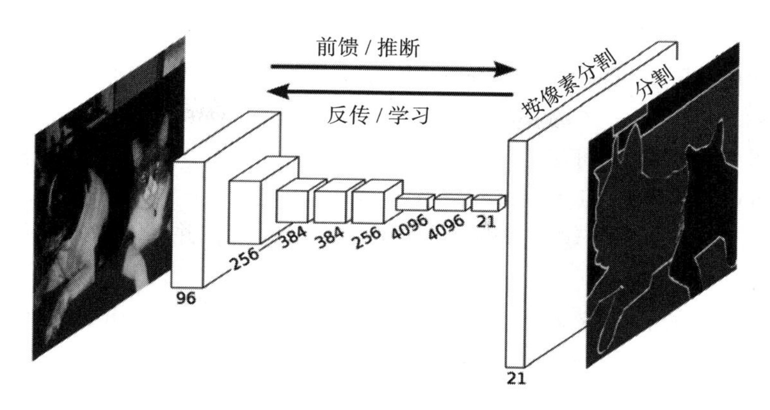

图 4-25　语义分割

语义分割的示例结构，如图 4-26 所示。

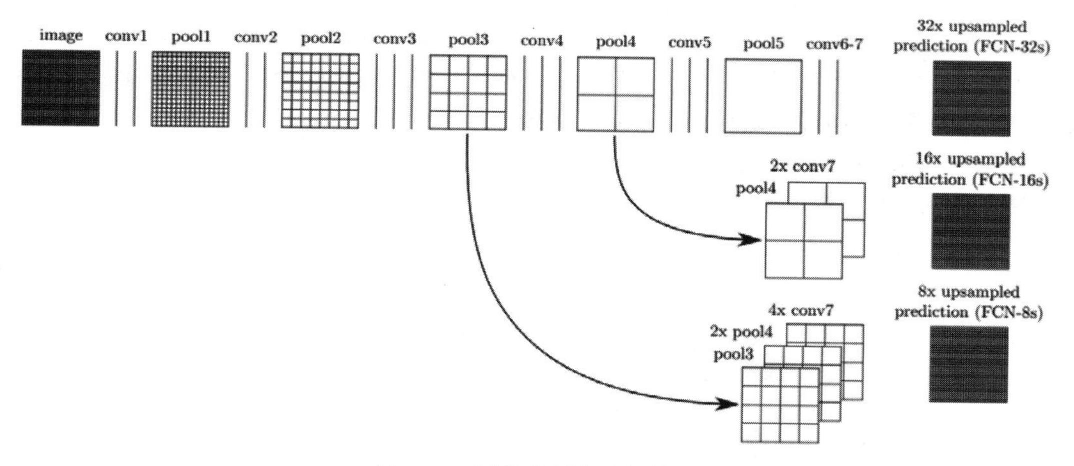

图 4-26　语义分割的示例结构

注意　更多关于 FCN 的信息，请参考 Jonathan Long、Evan Shelhamer 和 Trevor Darrell 的论文 *Fully Convolutional Networks for Semantic Segmentation*。

活动 5：现实生活数据集上的情感分析

假设你的任务是创建一个模型来对数据集中的评论进行分类。在本活动中，我们将构建一个执行情感分析二进制分类任务的 CNN。我们将使用来自 UCI 资料库的真实数据集。

注意　可访问 https：//archive.ics.uci.edu/ml/datasets/Sentiment+Labelled+Sentences 下载该数据集。

使用深度特性从组标签到个人标签，Kotziaa 等人，KDD 2015 UCI 机器学习库（http://archive.ics.uci.edu.ml）。CA：加州大学信息与计算机科学学院。

你也可以从我们的 GitHub 库链接下载：

https：//github.com/TrainingByPackt/Deep-Learning-for-Natural-LanguageProcessing/tree/master/Lesson%2004。

以下步骤将帮助你解决问题。

1）下载 Sentiment Labelled Sentences 数据集。

2）在你的工作目录中创建一个标记为“data”的目录，并将下载的文件夹解压缩到该目录中。

3）在 Jupyter notebook 上创建并运行你的工作脚本（例如，sentiment. ipynb）。

4）使用 pandas 库 read_csv 方法导入你的数据。可随意使用数据集中的一个或所有文件。

5）使用 scikit learn 的 train_test_split 将你的数据分成训练集和测试集。

6）使用 Keras 的标记解析器 (tokenizer) 进行标记解析。

7）使用 texts_to_sequences 方法将文本转换为序列。

8）通过填充确保所有序列具有相同的长度。你可以使用 Keras 的 pad_sequences 函数。

9）用最少一个卷积层和一个全连接层定义模型。由于这是一个二进制分类，我们使用 sigmoid 激活函数并通过二进制交叉熵损失计算损失。

10）训练和测试模型。

注意　该活动的解决方案参见附录。

预期输出如图 4-27 所示。

```
Training Accuracy: 1.0000
Testing Accuracy:  0.8167
```

图 4-27　精度得分

4.5　本章小结

本章我们研究了卷积神经网络的架构和应用。CNN 不仅适用于文本和图像，也适用于具有某种形式空间结构的数据集。在接下来的章节中，你将探索如何将其他形式的神经网络应用于各种自然语言任务。

CHAPTER 5

第5章 循环神经网络

学习目标

本章结束时，你将能够：

- ❑ 描述经典前馈网络。
- ❑ 区分前馈神经网络和循环神经网络。
- ❑ 评估循环神经网络随时间反向传播的应用。
- ❑ 描述循环神经网络的缺点。
- ❑ 使用带有 keras 的循环神经网络来解决作者归属问题。

本章旨在向你介绍循环神经网络及其应用，以及它们的缺点。

5.1 本章概览

我们在日常生活中会遇到不同类型的数据，其中一些数据具有时间依赖性（随着时间的推移而产生的依赖性），而另一些则没有。例如，图像本身包含了它想要传达的信息。但是，音频和视频等数据形式随着时间的推移会有依赖性。如果考虑到一个固定的时间点，它们就不能传递信息。根据问题陈述，解决问题所需的输入可能不同。如果我们有一个模型来检测一帧中特定的人，单个图像就可以用作输入。然而，如果我们需要检测他们的行为，我们需要一个在时间上连续的图像流作为输入。我们可以通过放在一起分析这些图像来理解这个人的行为，但不能独立分析。

在看电影时，特定的场景是有意义的，因为它的背景是已知的，我们会记住电影中之前收集的所有信息来理解当前的场景。这非常重要，作为人类，我们能够做到这一点是因为我们的大脑能够存储记忆，分析过去的数据，检索有用的信息以理解当前的场景。

多层感知器和卷积神经网络等网络缺乏这种能力。这些网络的每一个输入都是独立处理的，它们不存储来自过去输入的任何信息以分析当前输入，因为它们的结构中缺少内存。既然如此，也许有一种方法可以让神经网络有记忆。我们可以尝试让它们存储过去的有用信息，让它们检索过去的信息，从而帮助它们分析当前的输入。这确实是可能的，这种结构就叫作**循环神经网络**（Recurrent Neural Network，RNN）。

在我们深入研究 RNN 理论之前，让我们看看它们的应用。目前，RNN 被广泛使用，一些应用如下：

- **语音识别**：无论是亚马逊的 Alexa、苹果的 Siri、谷歌的语音助理，还是微软的 Cortana，它们所有的语音识别系统都使用 RNN。
- **时间序列预测**：任何具有时间序列数据的应用程序，例如股票市场数据、网站流量、呼叫中心流量、电影推荐、谷歌地图路线等，都使用 RNN 来预测未来数据、最佳路径、最佳资源分配等。
- **自然语言处理**：机器翻译（例如谷歌翻译）、聊天机器人（例如 Slack 和谷歌的聊天机器人）和智能问答等应用程序都使用 RNN 来建模依赖关系。

5.2 神经网络的早期版本

大约 40 年前，**前馈神经网络**（Feed Forward Neural Network，FFNN）不能捕捉时变依赖关系（time-variable dependencies）变得很明显，而时变依赖关系对于捕捉信号的时变特性至关重要。在许多涉及真实世界数据的应用中，例如语音和视频，建模时变依赖性是非常重要的，因为真实数据具有时变属性。此外，人类生物神经网络有一个循环的关系，所以这是最明显的方向。如何将这种循环关系添加到现有的前馈网络中呢？

实现这一点的第一次尝试是通过添加延迟元件来完成的，该网络被称为**时延神经网络**（Time-Dealy Neural Network，TDNN）。

如图 5-1 所示，在该网络中，延迟元件被添加到网络中，过去的输入与当前的时间步长一起作为网络的输入被提供给网络。这肯定比传统的前馈网络有优势，但缺点是在窗口允许的范围内，只有来自过去的那些输入。如果窗口太大，网络会随着参数和计算复杂性的增加而增长。

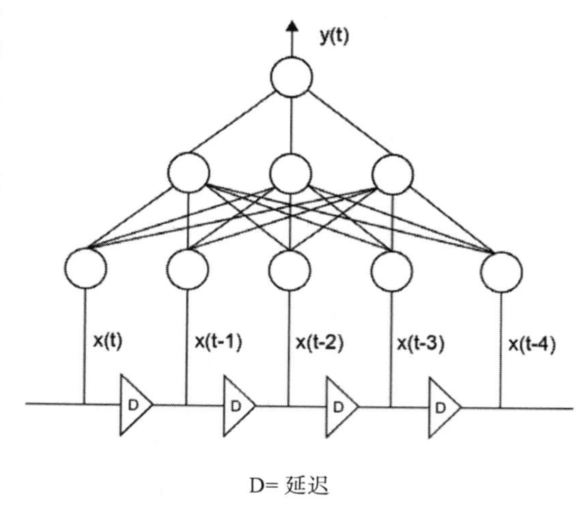

图 5-1 TDNN 结构

然后出现了 Elman 网络，或叫简单 RNN。Elman 网络与前馈网络非常相似，除了输出的隐藏层被存储，并用于下一个输入。这样，可以在这些隐藏状态中捕获来自先前时间步的信息。

看待 Elman 网络的一种方式是，在每个输入端，我们将先前隐藏层的输出与输入端一起添加，并将它们作为输入端发送到网络。因此，如果输入大小为 m，隐藏层大小为 n，则有效输入层大小变为 $m+n$。

如图 5-2 所示是一个简单的三层网络，其中先前的状态被反馈到网络，以存储上下文，因此它被称为 **SimpleRNN**。这种结构还有其他变化，如 Jordan 网络（本章中不研究）。对于那些对 RNN 早期历史感兴趣的读者，可以阅读更多关于 Elman 网络和 Jordan 网络的文章。

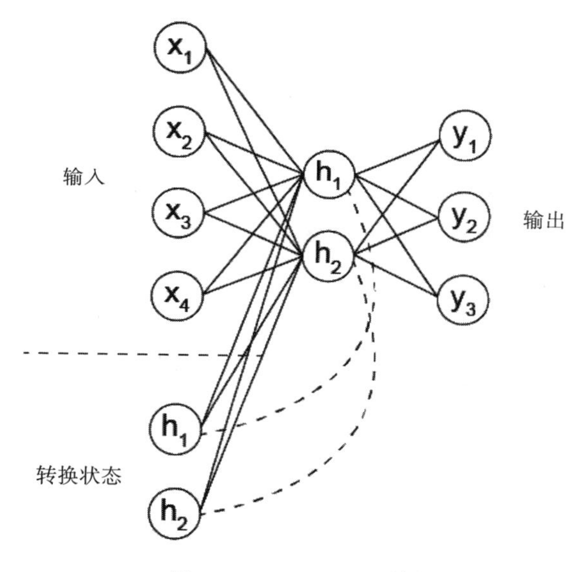

图 5-2 SimpleRNN 结构

然后来到 **RNN**，这是本章的主题。我们接下来将详细研究 RNN，需要注意的是，在循环网络中，由于存在与这些单元相关联的存储单元和权重，因此需要在反向传播期间学习它们。因为这些梯度也是随时间反向传播的，我们称之为**随时间反向传播**（Back Propagation Through Time，BPTT）。我们将在接下来的章节中详细讨论 BPTT。然而，由于 BPTT 的存在，TDNN、Elman 网络和 RNN 有一个主要的缺点，即所谓的梯度消失。梯度消失的问题是随着反向传播，梯度越来越小，在这些网络中，随着时间步长的增加，反向传播使梯度变得越来越小，导致梯度消失。几乎不可能捕捉超过 20 个时间步长的时间相关性。

为了解决这个问题，引入了一种称为**长短期记忆模型**（Long short-Term Memory，LSTM）的结构。这里的关键思想是保持一些单元状态不变，并在未来的时间步骤中根据需要引入它们。这些决定是由门做出的，包括遗忘门和输出门。LSTM 的另一个常用变体叫作**门控循环单元**（Goted Recurrent Unit，GRU）。如果你不理解这一点，不要太担心。接下来有两章专门阐述这些概念。

5.3　RNN

循环意味着重复发生。RNN 的循环部分仅仅意味着在输入序列中的所有输入上完成相同的任务（对于 RNN，我们给出一个时间步长序列作为输入序列）。前馈网络和 RNN 之间的一个主要区别是，RNN 具有被称为状态的存储元件，这些存储元件从先前的输入中获取信息。因此，在这种结构中，当前输出不仅取决于当前输入，还取决于当前状态，其中考虑了过去的输入。

RNN 是通过输入序列而不是单个输入来训练的。类似地，我们可以将 RNN 的每个输入视为一系列时间步长。RNN 中的状态元素包含关于处理当前输入序列的过去输入的信息。RNN 结构如图 5-3 所示。

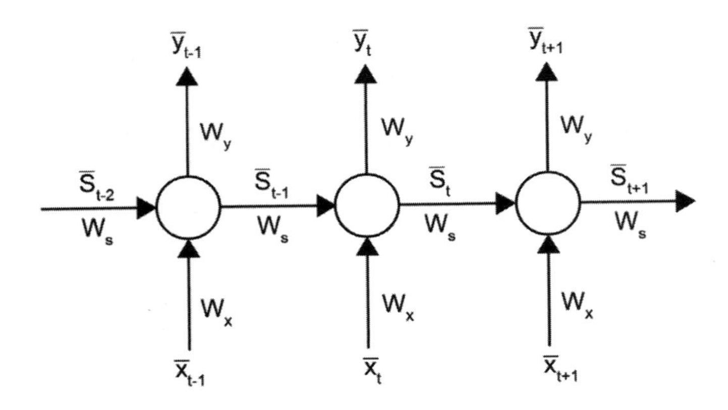

图 5-3　RNN 结构

对于输入序列中的每个输入，RNN 获得一个状态，计算其输出，并将其状态发送到序列中的下一个输入。对序列中的所有元素重复相同的任务集。

通过与前馈网络进行比较，很容易理解 RNN 及其操作。我们现在就开始吧。

到目前为止，很明显在前馈神经网络中输入是相互独立的，所以我们通过随机绘制输入和输出对来训练网络。这个序列没有意义。在任何给定时间，输出都是输入和权重的函数。RNN 的输出表达式如图 5-4 所示。

$$\bar{y}_t = F(\bar{x}_t, W)$$

图 5-4　RNN 的输出表达式

在 RNN 中，我们在时间 t 的输出不仅取决于当前的输入和权重，还取决于以前的输入。在这种情况下，时间 t 的输出定义如图 5-5 所示。

$$\bar{y}_t = F(\bar{x}_t, \bar{x}_{t-1}, \bar{x}_{t-2}, \cdots, \bar{x}_{t-t_0}, W)$$

图 5-5 时间 t 时 RNN 的输出表达式

让我们来看一个简单的 RNN 结构，叫作折叠模型。如图 5-6 所示，St 状态向量从上一个时间步反馈到网络中。这种表示法的一个重要优点是，RNN 在不同的时间步之间共享相同的权重矩阵。通过增加时间步长，我们不是在学习更多的参数，而是在看一个更大的序列。

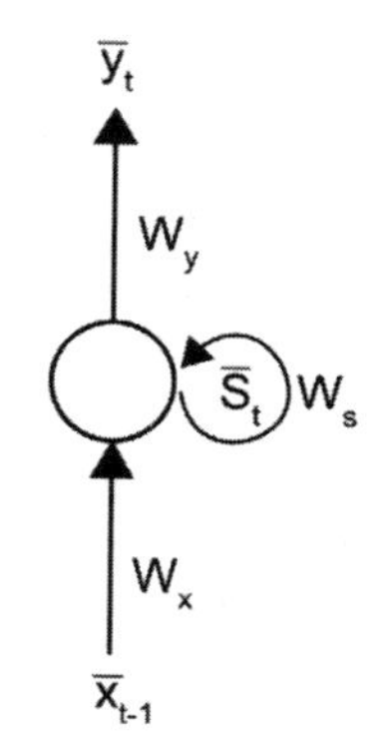

图 5-6 RNN 折叠模型

RNN 的折叠模型如下：

Xt：输入序列中的当前输入向量。

Yt：输出序列中的当前输出向量。

St：当前状态向量。

Wx：连接输入向量和状态向量的权重矩阵。

Wy：连接状态向量和输出向量的权重矩阵。

Ws：将前一个时间步的状态向量连接到下一个时间步的权重矩阵。

因为输入 X 是一个时间步序列，我们对这个序列中的元素执行相同的任务，所以我们可以展开这个模型，如图 5-7 所示。

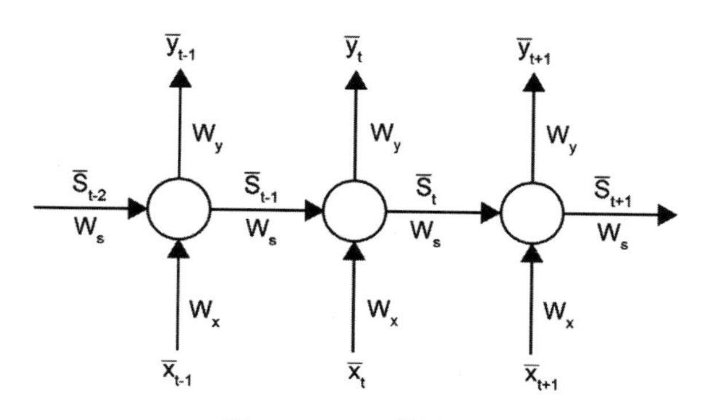

图 5-7 RNN 的展开

例如，在时间 t+1、yt+1 的输出取决于时间 t+1 的输入、权重矩阵及其之前的所有输入，如图 5-8 所示。

由于 RNN 是 FFNN 的扩展，最好理解这些结构之间的差异，如图 5-9 所示。

FFNN 和 RNN 的输出表达式如图 5-10 所示。

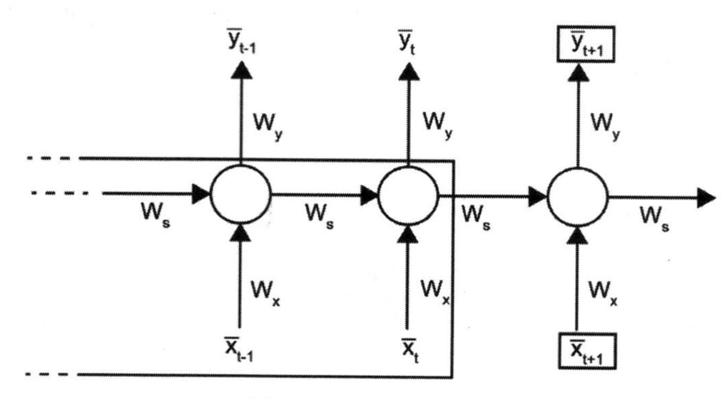

图 5-8　展开的 RNN

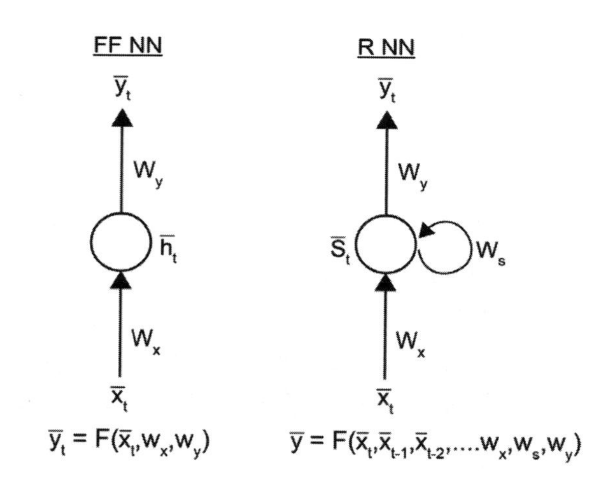

图 5-9　FFNN 和 RNN 之间的差异

FFNN	RNN
$\overline{h_t}=\overline{x}_t.w_x$	$\overline{S}_t=\overline{X}_t.W_x+\overline{S}_{t-1}.W_s$
	$\overline{x}_t w_x+(\overline{x}_{t-1}w_x,\overline{S}_{t-2}w_s)\,w_s$
$\overline{y}_t=\overline{h}_t.w_y$	$\overline{y}_t=s_t.w_y$

图 5-10　FFNN 和 RNN 的输出表达式

从前面的图和等式中，很明显看出这两种结构之间有很多相似之处。事实上，如果Ws=0，它们是相同的。这显然是因为 Ws 是与反馈到网络的状态相关联的权重。没有 Ws，就没有反馈，这是 RNN 的基础。

在 FFNN 中，t 处的输出取决于 t 处的输入和权重矩阵。在 RNN 中，t 处的输出取决于 t、t–1、t–2 等处的输入以及权重矩阵。这可以通过对 FFNN 情况下隐藏向量 h，和 RNN 情况下隐藏向量 s 的进一步计算来解释。乍一看，它可能看起来像 t 处的状态取决于 t 处的输入、t–1 处的状态，以及权重矩阵；t–1 的状态取决于 t–1 的输入、t–2 的状态，等等，创建一条可以追溯到第一时间步的链。然而，FFNN 和 RNN 的输出计算是相同的。

5.3.1 RNN 架构

RNN 可以有多种形式，如图 5-11 所示。需要根据我们正在解决的问题选择合适的架构。

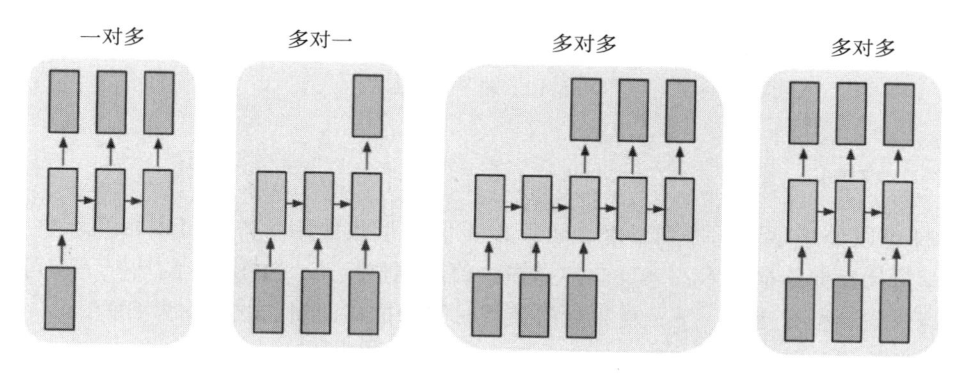

图 5-11 RNN 的不同架构

一对多：在这个架构中，给出一个输入，输出是一个序列。例如图像字幕，其中输入是单个图像，输出是解释图像的一系列单词。

多对一：在这种架构中，给出了一系列输入，但预期只有一个输出。例如给定先前的时间步，对任何时间序列预测，其中序列中的下一个时间步需要被预测。

多对多：在这种架构中，输入序列被赋予网络，网络输出序列。在这种情况下，序列可以同步，也可以不同步。例如，在机器翻译中，整个句子需要在网络开始翻译之前输入。有时，输入和输出不同步。例如，在语音增强的情况下，其中音频帧被作为输入给出，并且输入帧的更干净版本是期望的输出。在这种情况下，输入和输出是同步的。

RNN 也可以堆叠在一起。如图 5-12 所示。需要注意的是，堆中的每个 RNN 都有自己的权重矩阵。因此，权重矩阵在水平轴（时间轴）上共享，而不是在垂直轴（RNN 的数量）上共享。

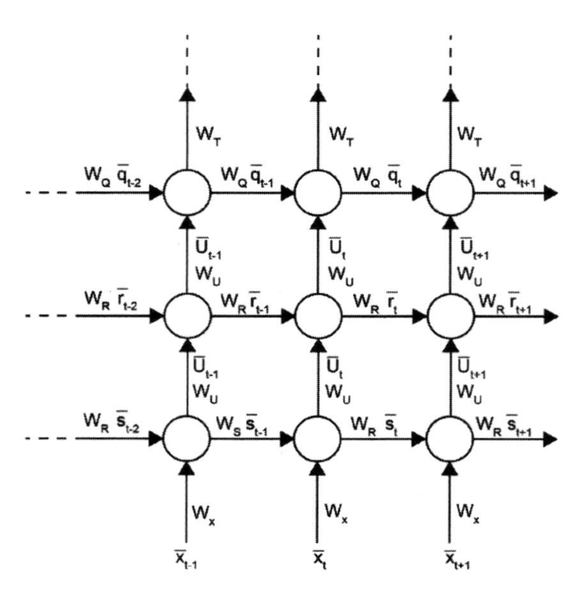

图 5-12　堆叠式 RNN

5.3.2　BPTT

RNN 可以处理不同的序列长度，可以以不同的形式使用，并且可以相互堆叠。以前，你已经学过用反向传播技术，来反向传播损失值以调整权重。在 RNN 的情况下，可以做类似的事情，只要稍微变形一下，就是让门随着时间的推移而损失。这称为 BPTT。

从反向传播的基本理论，我们知道如图 5-13 所示的表达式。

$$W_{new}=W_{previous}+\Delta W$$

图 5-13　权重更新表达式

使用链式法则通过梯度计算计算更新值，如图 5-14 所示。

$$\Delta W = -\alpha \frac{\partial E}{\partial W}$$

图 5-14　权重误差的偏导数

这里，α 是学习率。**误差（损失）**相对于权重矩阵的偏导数是主要的计算。一旦获得了这个新矩阵，调整权重矩阵就是简单地将这个新矩阵加上一个学习因子。

当计算 RNN 的更新值时，我们将使用 BPTT。

让我们看一个例子来更好地理解这一点。以一个损失函数为例，例如均方误差（通常用于回归问题），如图 5-15 所示。

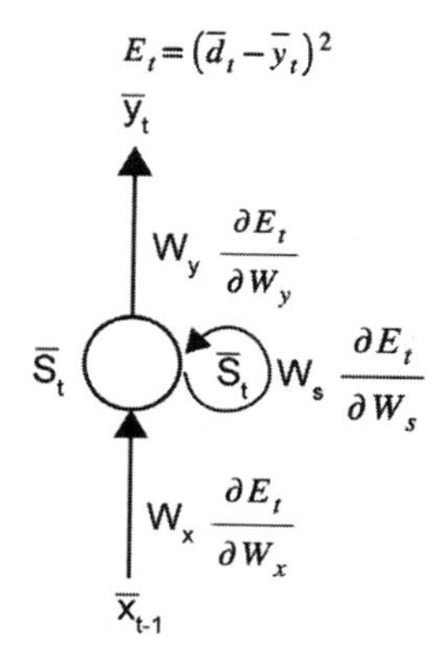

图 5-15　损失函数

在时间步长 t = 3 时，计算的损失如图 5-16 所示。

$$E_3=(d_3-y_3)^2$$

图 5-16　时间 t=3 时的损失

这种损失需要反向传播，权重 **Wy**、**Wx** 和 **Ws** 需要更新。

如前所述，我们需要计算更新值来调整这些权重，并且这个更新值可以使用偏导数和链式法则来计算。

这样做有三个部分：

- 通过计算相对于 Wy 的误差偏导数来更新权重 Wy。
- 通过计算相对于 Ws 的误差偏导数来更新权重 Ws。
- 通过计算相对于 Wx 的误差偏导数来更新权重 Wx。

在我们看这些更新之前，让我们展开模型，保留网络中与我们的计算实际相关的部分，如图 5-17 所示。

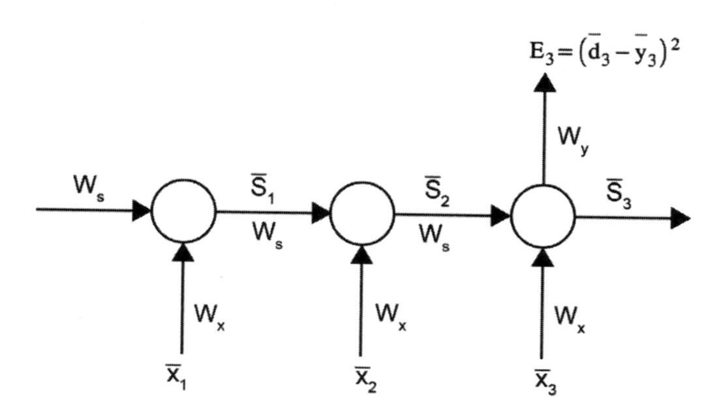

图 5-17　展开 RNN，时间 t=3 时的损失

因为我们正在研究 t=3 时的损失如何影响权重矩阵，所以 t=2 时及之前的损失值是不相关的。现在，我们需要了解如何通过网络反向传播这种损失。

让我们看看每一个更新，并显示图 5-17 中显示的每一个更新的梯度流。

5.4 更新和梯度流

这些更新在如下：

- ❑ 调整权重矩阵 Wy。
- ❑ 调整权重矩阵 Ws。
- ❑ 用于更新 Wx。

5.4.1 调整权重矩阵 Wy

该模型可以可视化如图 5-18 所示。

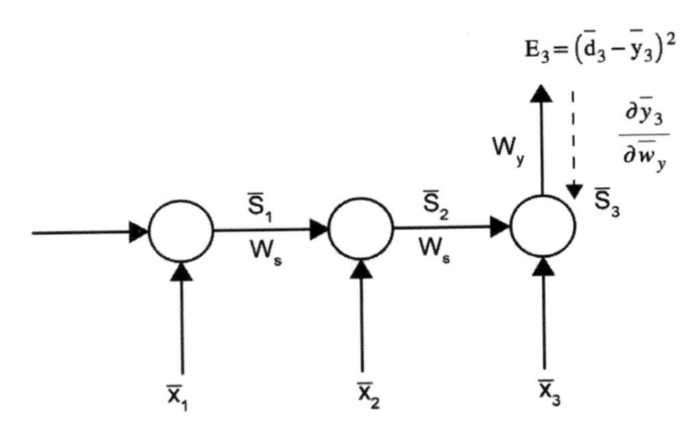

图 5-18 通过权重矩阵 Wy 的损失反向传播

对于 Wy，更新非常简单，因为 Wy 和错误之间没有额外的路径或变量。矩阵的实现如图 5-19 所示。

$$\frac{\partial E_3}{\partial W_y}=\frac{\partial E_3}{\partial y_3}\frac{\partial y_3}{\partial W_y}$$

图 5-19 权重矩阵 Wy 的表达式

5.4.2 调整权重矩阵 Ws

我们可以使用链式法则计算 Ws 误差的偏导数，如图 5-20 所示。看起来这是我们所需要的，但是重要的是要记住 St 依赖于 St–1，因此 S_3 依赖 S_2，所以我们也需要考虑 S_2，如图 5-21 所示。

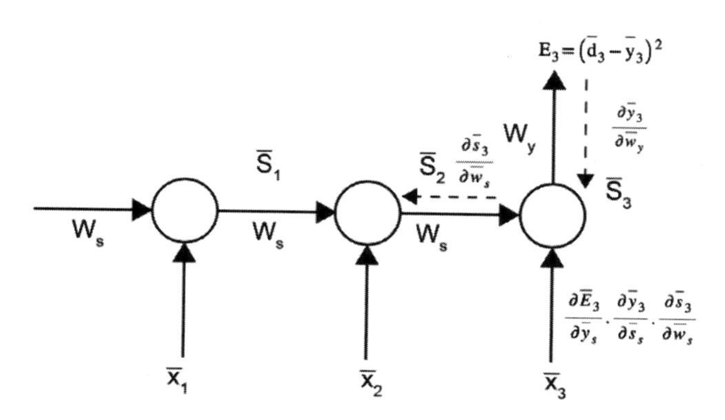

图 5-20　通过权重矩阵 Ws 相对于 S_3 的损失反向传播

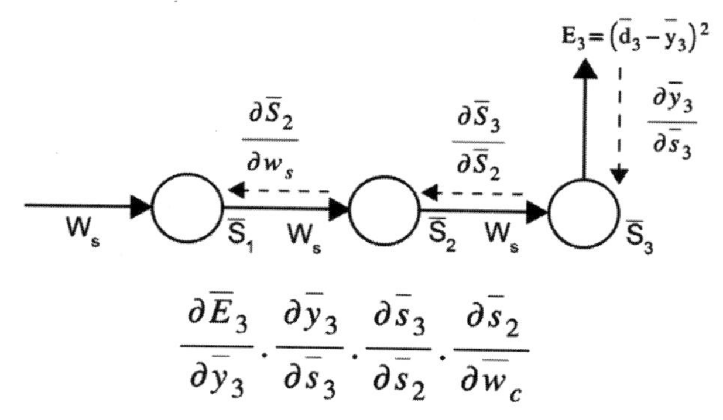

$$\frac{\partial \bar{E}_3}{\partial \bar{y}_3} \cdot \frac{\partial \bar{y}_3}{\partial \bar{s}_3} \cdot \frac{\partial \bar{s}_3}{\partial \bar{s}_2} \cdot \frac{\partial \bar{s}_2}{\partial \bar{w}_c}$$

图 5-21　通过权重矩阵 Ws 相对 S_2 的反向传播

同样，S2 又依赖于 S_1，因此 S_1 也需要考虑，如图 5-22 所示。

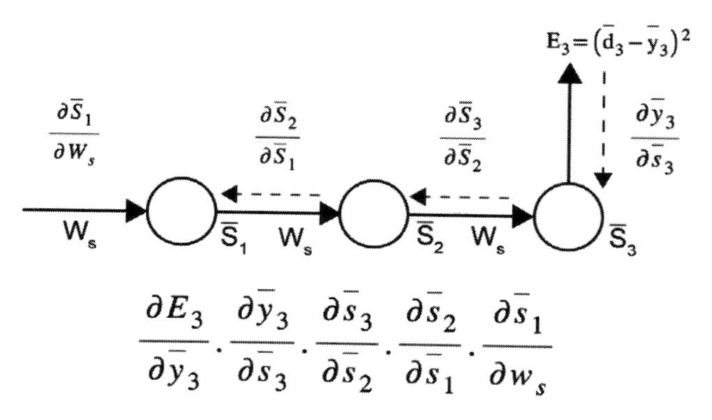

$$\frac{\partial E_3}{\partial \bar{y}_3} \cdot \frac{\partial \bar{y}_3}{\partial \bar{s}_3} \cdot \frac{\partial \bar{s}_3}{\partial \bar{s}_2} \cdot \frac{\partial \bar{s}_2}{\partial \bar{s}_1} \cdot \frac{\partial \bar{s}_1}{\partial w_s}$$

图 5-22　通过权重矩阵 W_s 对 S_1 的损失反向传播

在 t=3 时，我们必须考虑 S_3 状态对误差的影响、S_2 状态对误差的影响，以及 S_1 状态对误差 E_3 的影响。最终值如图 5-23 所示。

$$\frac{\partial E_3}{\partial W_s} = \frac{\partial E_3}{\partial \bar{y}_3} \cdot \frac{\partial \bar{y}_3}{\partial \bar{s}_3} \cdot \frac{\partial \bar{s}_3}{\partial \bar{s}_2} \cdot \frac{\partial \bar{s}_2}{\partial w_s} + \frac{\partial E_3}{\partial \bar{y}_3} \cdot \frac{\partial \bar{y}_3}{\partial \bar{s}_3} \cdot \frac{\partial \bar{s}_3}{\partial \bar{s}_2} \cdot \frac{\partial \bar{s}_2}{\partial w_s} + \frac{\partial E_3}{\partial \bar{y}_3} \cdot \frac{\partial \bar{y}_3}{\partial \bar{s}_3} \cdot \frac{\partial \bar{s}_3}{\partial \bar{s}_2} \cdot \frac{\partial \bar{s}_2}{\partial \bar{s}_1} \cdot \frac{\partial \bar{s}_1}{\partial w_s}$$

图 5-23　t = 3 时对于 Ws 的所有误差导数之和

一般来说，对于时间步长 N，需要考虑前一个时间步长的所有影响。所以，通式如图 5-24 所示。

$$\frac{\partial E_N}{\partial W_s} = \sum_{i=1}^{N} \frac{\partial E_N}{\partial \bar{y}_N} \cdot \frac{\partial \bar{y}_N}{\partial \bar{S}_i} \cdot \frac{\partial \bar{S}_i}{\partial W_s}$$

图 5-24　相对于 Ws 的误差导数的通式

5.4.3　关于更新 Wx

我们可以使用链式法则计算相对于 Wx 的误差偏导数，如图 5-25 所示。与 St 依赖于 S_{t-1} 的原因相同，在 t=3 时，相对于 Wx 的误差偏导数的计算可以分为三个阶段。

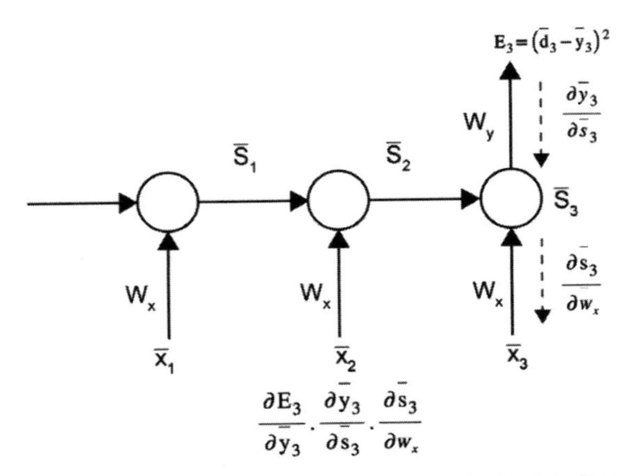

图 5-25　通过权重矩阵 W_x 对于 S_2 的损失反向传播

损失通过权重矩阵 W_x 对于 S_2 的反向传播如图 5-26 所示。

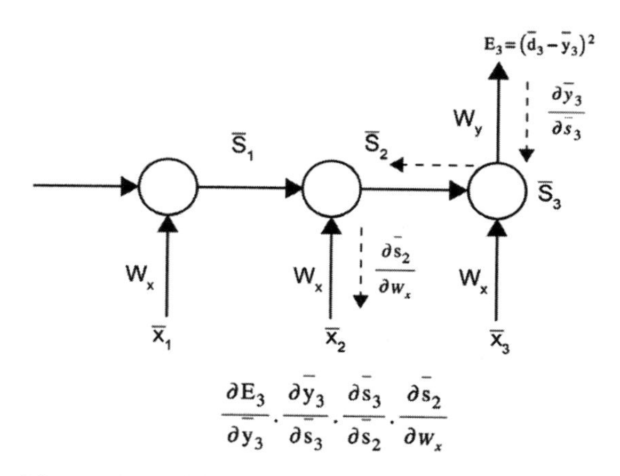

图 5-26 通过权重矩阵 W_x 对于 S_2 的损失反向传播

损失通过权重矩阵 W_x 对于 S_1 的反向传播如图 5-27 所示。

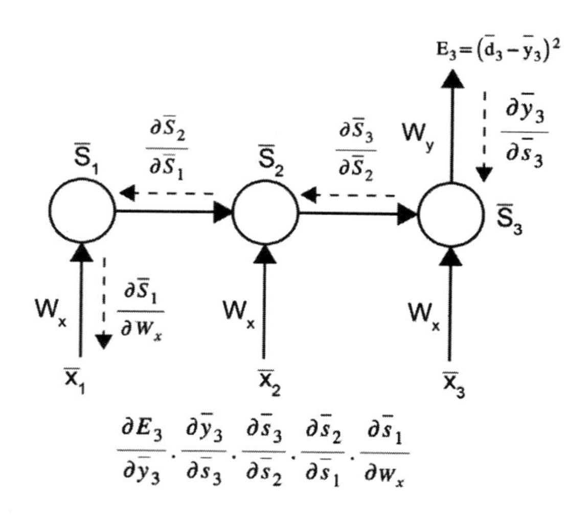

图 5-27 通过权重矩阵 W_x 对于 S_1 的损失反向传播

与前面的讨论类似，在 t=3 时，我们必须考虑 S_3 状态对误差的影响、S_2 状态对误差的影响，以及 S_1 状态对误差 E_3 的影响。最终值如图 5-28 所示。

一般来说，对于时间步长 N，需要考虑前一个时间步长的所有影响。所以，通式如图 5-29 所示。

由于导数链在 t=3 时已经有 5 个乘法项，这个数字在时间步长 20 时增长到 22 个乘法项。这些导数中的每一个都可能大于或小于 0。由于具有较长时间步长的连续相乘，总导数变得更小或更大。这造成的问题要么是梯度消失，要么是梯度爆炸。

$$\frac{\partial E_3}{\partial W_x} = \frac{\partial E_3}{\partial \bar{y}_3}\cdot\frac{\partial \bar{y}_3}{\partial \bar{s}_3}\cdot\frac{\partial \bar{s}_3}{\partial \bar{s}_2}\cdot\frac{\partial \bar{s}_2}{\partial W_x} + \frac{\partial E_3}{\partial \bar{y}_3}\cdot\frac{\partial \bar{y}_3}{\partial \bar{s}_3}\cdot\frac{\partial \bar{s}_3}{\partial \bar{s}_2}\cdot\frac{\partial \bar{s}_2}{\partial W_x} + \frac{\partial E_3}{\partial \bar{y}_3}\cdot\frac{\partial \bar{y}_3}{\partial \bar{s}_3}\cdot\frac{\partial \bar{s}_3}{\partial \bar{s}_2}\cdot\frac{\partial \bar{s}_2}{\partial \bar{s}_1}\cdot\frac{\partial \bar{s}_1}{\partial W_x}$$

图 5-28　t = 3 时对于 W_x 的所有误差导数之和

$$\frac{\partial E_N}{\partial W_x} = \sum_{i=1}^{N}\frac{\partial E_N}{\partial \bar{y}_N}\cdot\frac{\partial \bar{y}_N}{\partial \bar{S}_i}\cdot\frac{\partial \bar{S}_i}{\partial W_x}$$

图 5-29　对于 W_x 的误差导数的通式

5.5　梯度

已经确定的两种梯度变化是：

- 梯度爆炸
- 梯度消失

5.5.1　梯度爆炸

顾名思义，当梯度爆炸到更大的值时，就会发生这种情况。这可能是 RNN 结构在更大的时间步长下会遇到的问题之一。当每个偏导数大于 1 时，这种情况可能发生，并且这些偏导数的相乘会导致更大的值。这些较大的梯度值会导致权重值在每次使用反向传播进行调整时发生剧烈变化，从而导致网络不能很好地学习。

有一些技术可以缓解这个问题，例如梯度裁剪，应用该技术后，梯度一旦超过设定的阈值就被归一化。

5.5.2　梯度消失

无论是 RNN 还是 CNN，如果计算出的损失不得不返回很多，梯度消失可能是个问题。

在 CNN 中，当有许多激活层时，如 sigmoid 或 tanh，就会出现这个问题。损失必须一路返回到初始层，这些激活通常在它们到达初始层时稀释它们，这意味着初始层几乎没有权重更新，从而导致欠拟合。这在 RNN 中甚至很常见，因为即使一个网络有一个 RNN 层但有大量的时间步长，由于时间的反向传播，损失也必须在整个时间步长内传播。由于梯度是乘法的，如前面的广义导数表达式所示，这些值趋向于变低，并且权重在某个时间步长后不会更新。这意味着，即使向网络显示更多的时间步长，网络也不会受益，因为梯度不能一直往回传播。RNN 中的这种限制是由于梯度消失造成的。

顾名思义，当梯度变得太小时，就会发生这种情况。当每个偏导数小于 1，并且这些偏导数的乘积导致一个极小的值时，就可能发生这种情况。随着信息的几何衰减，网络无法正常学习。权重值几乎没有变化，这导致久拟合。

必须有一个更好的机制来知道前一个时间步的哪些部分要记住，哪些要忘记，等等。为了解决这个问题，创建了诸如 LSTM 网络和组的结构。

5.5.3 Keras 实现 RNN

到目前为止，我们已经讨论了 RNN 背后的理论，但是有很多框架可以抽象出实现细节。只要我们知道如何使用这些框架，就能成功地让我们的项目运作起来。**TensorFlow**、**Theano**、**Keras**、**PyTorch** 和 **CNTK** 就是其中的一些框架。在本章中，让我们仔细看看最常用的框架 **Keras**。它使用 TensorFlow 或 Theano 作为后端，这表明它创建了比其他框架更高的抽象级别。这是最适合初学者的工具。一旦熟练掌握 Keras，在用 TensorFlow 这样的工具实现定制功能时就能发挥更大的能力。

在接下来的几章中，你将学习 RNN 的许多变体，但是它们都使用相同的基类，称为 RNN：

```
keras.layers.RNN(cell, return_sequences=False, return_state=False, go_
backwards=False, stateful=False, unroll=False)
```

本章我们讨论了 RNN 的简单形式，它在 Keras 中被称为 **SimpleRNN**：

```
keras.layers.SimpleRNN(units, activation='tanh', use_bias=True, kernel_
initializer='glorot_uniform', recurrent_initializer='orthogonal', bias_
initializer='zeros', kernel_regularizer=None, recurrent_regularizer=None,
bias_regularizer=None, activity_regularizer=None, kernel_constraint=None,
recurrent_constraint=None, bias_constraint=None, dropout=0.0, recurrent_
dropout=0.0, return_sequences=False, return_state=False, go_backwards=False,
stateful=False, unroll=False)
```

从这里的参数可以看出，SimpleRNN 有两种类型：一种是用于计算层输出的正则核，另一种是用于计算状态的递归核。不要太担心约束、正则化、初始化和退出。你可以访问 https：//keras.io/layers/recurrent/ 找到更多关于它们的信息。它们大多用来避免过拟合。这里激活的作用与任何其他层的激活作用相同。

单元是特定层中循环单元的数量。单元数量越多，需要学习的参数就越多。

return_sequences 是指定 RNN 层应该返回整个序列还是只返回最后一个时间步的参数。如果 **return_sequences** 为 false，则 RNN 层的输出只是最后一个时间步，因此我们不能将其与另一个 RNN 层叠加。换句话说，如果一个 RNN 层需要被另一个 RNN 层叠加上，**return_sequences** 需要为 true。如果 RNN 层连接到稠密层，此 can 参数可为 true 或 false，具体取决于应用程序。

return_state 参数指定 RNN 的最后一个状态是否需要与输出一起返回。这可以根据应用程序设置为真（True）或假（False）。

如果出于任何原因，输入序列需要向后处理，可以使用 go_backwards。注意，如果设置为真，即使返回的序列也是相反的。

stateful 是一个参数，如果需要在批处理之间传递状态，可以将其设置为 true。如果该参数设置为 true，则需要小心处理数据。我们有一个主题详细地介绍它。

unroll 是一个参数，如果设置为 true，将导致网络展开，从而加快操作速度，但取决于时间步长，可能会占用大量内存。通常，对于短序列，此参数设置为 true。

时间步数不是特定层的参数，因为它对于整个网络保持不变，这在输入形状中表示。这将我们带到使用 RNN 时网络形状的重要点：

```
Input_shape
3D tensor with shape (batch_size, timesteps, input_dim)


Output_shape
If return_sequences is true, 3D tensor with shape (batch_size, timesteps,
units)
If return_sequences is false, 2D tensor with shape (batch_size, units)
If return_state is True, a list of 2 tensors, 1 is output tensor same as
above depending on return_sequences, the other is state tensor of shape
(batch_size, units)
```

注意　如果你开始构建具有 RNN 层的网络，则必须指定 **input_shape**。

模型建立后，**model.summary()** 可用于查看每层的形状和参数总数。

练习 23：建立一个 RNN 模型来显示参数随时间的稳定性

让我们建立一个简单的 RNN 模型来表明参数不会随时间步长而变化。注意，在提到 **input_shape** 参数时，除非需要，否则不需要提到 **batch_size**。这是有状态网络所需要的，我们将在下面讨论。使用 fit() 或 **fit_generator()** 函数训练模型时会提到 **batch_size**。

以下步骤将帮助你解决问题：

1）导入必要的 Python 包。我们将使用 Sequential、SimpleRNN 和 Dense：

```
from keras.models import Sequential
from keras.layers import SimpleRNN, Dense
```

2）接下来，我们定义模型及其层：

```
model = Sequential()
# 循环层
model.add(SimpleRNN(64, input_shape=(10,100), return_sequences=False))
# 全连接层
model.add(Dense(64, activation='relu'))
# 输出层
model.add(Dense(100, activation='softmax'))
```

3）你可以查看模型的摘要：

```
model.summary()
```

model.summary() 给出如图 5-30 所示的输出。

```
Layer (type)                 Output Shape              Param #
=================================================================
simple_rnn_1 (SimpleRNN)     (None, 64)                10560
_________________________________________________________________
dense_1 (Dense)              (None, 64)                4160
_________________________________________________________________
dense_2 (Dense)              (None, 100)               6500
=================================================================
Total params: 21,220
Trainable params: 21,220
Non-trainable params: 0
```

图 5-30　模型层的模型摘要

在这种情况下，**None** 是 **batch_size** 的参数，它将由 **fit()** 函数提供。RNN 层的输出为（**None，64**），因为它不返回序列。

4）让我们看看返回序列的模型：

```
model = Sequential()
# 循环层
model.add(SimpleRNN(64, input_shape=(10,100), return_sequences=True))
# 全连接层
model.add(Dense(64, activation='relu'))
# 输出层
model.add(Dense(100, activation='softmax'))

model.summary()
```

返回序列的模型摘要如图 5-31 所示。

现在 RNN 层正在返回一个序列，因此它的输出形状是 3D 的，而不是之前看到的 2D。此外，请注意**稠密层**[⊖]（Dense layer）会根据其输入的变化自动进行调整。当前

⊖ 就是全连接层。在 Keras 库中被称为稠密层，与稀疏对应。——译者注

Keras 版本的**稠密层**能够根据先前 RNN 层的时间步长进行调整。在早期版本的 Keras 中，**TimeDistributed**（**Dense**）被用来实现这一点。

```
Layer (type)                 Output Shape              Param #
=================================================================
simple_rnn_3 (SimpleRNN)     (None, 10, 64)            10560
_________________________________________________________________
dense_5 (Dense)              (None, 10, 64)            4160
_________________________________________________________________
dense_6 (Dense)              (None, 10, 100)           6500
=================================================================
Total params: 21,220
Trainable params: 21,220
Non-trainable params: 0
```

图 5-31　序列返回模型的模型摘要

5）我们之前讨论过 RNN 如何在一段时间内共享其参数。让我们看看实际情况，并将之前模型的时间步长从 10 改为 1000：

```
model = Sequential()
# 循环层
model.add(SimpleRNN(64, input_shape=(1000,100), return_sequences=True))
# 全连接层
model.add(Dense(64, activation='relu'))
# 输出层
model.add(Dense(100, activation='softmax'))

model.summary()
```

输出如图 5-32 所示。

```
Layer (type)                 Output Shape              Param #
=================================================================
simple_rnn_5 (SimpleRNN)     (None, 1000, 64)          10560
_________________________________________________________________
dense_9 (Dense)              (None, 1000, 64)          4160
_________________________________________________________________
dense_10 (Dense)             (None, 1000, 100)         6500
=================================================================
Total params: 21,220
Trainable params: 21,220
Non-trainable params: 0
```

图 5-32　时间步长的模型摘要

很明显，网络的输出形状变成了这一新的时间步长。然而，两个模型之间的参数没有变化。

这表明参数是随时间共享的，不受时间步长数的影响。请注意，当在多个步骤上操作时，这同样适用于**稠密**层。

5.5.4 有状态与无状态

考虑到状态，RNN 有两种可用的操作模式：无状态模式和有状态模式。如果 **argument stateful = True**，则表示你正在使用有状态模式，**False** 表示无状态模式。

无状态模式基本上是说一个批处理中的一个例子与下一个批处理中的任何例子都不相关。也就是说，在给定的情况下，每个例子都是独立的。在每个例子之后，状态被重置。每个示例都有一定数量的时间步长，具体取决于模型结构。例如，我们看到的最后一个模型有 1000 个时间步长，在这 1000 个时间步长之间，状态向量被计算并从一个时间步长传递到下一个时间步长。但是，在示例的结尾或下一个示例的开头，没有传递任何状态。每个例子都是独立的，因此不需要考虑数据的混合方式。

在有状态模式下，批次 1 的示例 i 的状态被传递给批处理 2 的 i+1 示例。这意味着状态在批处理中从一个例子传递到下一个例子。因此，这些示例必须跨批次连续，不能是随机的。图 5-33 解释了这种情况。例子 i、i+1、i+2 是连续的，j、j+1、j+2 也是连续的，等等。

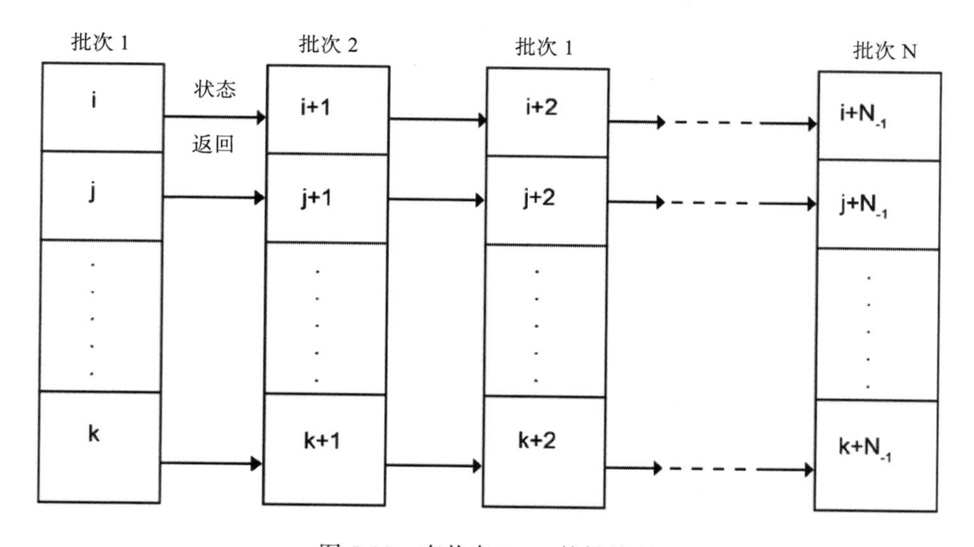

图 5-33 有状态 RNN 的批处理

练习 24 仅通过改变参数将无状态网络转变为有状态网络

为了通过更改参数将网络从无状态变为有状态，应该采取以下步骤：

1）首先，我们需要导入所需的 Python 包：

```
from keras.models import Sequential
from keras.layers import SimpleRNN, Dense
```

2）接下来，使用 **Sequential** 构建模型并定义层：

```
model = Sequential()
# 循环层
model.add(SimpleRNN(64, input_shape=(1000,100), return_sequences=True,
stateful=False))
# 全连接层
model.add(Dense(64, activation='relu'))
# 输出层
model.add(Dense(100, activation='softmax'))

model.summary()
```

3）将优化器设置为 **Adam**，将**分类交叉熵**设置为损失参数，并将度量设置为适合模型。编译模型并在 100 多轮内拟合模型：

```
model.compile(optimizer='adam', loss='categorical_crossentropy',
metrics=['accuracy'])
model.fit(X, Y, batch_size=32, epochs=100, shuffle=True)
```

4）假设 X 和 Y 是作为连续例子的训练数据。将此模型转变为有状态模型：

```
model = Sequential()
# 循环层
model.add(SimpleRNN(64, input_shape=(1000,100), return_sequences
stateful=True))
# 全连接层
model.add(Dense(64, activation='relu'))
# 输出层
model.add(Dense(100, activation='softmax'))
```

5）将优化器设置为 **Adam**，将**分类交叉熵**设置为损失参数，并将度量设置为适合模型。编译模型并在 100 多轮内拟合模型：

```
model.compile(optimizer='adam', loss='categorical_crossentropy',
metrics=['accuracy'])
model.fit(X, Y, batch_size=1, epochs=100, shuffle=False)
```

6）你可以使用箱线图来可视化输出：

```
results.boxplot()
pyplot.show()
```

预期输出如图 5-34 所示。

注意 输出可能因所用数据而异。

从有状态模型的概念来看，我们了解到批量输入的数据需要是连续的，因此关闭随机化。但是，即使 **batch_size>1**,，跨批处理的数据也不会连续，因此使 **batch_size=1**。通过将网络转换为 **stateful=True**，并用提到的参数对其进行拟合，我们实际上是在以有状态的方式正确地训练模型。

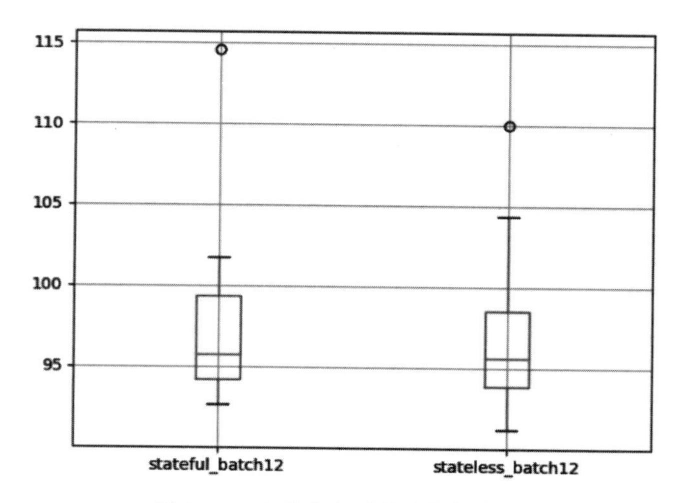

图 5-34 有状态和无状态的箱线图

然而，我们没有使用小批量梯度下降的概念，也没有打乱数据。因此，需要实现一个生成器来仔细地训练有状态网络，这不在本章的讨论范围之内。

model.compile 是一种将优化器和损失函数，以及我们关心的度量分配给网络的函数。

model.fit() 是一个函数，用于通过指定模型的训练数据、验证数据、轮数、批处理大小、混洗模式等来训练模型。

活动 6：用 RNN 解决作者归属问题

作者归属是自然语言处理范畴内的经典文本分类问题，是**文体学**研究的热点问题之一。

在这个问题上，我们从某些作者那里得到了一组文件。首先需要训练一个模型来理解作者的风格，并使用这个模型来识别未知文档的作者。和许多其他自然语言处理问题一样，它从可用计算机能力、数据和高级机器学习技术的增长中获益匪浅。这使得作者归属成为**深度学习**的一个自然选择。特别地，我们可以受益于深度学习自动提取特定问题相关特征的能力。

在本活动中，我们将重点关注以下内容：

1）从每个作者的文本中提取字符级特征（以获得每个作者的风格）

2）利用这些特征建立作者归属的分类模型

3）应用该模型来识别一组未知文档的作者

注意 *你可以在此找到活动所需的数据：*http://github.com/TrainingByPackt/Deep-Learning-for-Natural-Language-Processing/tree/master/Lesson%2005。

以下步骤将帮助你解决问题。

1）导入必要的 Python 包。

2）上传要使用的文本文档。然后，通过将所有文本转换成小写，将所有换行符和多个空白转换成单个空白，并删除对作者姓名的任何提及，来预处理文本文件，否则我们将面临数据泄漏的风险。

3）为了将长文本分成更小的序列，我们使用了 Keras 框架中的**标记解析器**（Tokenizer）类。

4）继续创建训练集和验证集。

5）构建模型图并执行训练过程。

6）将模型应用于未知的文章。对**未知**文件夹中的所有文章执行此操作。

预期输出如图 5-35 所示。

```
Paper 5 is predicted to have been written by Author A, 6142 to 5612
Paper 4 is predicted to have been written by Author B, 5215 to 4558
Paper 1 is predicted to have been written by Author B, 13924 to 6850
Paper 3 is predicted to have been written by Author B, 7620 to 5764
Paper 2 is predicted to have been written by Author B, 12840 to 6806
```

图 5-35　作者归属的输出

注意　该活动的解决方案参见附录。

5.6　本章小结

在本章中，我们介绍了 RNN，并讨论了 RNN 和 FFNN 的结构之间的主要区别。我们还知道了 BPTT 和权重矩阵是如何更新的。我们学习了如何使用 Keras 中的 RNN，并在 Keras 中使用 RNN 解决了作者归属问题。我们通过观察梯度消失和梯度爆炸来观察 RNN 的缺点。在接下来的章节中，我们将研究解决这些问题的架构。

CHAPTER 6

第 6 章

门控循环单元

学习目标

本章结束时，你将能够：

- ❑ 评估简单循环神经网络的缺点。
- ❑ 描述门控循环单元（Gated Recurrent Unit，GRU）的架构。
- ❑ 使用 GRU 进行情绪分析。
- ❑ 将 GRU 应用于文本生成。

本章旨在为当前循环神经网络架构的现有缺陷提供解决方案。

6.1 本章概览

在前几章中，我们研究了文本处理技术，如词嵌入、标记化和词频 - 逆文本频率（Term Frequency Inverse Document Frequency，TFIDF）。我们还学习了一种叫作循环神经网络（RNN）的特殊网络架构，它的缺点是梯度消失。

在本章中，我们将研究一种通过向网络中添加记忆的方法来处理梯度消失的机制。从本质上说，GRU 中使用的门是决定哪些信息应该传递到网络下一级的向量。这反过来又有助于网络产生相应的输出。

基本 RNN 通常由输入层、输出层和几个互连的隐藏层组成。图 6-1 显示了 RNN 的基本架构。

最简单的 RNN 有一个缺点，那就是它们不能在序列中保持长期关系。为了纠正这个缺陷，需要在简单 RNN 网络中添加一个特殊的层，称为门控循环单元。

在本章中，我们将首先探讨简单网络无法保持长期依赖关系的原因，然后介绍 GRU 层以及它如何试图解决这一具体问题。最后，我们将继续构建一个包含 GRU 层的网络。

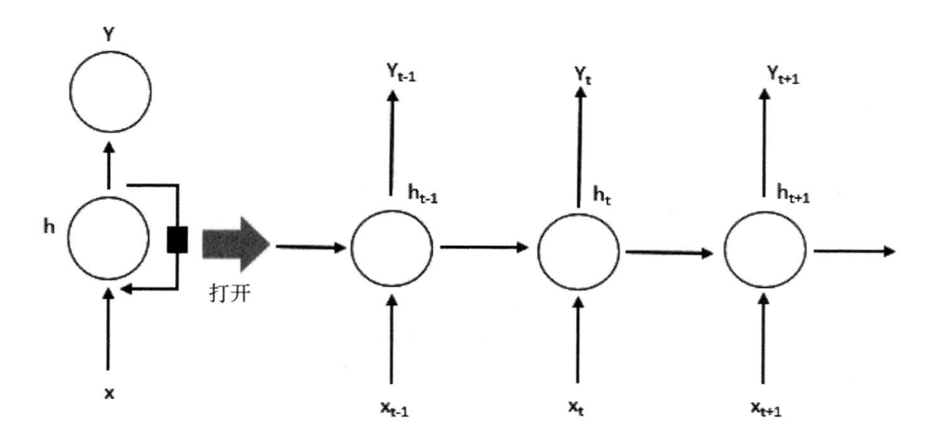

图 6-1　基本的 RNN

6.2　简单 RNN 的缺点

让我们看一个简单的例子，以便重新审视梯度消失的概念。

本质上，你希望用 RNN 来创作一首英文诗。在这里，你建立了一个简单 RNN 以完成你的命令，它最终产生了下面的句子：

"The flowers, despite it being autumn, blooms like a star".

这里很容易发现语法错误。“ blooms ”这个词应该是“ bloom ”，因为在句子的开头，“ flowers ”这个词是复数形式。一个简单 RNN 在这项工作中失败了，因为它不能保留任何关于句子开头出现的单词“ flowers ”和后面出现的单词“ blooms ”之间相关性的信息（理论上，它应该可以！）。

GRU 通过消除阻碍网络学习能力的“梯度消失”问题来帮助解决这个问题，因为网络不能保持文本中的长期关系。接下来，我们将集中精力理解梯度消失问题，并更详细地讨论 GRU 是如何解决这个问题的。

现在让我们回忆一下神经网络是如何学习的。在训练阶段，输入逐层传播到输出层。因为我们知道在训练期间给定输入的输出应该产生的确切值，所以我们计算预期输出和获得的输出之间的误差。然后，这个错误被输入到一个成本函数中（这取决于网络开发人员的问题和创造力）。现在，下一步是计算该成本函数对于网络每个参数的梯度，从最靠近输出层的层开始，一直到输入层所在的底层。

以一个非常简单的神经网络为例，它只有四层，每层之间只有一个连接，且只有一个输出，如图 6-2 所示。注意，你在实践中永远不会使用这样的网络，这里只是为了演示梯度消失的概念。

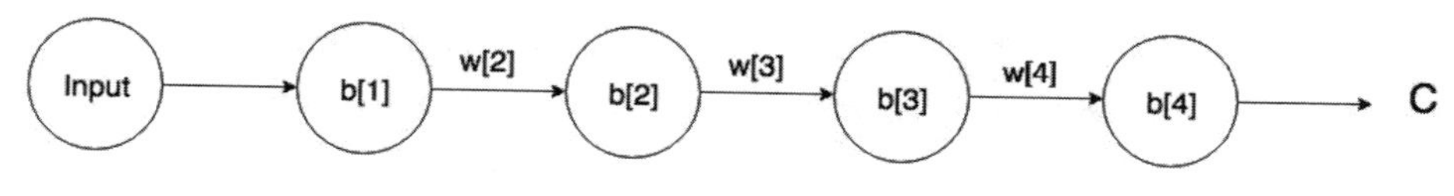

图 6-2　一个简单的神经网络

现在，为了计算成本函数对于第一隐藏层（b[1]）的偏置项的梯度，需要执行如图 6-3 所示计算。

```
grad(C,_b[1]) = d(z[1]) * w[2] * d(z[2]) * w[3] * d(z[3]) * w[4] * d(z[4]) * grad(C, a [4])
```

图 6-3　使用链式法则的梯度计算

这里，每个元素可以解释如下：

grad（x, y）= x 对于 y 的梯度

d（var）= var 变量的 sigmoid 的导数

w[i] = 第 i 层的权重

b[i] = 第 i 层中的偏置项

a[i] = 第 i 层的激活函数

z[j] = w[j]*a[j-1] + b[j]

前面的表述可以归因于微分链式法则。

前面的等式涉及几个项的乘法运算。如果这些项中的大部分值是 –1 到 1 之间的一个分数，那么这些分数的乘积最后将产生一个值非常小的项。在前面的例子中，grad(C, b[1] 的值将是一个非常小的分数。这里的问题是，这个梯度将被用于更新下一次迭代的 b[1] 的值，如图 6-4 所示。

```
b[1] = b[1] + lambda*grad(C, b[1])
```

图 6-4　使用梯度更新 b[1] 的值

注意　*可以有几种方法使用不同的优化器来执行更新，但是概念基本上保持不变。*

这个动作的结果是 b[1] 的值从最后一次迭代开始几乎没有变化，这导致学习进度非常慢。在可能有几层深的现实网络中，这种更新会更小。因此，网络越深，梯度问题就越严重。这里的另一个观察结果是，靠近输出层的层比靠近输入层的层学习得更快，因为乘法项更少。这也导致学习的不对称性，进而导致梯度的不稳定性。

那么，这个问题对简单 RNN 有什么影响呢？回忆 RNN 的结构。它本质上是一个时间层的展开，是多少层就有多少层（对于建模问题）。学习通过时间的反向传播（BPTT）进行，这与前面描述的制度完全相同。唯一的区别是在每一层都更新相同的参数。后面的层对应于句子后面出现的单词，而前面的层对应于句子前面出现的单词。随着梯度消失，前面的层与它们的初始值没有太大的变化，因此，它们对后面的层没有太大的影响。一个层在时

间“t”离给定层越远，它对确定该层在“t”的输出的影响就越小。因此，在我们的例句中，网络很难知道“flowers”这个词是复数，这导致了“bloom”这个词的错误用法。

梯度爆炸问题

事实证明，梯度不仅会消失，而且还会爆炸。也就是说，前面的层会学习得太快，每次训练迭代之间的值会有很大的偏差，而后面的层的梯度变化不会很快。这是怎么发生的呢？重新审视我们的方程，如果单个项的值远大于 1，乘法效应会导致梯度变大，从而造成梯度不稳定，并引起学习问题。

实际上，梯度消失问题比梯度爆炸问题更常见，也更难解决。

幸运的是，梯度爆炸问题有一个强大的解决方案：裁剪。裁剪仅仅是指阻止梯度的值增长至超过预定义的值。如果该值未被裁剪，由于计算机的典型溢出，你将开始看到网络梯度和权重的 NaS（非数字）。设定值上限将有助于避免这一问题。注意，裁剪仅限制梯度的大小，而不限制其方向。所以，学习仍然朝着正确的方向前进。梯度裁剪效果的简单可视化可以在图 6-5 中看到。

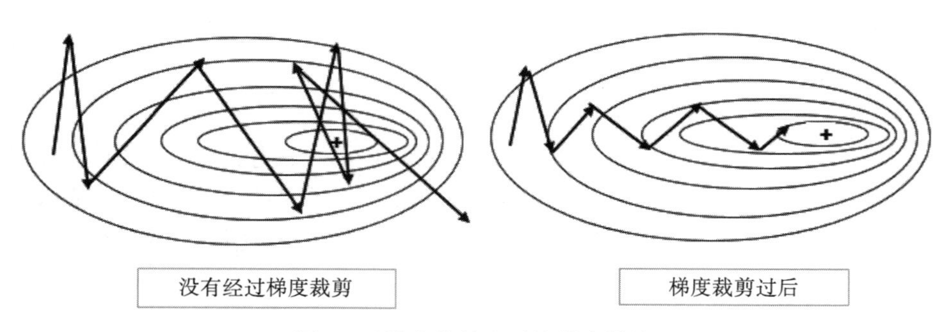

图 6-5　梯度裁剪以对抗梯度爆炸

6.3　门控循环单元

GRU 帮助网络以明确的方式记住长期依赖关系。这是通过在简单 RNN 结构中引入更多变量来实现的。

那么，什么能帮助我们摆脱梯度消失的问题呢？直观地说，如果我们允许网络从先前时间步长的激活函数中转移大部分知识，那么错误可以比简单 RNN 情况更如实地反向传播。如果你熟悉图像分类的残差网络，那么你将会认识到该功能类似于跳过连接的功能。允许梯度在不消失的情况下反向传播，使网络能够跨层更均匀地学习，从而消除梯度不稳定的问题。完整的 GRU 结构如图所示。

图 6-6 中的不同符号如图 6-7 所示。

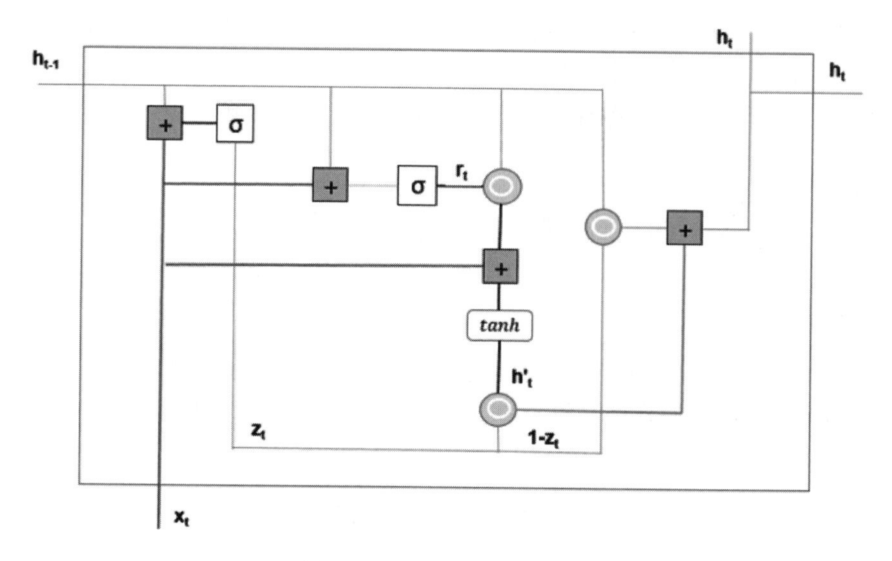

图 6-6 完整的 GRU 结构

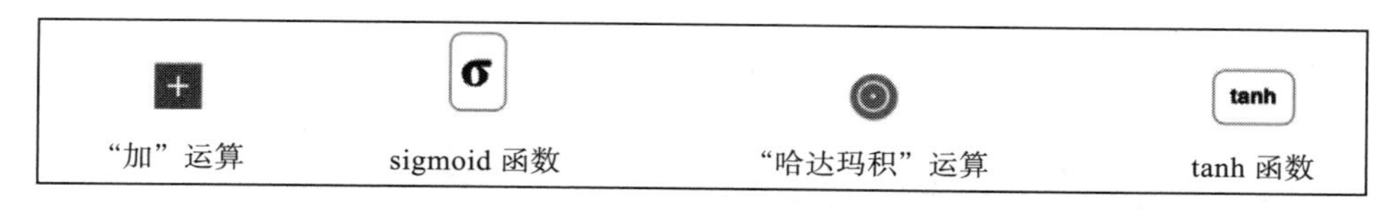

图 6-7 GRU 图中不同符号的含义

注意 哈达玛积运算是一按元素矩阵乘法。

图 6-6 中的所有组件都被一个 GRU 所用。你可以观察激活函数 h，它在不同的时间步长（**h[t], h[t-1]**）都有表示。**r[t]** 项指重置门，**z[t]** 项指更新门。**h'[t]** 项指的是一个候选函数，为了明确起见，我们将用方程中的 **h_candidate[t]** 变量来表示它。GRU 层使用更新门来决定可以传递到下一次激活的先前信息量，同时使用重置门来决定要忘记的先前信息量。在本节中，我们将详细研究这些术语，并探索它们如何帮助网络记住文本结构中的长期关系。

下一层激活函数（隐藏层）的表达式如图 6-8 所示。

h[t] = hadamard{z[t], h[t-1]} + hadamard{(1 - z[t]) * h_candidate[t]}

图 6-8 根据候选激活函数，下一层激活函数的表达式

因此，激活函数是对前一个时间步长的激活和该时间步长的候选激活函数的加权。**z[t]** 函数是一个 sigmoid 函数，因此它取一个介于 0 和 1 之间的值。在大多数实际情况下，该值更接近 0 或 1。在深入讨论前面的表达式之前，让我们花一点时间来观察引入加权求和方案来更新激活函数的效果。如果 **z[t]** 的值在几个时间步内保持为 1，那么这意味着激活函数值在很早的时间步长仍然可以传播到很晚的时间步长。这反过来又为网络提供了一个记忆。

此外，看看这与简单RNN有什么不同，在简单RNN中，激活函数的值在每个时间步长都被覆盖，而没有对先前的时间步长激活进行显示地加权（在简单RNN中，先前激活的影响存在于非线性中，因此是隐式的）。

6.3.1　门的类型

现在让我们在下面几节中扩展前面的激活更新公式。

6.3.2　更新门

更新门如图6-10所示。从整个GRU图中可以看出，只有相关部分被突出显示。更新门的目的是确定从上一个时间步长到下一步激活需要传递的信息量。要理解更新门的图表和功能，请考虑以下计算更新门的表达式，如图6-9所示。

```
z[t] = sigmoid(W_z * x[t] + U_z * h[t-1])
```

图6-9　计算更新门的表达式

图6-10显示了更新门的图形表示。

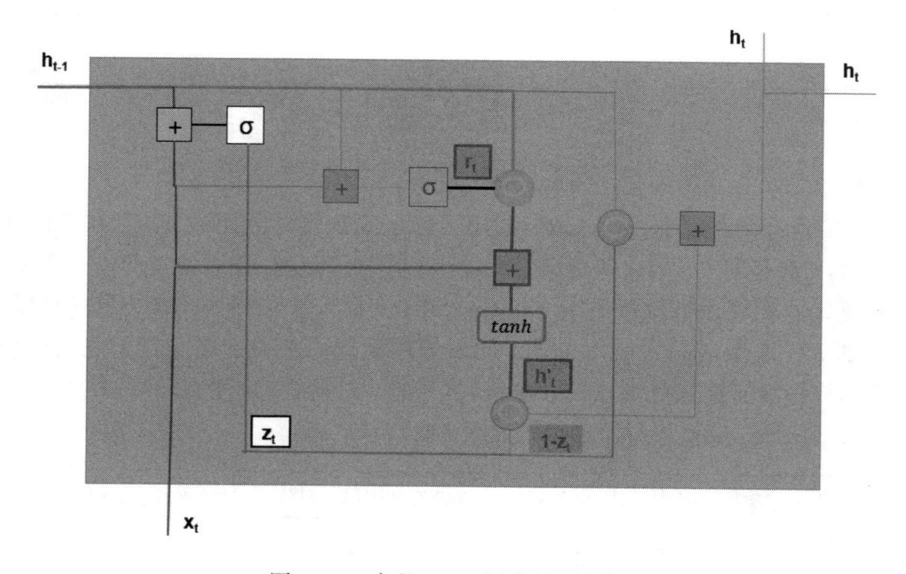

图6-10　完整GRU图中的更新门

隐藏状态的数目是**n_h**（**h**的维数），而输入维数是n_x。在时间步长t（**x[t]**）的输入，用维度（**n_h**，**n_x**）乘以一组新的权重**W_z**。使用维度（**n_h**，**n_h**），将前一个时间步长的激活函数（**h[t-1]**）乘以另一组新的权重（**U_z**）。

注意这里的乘法是矩阵乘法。然后将这两个项相加，并通过sigmoid函数将输出**z[t]**压

缩到 [0，1] 的范围内。**z[t]** 输出具有与激活函数相同的维数，即（**n_h**，**1**）。**W_z** 和 **U_z** 参数也需要使用 BPTT 来学习。让我们写一个简单的 Python 代码段来帮助我们理解更新门：

```
import numpy as np

# 编写一个 sigmoid 函数，稍后在程序中使用
def sigmoid(x):
    return 1 / (1 + np.exp(-x))

n_x = 5 # 输入向量的维数
n_h = 3 # 隐藏单元数

# 在时间 "t" 定义维度为 n_x 的输入
x_t = np.random.randn(n_x, 1)

# 定义 W_z、U_z 和 h_prev（最后一步激活）
W_z = np.random.randn(n_h,  n_x) # n_h = 3, n_x=5
U_z = np.random.randn(n_h, n_h) # n_h = 3
h_prev = np.random.randn(n_h, 1)
```

输出如图 6-11 所示。

```
x_t
array([[-0.93576943],
       [-0.26788808],
       [ 0.53035547],
       [-0.69166075],
       [-0.39675353]])

h_prev
array([[ 0.90085595],
       [-0.68372786],
       [-0.12289023]])

W_z
array([[ 1.62434536, -0.61175641, -0.52817175, -1.07296862,  0.86540763],
       [-2.3015387 ,  1.74481176, -0.7612069 ,  0.3190391 , -0.24937038],
       [ 1.46210794, -2.06014071, -0.3224172 , -0.38405435,  1.13376944]])

U_z
array([[-1.09989127, -0.17242821, -0.87785842],
       [ 0.04221375,  0.58281521, -1.10061918],
       [ 1.14472371,  0.90159072,  0.50249434]])
```

图 6-11　显示权重和激活函数的屏幕截图

以下是更新门表达式的代码段：

```
# 计算更新门的表达式
z_t = sigmoid(np.matmul(W_z, x_t) + np.matmul(U_z, h_prev))
```

在前面的代码段中，我们初始化了 **x[t]**、**W_z**、**U_z** 和 **h_prev** 的随机值，以便演示 **z[t]** 的计算。在一个真实的网络中，这些变量将有更多的相关值。

6.3.3　重置门

重置门如图 6-13 所示。从整个 GRU 图中可以看出，只有相关部分被突出显示。重置门的目的是确定为了计算下一步激活应该忘记的前一个时间步长的信息量。为了理解重置门的图示和功能，考虑以下计算重置门的表达式，如图 6-12 所示。

r[t] = sigmoid(W_r * x[t] + U_r * h[t-1])

图 6-12　计算重置门的表达式

图 6-13 显示了重置门的图形表示。

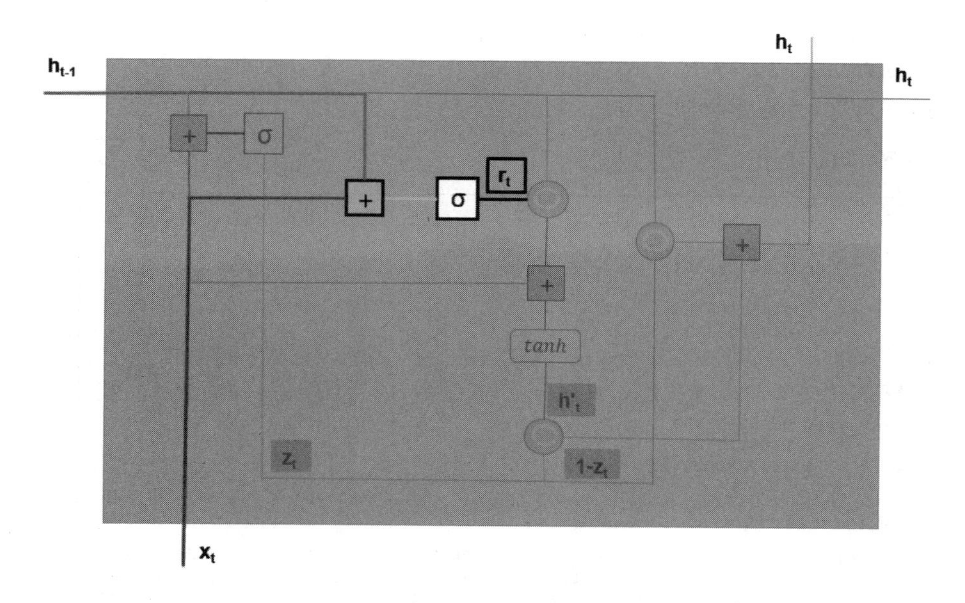

图 6-13　重置门

使用维度（**n_h**，**n_x**）将时间步长 **t** 的输入乘以权重 **W_r**。然后，用维度（**n_h**，**n_h**）将前一个时间步长的激活函数（**h[t-1]**）乘以另一组新的权重 **U_r**。注意这里的乘法是矩阵乘法。然后将这两个项相加，并通过 sigmoid 函数将输出 r[t] 压缩到 [0, 1] 的范围内。**r[t]** 输出与激活函数具有相同的维度，即（**n_h, 1**）。

W_r 和 **U_r** 参数也需要使用 BPTT 来学习。让我们看看如何计算 Python 中的重置门表达式：

```
# 定义 W_r、U_r
W_r = np.random.randn(n_h,  n_x) # n_h = 3, n_x=5
U_r = np.random.randn(n_h, n_h) # n_h = 3

# 计算更新门的表达式
r_t = sigmoid(np.matmul(W_r, x_t) + np.matmul(U_r, h_prev))
```

在前面的代码段中，**x_t**、**h_prev**、**n_h** 和 **n_x** 变量的值是从更新门代码段中使用的。注意，**r_t** 的值可能不会特别接近 0 或 1，因为这是一个示例。在训练很好的网络中，这些值预计接近 0 或 1。权重值如图 6-14 所示，**r_t** 输出如图 6-15 所示。

```
W_r
array([[-0.6871727 , -0.84520564, -0.67124613, -0.0126646 , -1.11731035],
       [ 0.2344157 ,  1.65980218,  0.74204416, -0.19183555, -0.88762896],
       [-0.74715829,  1.6924546 ,  0.05080775, -0.63699565,  0.19091548]])
U_r
array([[ 2.10025514,  0.12015895,  0.61720311],
       [ 0.30017032, -0.35224985, -1.1425182 ],
       [-0.34934272, -0.20889423,  0.58662319]])
```

图 6-14　显示权重值的屏幕截图

```
r_t
array([[0.93699927],
       [0.70392511],
       [0.5971474 ]])
```

图 6-15　显示 r_t 输出的屏幕截图

6.3.4　候选激活函数

替换先前时间步长激活函数的候选激活函数，也在每个时间步长中计算。顾名思义，候选激活函数代表下一个时间步长激活函数应该采用的替代值。计算候选激活函数的表达式如图 6-16 所示。

```
h_candidate[t] = tanh(W * x[t] + U * hadamard{r[t], h[t-1]})
```

图 6-16　计算候选激活函数的表达式

图 6-17 显示了候选激活函数的图形表示。

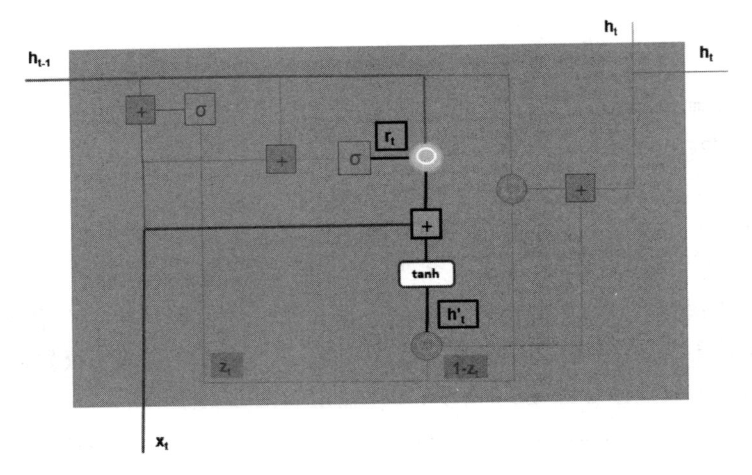

图 6-17　候选激活函数

使用维度（**n_h**，**n_x**）将时间步长 t 的输入乘以权重 W。W 矩阵的作用与简单 RNN 中使用的矩阵相同。然后，在重置门和来自前一个时间步长（**h[t-1]**）的激活函数之间执行按元素乘。这个操作被称为“哈达玛乘法”。这个乘法的结果是用维度（**n_h**，**n_h**）与 U 矩阵相乘。U 矩阵是与简单 RNN 矩阵相同的矩阵。然后将这两个项相加，并通过双曲正切函数将输出 **h_candidate[t]** 压缩到 [-1，1] 的范围内。**h_candidate[t]** 输出具有与激活函数相同的维度，即（**n_h**，**1**）。

以下代码用于计算候选激活函数。

```
# 定义 W、U
W = np.random.randn(n_h,  n_x) # n_h = 3, n_x=5
U = np.random.randn(n_h, n_h) # n_h = 3


# 计算 h_candidate
h_candidate = np.tanh(np.matmul(W, x_t) + np.matmul(U,np.multiply(r_t, h_
prev)))
```

同样，变量的值与计算更新门、重置门时使用的值相同。注意，哈达玛矩阵乘法已经使用 NumPy 函数“multiply”实现。显示 W、U 权重如何定义的屏幕截图如图 6-18 所示。

```
W

array([[ 0.83898341,  0.93110208,  0.28558733,  0.88514116, -0.75439794],
       [ 1.25286816,  0.51292982, -0.29809284,  0.48851815, -0.07557171],
       [ 1.13162939,  1.51981682,  2.18557541, -1.39649634, -1.44411381]])

U

array([[-0.50446586,  0.16003707,  0.87616892],
       [ 0.31563495, -2.02220122, -0.30620401],
       [ 0.82797464,  0.23009474,  0.76201118]])
```

图 6-18　W 与 U 的权重如何定义的屏幕截图

图 6-19 显示了 **h_candidate** 函数的图形表示。

现在，由于已经计算了更新门、重置门和候选激活函数的值，我们可以对将传递到下一层的当前激活函数的表达式进行编码：

```
# 计算 h_new
h_new = np.multiply(z_t, h_prev) + np.multiply((1-z_t), h_candidate)
```

结果如图 6-20 所示。

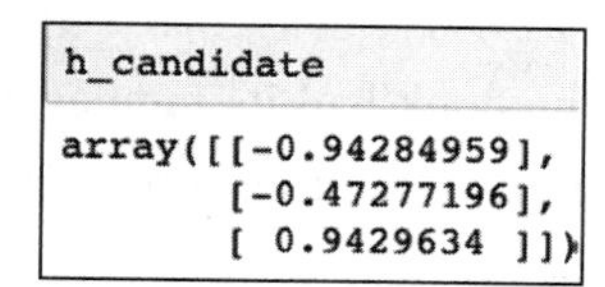

```
h_candidate

array([[-0.94284959],
       [-0.47277196],
       [ 0.9429634 ]])
```

图 6-19　h_candidate 值的截屏

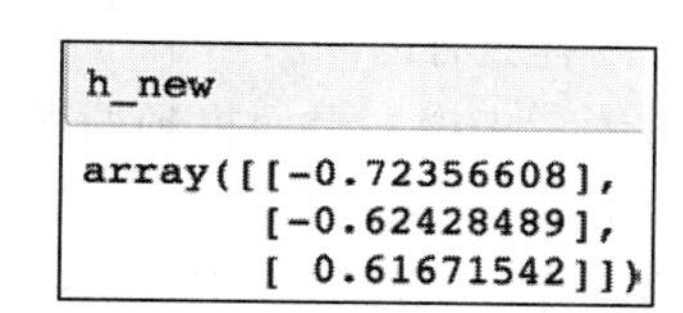

```
h_new

array([[-0.72356608],
       [-0.62428489],
       [ 0.61671542]])
```

图 6-20　显示当前激活函数值的截屏

从数学上讲，更新门用于在先前激活函数和候选激活函数之间选择权重。因此，它负责当前时间步长激活函数的最终更新，并确定有多少先前的激活函数和候选激活函数传递到下一层。重置门用于选择或取消选择先前激活函数部分的一种方式。这就是为什么在前一个激活函数和重置门向量之间执行按元素乘法。考虑我们前面的诗歌生成句子的例子：

“The flowers, despite it being autumn, blooms like a star.”

重置门将用于记住单词“flowers”影响单词“bloom”的单复数，后者出现在句子的末尾。因此，负责记忆单词的复数单数的重置门向量中的特定值将保持更接近 0 或 1 的值。如果是 0 值表示单词是单数，那么在我们的例子中，重置门将保持 1 值，以便记住单词“bloom”现在应该保持复数形式。重置门向量中的不同值将记住句子复杂结构中的不同关系。

考虑以下句子：

“The food from France was delicious, but French people were also very accommodating.”

检查句子的结构，我们可以看到有几个复杂的关系需要记住：

- “food”一词与“delicious”一词相对应（这里，“food”只能在“delicious”的上下文中使用）。
- “France”一词对应于“French”。
- “people”和“were”是相互关联的。也就是说，使用“people”一词意味着使用了正确的“was”形式。

在训练良好的网络中，重置门的向量中会有一个所有这些关系的入口。这些入口的值将被适当地“关闭”或“打开”，具体取决于哪些关系需要从以前的激活中被记住，哪些需要被忘记。实际上，很难将重置门或隐藏状态的入口归因于特定的功能。因此，深度学习网络的可解释性是热门的研究课题。

6.3.5　GRU 变体

刚才描述的 GRU 形式是完整的 GRU。几个独立的研究人员使用了不同形式的 GRU，例如完全移除重置门或使用激活函数。然而，完整的 GRU 仍然是最常用的方法。

6.4 基于 GRU 的情感分析

情感分析是应用自然语言处理技术的一个流行用例，其目的是确定一段给定的文本是否可以被视为传达了一种“积极的”或“消极的”情感。例如，考虑以下书评：

"The book had its moments of glory, but seemed to be missing the point quite frequently. An author of such calibre certainly had more in him than what was delivered through this particular work."

（这本书有辉煌的时刻，但似乎经常忽略一点。一位才华横溢的作家当然比这部作品所传达的内容更有内涵。）

对读者来说，上面提到的书评很明显传达了一种消极情绪。那么，如何建立一个用于情感分类的机器学习模型呢？通常，为了使用有监督学习方法，需要一个包含多个样本的文本语料库。该语料库中的每一段文本都应该有一个标签，指示该文本可以映射到积极情绪还是消极情绪。下一步将是利用这些数据建立一个机器学习模型。

观察这个例句，你已经可以看到这样的任务对于一个机器学习模型来说是很有挑战性的。如果使用简单的标记化或 TFIDF 方法，诸如“glory”和“calibre”等词很容易被分类器误解为表达积极的情感。更糟糕的是，文本中没有一个词可以直接解释为消极的。这种观察还导致需要连接文本结构的不同部分，以便从句子中获得意义。例如，第一句可以分成以下两句：

1）.“The book had its moments of glory,”

2）.“but seemed to be missing the point quite frequently.”

只看句子的第一部分能让你得出结论，这句话是积极的。只有当考虑到第二句话时，这句话的意思才能真正理解为描绘消极情绪。因此，有必要在这里保持长期依赖。因此，简单 RNN 不足以胜任这项任务。现在让我们将 GRU 应用于情感分类任务，看看它是如何执行的。

练习 25：计算情感分类的模型验证准确度和损失

在本练习中，我们将使用 imdb 数据集编写一个简单的情感分类系统。imdb 数据集由 25 000 个训练文本序列和 25 000 个测试文本序列组成，每个序列包含一条电影评论。输出变量是二进制变量，如果检查结果为负，则值为 0，如果检查结果为正，则值为 1。

注意　所有的练习和活动都应该在 Jupyter notebook 上进行。用于创建运行此笔记本的 Python 环境的 txt 文件为：h5py==2.9.0、keras==2.2.4、numpy==1.16.1、tensorflow==1.12.0。

以下为解决方案：

我们从加载数据集开始，如下所示：

```
from keras.datasets import imdb
```

1）将生成训练序列时要考虑的最高频率词的最大数量定义为 10 000，同时将序列长度限制为 500：

```
max_features = 10000
maxlen = 500
```

2）现在按如下方式加载数据：

```
(train_data, y_train), (test_data, y_test) = imdb.load_data(num_words=max_
features)
print('Number of train sequences: ', len(train_data))
print('Number of test sequences: ', len(test_data))
```

加载结果如图 6-21 所示 。

```
Number of train sequences:  25000
Number of test sequences:  25000
train_data shape: (25000, 500)
test_data shape: (25000, 500)
```

图 6-21　显示训练序列和测试序列的截屏

3）可能有长度小于 500 的序列。因此，我们需要将它们填充到正好 500 的长度。为此，我们可以使用 Keras 函数：

```
from keras.preprocessing import sequence
train_data = sequence.pad_sequences(train_data, maxlen=maxlen)
test_data = sequence.pad_sequences(test_data, maxlen=maxlen)
```

4）检查训练数据和测试数据的大小，如下所示：

```
print('train_data shape:', train_data.shape)
print('test_data shape:', test_data.shape)
```

5）用 GRU 单元创建 RNN。首先，我们需要导入必要的包，如下所示：

```
from keras.models import Sequential
from keras.layers import Embedding
from keras.layers import Dense
from keras.layers import GRU
```

6）因为我们将使用 Keras 的序列 API 来构建模型，所以我们需要从 Keras 模型中导入顺序模型 API。嵌入层基本上将输入向量转换成固定大小，然后可以将其馈送到网络的下一层。如果使用，它必须作为第一层添加到网络中。我们还导入了稠密层，因为正是这个层最终给出了目标变量（0 或 1）的分布。

最后，我们输入 GRU 单元。让我们初始化顺序模型 API 并添加嵌入层，如下所示：

```
model = Sequential()
model.add(Embedding(max_features, 32))
```

嵌入层以 max_features 作为输入，我们将其定义为 10 000。在这里设置 32 个值，因为下一个 GRU 层期望来自嵌入层的 32 个输入。

7）接下来，我们将添加 GRU 和稠密层，如下所示：

```
model.add(GRU(32))
model.add(Dense(1, activation='sigmoid'))
```

8）将值设为 32 是任意选择的，可以作为设计网络时要调整的超参数之一。它代表激活函数的维数。稠密层给出的值为 1，这是审核（即我们的目标变量）为 1 的概率。我们选择 sigmoid 作为激活函数。

接下来，我们用二进制交叉熵损失和 rmsprop 优化器编译模型：

```
model.compile(optimizer='rmsprop',
              loss='binary_crossentropy',
              metrics=['acc'])
```

9）我们选择跟踪精确度（训练和验证）作为度量。接下来，我们将模型与序列数据相匹配。注意，我们还将训练数据中 20% 的样本指定为验证数据集。我们还将轮数设置为 10，批次大小设置为 128，也就是说，在单个向前 - 向后传递中，我们选择在单个批次中传递 128 个序列：

```
history = model.fit(train_data, y_train,
                    epochs=10,
                    batch_size=128,
                    validation_split=0.2
```

输出如图 6-22 所示。

```
Train on 20000 samples, validate on 5000 samples
Epoch 1/10
20000/20000 [==============================] - 53s 3ms/step - loss: 0.5382 - acc: 0.7286 - val_loss: 0.4796 - val_ac
c: 0.7620
Epoch 2/10
20000/20000 [==============================] - 53s 3ms/step - loss: 0.3120 - acc: 0.8701 - val_loss: 0.3218 - val_ac
c: 0.8732
Epoch 3/10
20000/20000 [==============================] - 51s 3ms/step - loss: 0.2503 - acc: 0.9025 - val_loss: 0.3644 - val_ac
c: 0.8720
Epoch 4/10
20000/20000 [==============================] - 51s 3ms/step - loss: 0.2187 - acc: 0.9184 - val_loss: 0.3092 - val_ac
c: 0.8740
Epoch 5/10
20000/20000 [==============================] - 51s 3ms/step - loss: 0.1937 - acc: 0.9290 - val_loss: 0.3130 - val_ac
c: 0.8792
Epoch 6/10
20000/20000 [==============================] - 51s 3ms/step - loss: 0.1747 - acc: 0.9350 - val_loss: 0.3299 - val_ac
c: 0.8710
Epoch 7/10
20000/20000 [==============================] - 52s 3ms/step - loss: 0.1600 - acc: 0.9434 - val_loss: 0.3599 - val_ac
c: 0.8500
Epoch 8/10
20000/20000 [==============================] - 53s 3ms/step - loss: 0.1498 - acc: 0.9458 - val_loss: 0.3378 - val_ac
c: 0.8792
Epoch 9/10
20000/20000 [==============================] - 53s 3ms/step - loss: 0.1389 - acc: 0.9512 - val_loss: 0.5470 - val_ac
c: 0.8308
Epoch 10/10
20000/20000 [==============================] - 53s 3ms/step - loss: 0.1284 - acc: 0.9541 - val_loss: 0.3599 - val_ac
```

图 6-22　显示训练模型变量历史输出的屏幕截图

变量历史可用于跟踪训练进度。前一个函数将触发一个训练会话，在本地 CPU 上，训练应该需要几分钟。

10）接下来，让我们通过描绘损失和准确性来看看训练到底是如何进行的。为此，我们将定义如下的绘图函数：

```
import matplotlib.pyplot as plt

def plot_results(history):
    acc = history.history['acc']
    val_acc = history.history['val_acc']
    loss = history.history['loss']
    val_loss = history.history['val_loss']

    epochs = range(1, len(acc) + 1)
    plt.plot(epochs, acc, 'bo', label='Training Accuracy')
    plt.plot(epochs, val_acc, 'b', label='Validation Accuracy')

    plt.title('Training and validation Accuracy')
    plt.legend()
    plt.figure()
    plt.plot(epochs, loss, 'bo', label='Training Loss')
    plt.plot(epochs, val_loss, 'b', label='Validation Loss')
    plt.title('Training and validation Loss')
    plt.legend()
    plt.show()
```

11）让我们在作为“拟合”函数输出的历史变量上调用函数：

```
plot_results(history)
```

12）作者运行前面代码的输出如图 6-23 所示。

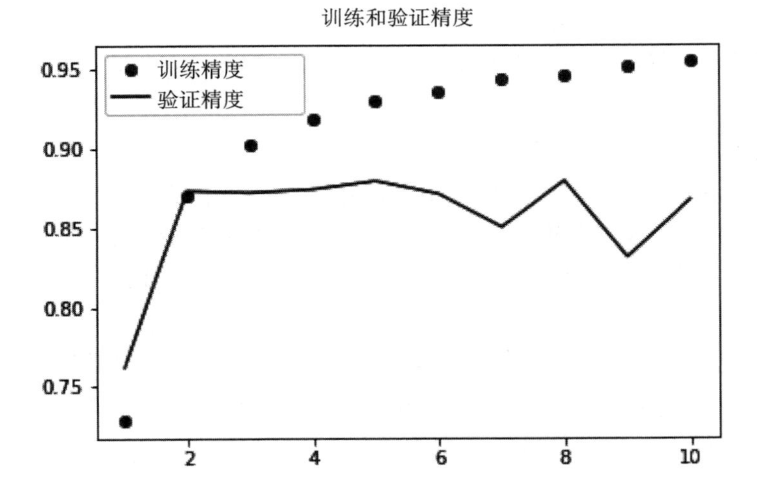

图 6-23　情感分类任务的训练和验证精度

图 6-24 显示了训练和验证的损失。

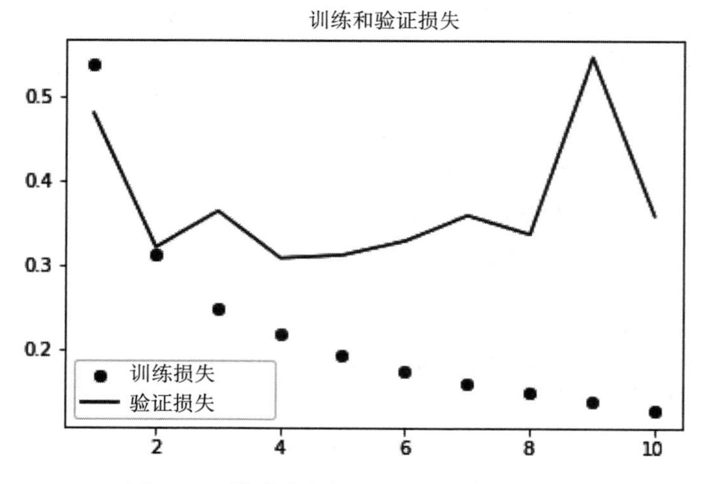

图 6-24 情感分类任务的训练和验证损失

注意 *在最佳轮，验证精度相当高（约 87%）。*

活动 7：使用简单 RNN 开发情感分类模型

在本活动中，我们旨在使用简单 RNN 生成情感分类模型。这样做是为了判断 GRU 对简单 RNN 的有效性。步骤如下：

1）加载数据集。

2）把序列填出来，这样每个序列都有相同的字符数。

3）使用带有 32 个隐藏单元的简单 RNN 定义和编译模型。

4）绘制验证和训练的准确性和损失。

注意 *该活动的解决方案参见附录。*

使用 GRU 生成文本

文本生成问题需要一种算法，以便基于训练语料库产生新的文本。例如，如果你把莎士比亚的诗输入到一个学习算法中，那么这个算法应该能够生成莎士比亚风格的新文本（逐字逐句）。我们现在将看看如何用本章中所学的知识来解决这个问题。

练习 26：使用 GRU 生成文本

怎样使用深度学习的方法来创作一首诗呢？让我们使用 GRU 来解决这个问题。我们将使用莎士比亚的十四行诗来训练我们的模型，以便输出莎士比亚风格的诗，步骤如下：

1）让我们从导入所需的 Python 包开始，如下所示：

```
import io
import sys
import random
import string
import numpy as np
```

```
from keras.models import Sequential
from keras.layers import Dense
from keras.layers import GRU
from keras.optimizers import RMSprop
```

2）接下来，我们定义一个函数，它从包含莎士比亚十四行诗的文件中读取并打印出前 200 个字符：

```
def load_text(filename):
    with open(filename, 'r') as f:
        text = f.read()
    return text

file_poem = 'shakespeare_poems.txt' # Path of the file
text = load_text(file_poem)
print(text[:200])
```

诗的前 200 个字符如图 6-25 所示。

```
THE SONNETS

by William Shakespeare

From fairest creatures we desire increase,
That thereby beauty's rose might never die,
But as the riper should by time decease,
His tender heir might bear his mem
```

图 6-25　十四行诗的截屏

3）接下来，我们将执行某些数据准备步骤。首先，我们将从读入的文件中获得不同字符的列表。然后我们将制作一个字典，将每个字符映射到一个整数索引。最后，我们将创建另一个将整数索引映射到字符的字典：

```
chars = sorted(list(set(text)))
print('Number of distinct characters:', len(chars))
char_indices = dict((c, i) for i, c in enumerate(chars))
indices_char = dict((i, c) for i, c in enumerate(chars))
```

4）现在，我们从文本中生成训练数据的序列。并为模型提供每个序列 40 个字符的固定长度。这些序列将被制作成每个序列有三个步骤的滑动窗口。考虑这首诗的以下部分：

"From fairest creatures we desire increase,

That thereby beauty's rose might never die,"

（我们愿最美的人繁衍生息，

娇艳的玫瑰才会永不凋零，）

我们的目标是从前面的文本片段中获得如图 6-26 所示的结果。

```
'\n\nFrom fairest creatures we desire incre',
'rom fairest creatures we desire increase',
' fairest creatures we desire increase,\nT',
'irest creatures we desire increase,\nThat',
'st creatures we desire increase,\nThat th',
'creatures we desire increase,\nThat there',
'atures we desire increase,\nThat thereby ',
'res we desire increase,\nThat thereby bea',
' we desire increase,\nThat thereby beauty',
" desire increase,\nThat thereby beauty's ",
"sire increase,\nThat thereby beauty's ros",
"e increase,\nThat thereby beauty's rose m",
"ncrease,\nThat thereby beauty's rose migh",
"ease,\nThat thereby beauty's rose might n",
"e,\nThat thereby beauty's rose might neve",
"That thereby beauty's rose might never d",
"t thereby beauty's rose might never die,",
```

图 6-26　训练序列的截屏

这些序列的长度均为 40 个字符。每个后续字符串在前一个字符串右侧移动三步。这种安排是为了让我们得到足够多的序列（但不要太多，步骤 1 就是这样）。一般来说，我们可以有更多的序列，但是由于这个例子是一个演示，因此将在本地的 CPU 上运行，输入太多序列将使训练时间比期望的长得多。

另外，对于每一个序列，我们需要有一个输出字符作为文本中的下一个字符。本质上，我们正在教这个模型观察 40 个角色，然后让模型学习下一个最有可能的角色是什么。要理解输出字符可能是什么，请考虑以下序列：

That thereby beauty's rose might never d

该序列的输出字符将是 i 字符。这是因为在文本中，i 是下一个字符。下面的代码段实现了同样的功能：

```
max_len_chars = 40
step = 3
sentences = []
next_chars = []
for i in range(0, len(text) - max_len_chars, step):
    sentences.append(text[i: i + max_len_chars])
    next_chars.append(text[i + max_len_chars])
print('nb sequences:', len(sentences))
```

我们现在有了想要训练的序列和相应的字符输出。接下来需要获得样本的训练矩阵和输出字符的另一个矩阵，这些输出字符可以被输入到模型中进行训练：

```
x = np.zeros((len(sentences), max_len_chars, len(chars)), dtype=np.bool)
y = np.zeros((len(sentences), len(chars)), dtype=np.bool)
for i, sentence in enumerate(sentences):
    for t, char in enumerate(sentence):
        x[i, t, char_indices[char]] = 1
    y[i, char_indices[next_chars[i]]] = 1
```

这里,x 是保存我们输入训练样本的矩阵。x 数组包含序列数、最大字符数和不同字符数。因此，x 是一个三维矩阵。对于每一个序列，即，对于每一个时间步长（= 最大字符数），我们都有一个长度与文本中不同字符数相同的热编码向量。该向量的值为 1，其中给定步骤中的字符存在，所有其他项都为 0。y 是具有序列数和不同字符数的二维矩阵。因此，对于每个序列，我们都有一个长度与不同字符数相同的热编码向量。除了对应于当前输出字符的项之外，该向量的所有项都为 0。热编码是使用我们在前面的步骤中创建的字典映射来完成的。

1）我们现在准备定义我们的模型，如下所示：

```
model = Sequential()
model.add(GRU(128, input_shape=(max_len_chars, len(chars))))
model.add(Dense(len(chars), activation='softmax'))
optimizer = RMSprop(lr=0.01)
model.compile(loss='categorical_crossentropy', optimizer=optimizer)
```

2）我们利用序列 API，添加一个包含 128 个隐藏参数的 GRU 层，然后添加一个稠密层。

注意 稠密层的输出数量与不同字符的数量相同。这是因为我们基本上是在学习词汇中可能出现的字符的分布。从这个意义上说，这本质上是一个多类分类问题，这也解释了我们对成本函数的分类交叉熵的选择。

3）我们将按照以下方式继续将模型与数据相匹配：

```
model.fit(x, y,batch_size=128,epochs=10)
model.save("poem_gen_model.h5")
```

在这里，我们选择了 128 个序列的批量和 10 轮的训练。结果如图 6-27 所示。我们还将以 hdf5 格式文件保存模型，以便以后使用。

```
Epoch 1/10
31327/31327 [==============================] - 12s 374us/step - loss: 2.2844
Epoch 2/10
31327/31327 [==============================] - 11s 335us/step - loss: 1.8985
Epoch 3/10
31327/31327 [==============================] - 11s 339us/step - loss: 1.7675
Epoch 4/10
31327/31327 [==============================] - 12s 372us/step - loss: 1.6757
Epoch 5/10
31327/31327 [==============================] - 11s 353us/step - loss: 1.5984
Epoch 6/10
31327/31327 [==============================] - 11s 341us/step - loss: 1.5479
Epoch 7/10
31327/31327 [==============================] - 12s 382us/step - loss: 1.5083
Epoch 8/10
31327/31327 [==============================] - 11s 346us/step - loss: 1.4803
Epoch 9/10
31327/31327 [==============================] - 11s 354us/step - loss: 1.4648
Epoch 10/10
31327/31327 [==============================] - 11s 356us/step - loss: 1.4428
```

图 6-27 显示轮数的屏幕截图

注意 你应该增加 GRU 的数量和轮数。这些值越高，训练模型所需的时间就越长，预期结果就越好。

4）我们需要使用该模型实际生成一些文本，如下所示：

```
from keras.models import load_model
model_loaded = load_model('poem_gen_model.h5')
```

5）我们还定义了一个采样函数，在给定字符数概率分布的情况下，选择候选字符：

```
def sample(preds, temperature=1.0):
    # helper 函数从概率数组中采样索引
    preds = np.asarray(preds).astype('float64')
    preds = np.log(preds) / temperature
    exp_preds = np.exp(preds)
    preds = exp_preds / np.sum(exp_preds)
    probas = np.random.multinomial(1, preds, 1)
    return np.argmax(probas)
```

6）我们使用多项式分布进行采样。温度参数有助于增加概率分布的偏差，使得不太可能的单词可以有或多或少的表示。你也可以简单地尝试在 preds 变量上返回参数 argmax，但这可能会导致单词重复：

```
def generate_poem(model, num_chars_to_generate=400):
    start_index = random.randint(0, len(text) - max_len_chars - 1)
    generated = ''
    sentence = text[start_index: start_index + max_len_chars]
    generated += sentence
    print("Seed sentence: {}".format(generated))
    for i in range(num_chars_to_generate):
        x_pred = np.zeros((1, max_len_chars, len(chars)))
        for t, char in enumerate(sentence):
            x_pred[0, t, char_indices[char]] = 1.

        preds = model.predict(x_pred, verbose=0)[0]
        next_index = sample(preds, 1)
        next_char = indices_char[next_index]

        generated += next_char
        sentence = sentence[1:] + next_char
    return generated
```

7）我们传递加载的模型和我们希望生成的字符数。然后传递模型的种子文本作为输入（记住，我们教模型在给定 40 个字符的序列长度的情况下预测下一个字符）。这是在 for 循环开始之前完成的。在循环的第一步，我们将种子文本传递给模型，生成输出字符，并将输出字符附加到“生成”变量中。在下一个循环中，我们将新更新的序列（第一遍后有 41 个字符）向右移动一个字符，这样模型现在可以接受这 40 个字符的输入，最后一个字符是我们刚刚生成的新字符。该函数可以按如下方式调用：

```
generate_poem(model_loaded, 100)
```

瞧。你有一首莎士比亚风格的诗。输出示例如图 6-28 所示。

```
' thou viewest,\nNow is the time that faced padince thy fete,\njevery bnuping griats I have liking dispictreessedg.\n
\nThy such thy sombeliner  h'
```

图 6-28 显示生成的诗歌序列输出的截屏

你会立即注意到这首诗并没有真正的意义。这可归因于两个原因：

- 前面的输出是用非常少量的数据或序列生成的。因此，这个模型不能学到很多东西。在实践中，你将使用一个大得多的数据集，从而制作更多的序列，并使用图形处理器对模型进行实际训练（我们将在最后的第 9 章中学习云 GPU 的训练）。
- 即使训练了大量的数据，也总会有一些错误，因为模型只能学到这么多。

然而，我们仍然可以看到，尽管这个模型是一个字符生成模型，但即使有了这个基本设置，有些词还是有意义的。有些短语（如"I have liking"）作为独立短语是有效的。

注意 模型还学习了空格、换行符等。

活动 8：使用自选数据集训练字符生成模型

我们刚用了莎士比亚的一些作品来创作自己的诗。读者不需要把自己局限于诗歌创作，你可以用任何一段文字来开始创作自己的作品。基本步骤和设置与上例中讨论的相同。

注意 使用 requirements 文件创建 conda 环境并激活它。然后，在 Jupyter notebook 上运行代码。不要忘记输入文本文件，该文本文件包含你希望以作者的作品风格生成新文本的作品。

该活动的步骤如下所示：

1）加载文本文件。

2）创建字典，将字符映射到索引，反之亦然。

3）根据文本创建序列。

4）制作输入数组和输出数组以提供给模型。

5）使用 GRU 构建和训练模型。

6）保存模型。

7）定义采样和生成功能。

8）生成文本。

注意 该活动的解决方案参见附录。

6.5 本章小结

GRU 是简单 RNN 的扩展，它通过允许模型学习文本结构中的长期依赖关系来帮助解决梯度消失的问题。各种用例都可以从这个结构单元中受益。我们讨论了一个情感分类问题，并了解了 GRU 如何优于简单 RNN。然后我们学习了如何使用 GRU 生成文本。

在下一章中，我们将讨论简单 RNN 的另一个改进——长短期记忆网络（Long short-Term Memory，LSTM），并探索此新结构带来的优势。

CHAPTER 7

第 7 章

长短期记忆网络

学习目标

本章结束时，你将能够：

- 描述 LSTM 的目的。
- 详细评估 LSTM 的架构。
- 使用 LSTM 开发简单的二进制分类模型。
- 实现神经语言翻译，并开发一个英语到德语的翻译模型。

本章简要介绍 LSTM 架构及其在自然语言处理领域的应用。

7.1 本章概览

在前几章中，我们研究了循环神经网络（RNN）和一种称为门控循环单元（GRU）的专门架构，它有助于解决梯度消失问题。LSTM 提供了另一种解决梯度消失问题的方法。本章我们学习 LSTM 的架构，看看它们是如何使神经网络以可靠的方式传播梯度的。

此外，我们将研究神经语言翻译形式的 LSTM 的有趣应用，这将使我们建立一个模型，用于将一种语言翻译成另一种语言。

7.1.1 LSTM

梯度消失问题使得梯度难以从网络中的较后层传播到较前层，导致网络的初始权重与初始值相差不大。因此，模型学习效果不佳，导致性能低下。LSTM 通过在网络中引入“记忆”来解决这个问题，这导致了文本结构中长期依赖关系的保留。然而，LSTM 增加记忆的方式不同于 GRU 的方法。接下来我们将看到 LSTM 是如何完成这项任务的。

LSTM 帮助网络清晰地记住长期依赖关系。与 GRU 的情况一样，这是通过在简单 RNN 结构中引入更多变量来实现的。

使用 LSTM，我们允许网络从先前时间步长的激活中转移大部分知识，这是一个用简单 RNN 很难实现的壮举。

回忆简单 RNN 的结构，它本质上是同一单元的展开，如图 7-1 所示。

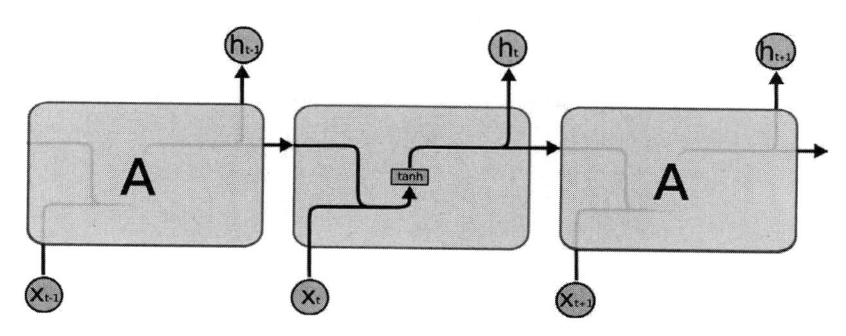

图 7-1 标准 RNN 中的重复模块

图中方框“A”的重复出现表示它与随时间重复的结构相同。每个单元的输入是前一个时间步的激活（由字母“h”表示）。另一个输入是时间“t”的序列值（由字母“x”表示）。

与简单 RNN 的情况类似，LSTM 也有固定的、时间展开的重复结构，但是重复单元本身有不同的结构。LSTM 的每一个单元都有几个不同种类的模块，它们相互操作以赋予模型记忆。LSTM 的结构如图 7-2 所示。

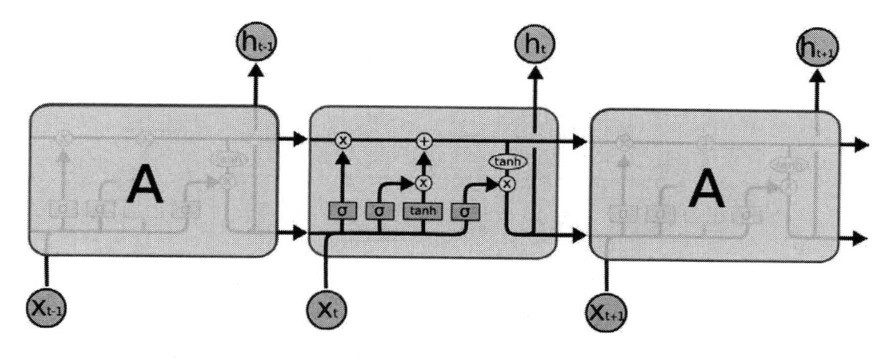

图 7-2 LSTM 单元

图表的符号如图 7-3 所示。

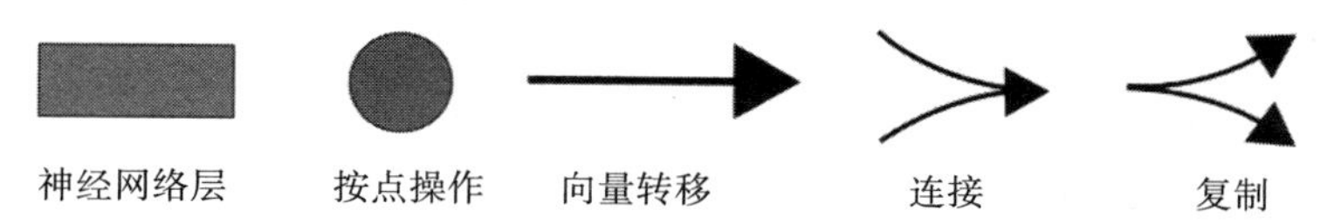

图 7-3 模型中使用的符号

LSTM 最基本的组成部分是单元状态，此后用字母“C”表示。在图 7-4 中，单元状态可以用方框上端的实线来描述。通常把这条线想象成一条穿过不同时间实例并携带一些信息的传送带。虽然有些操作会影响通过单元状态传播的值，但实际上，来自先前单元状态的信息很容易到达下一个单元状态。

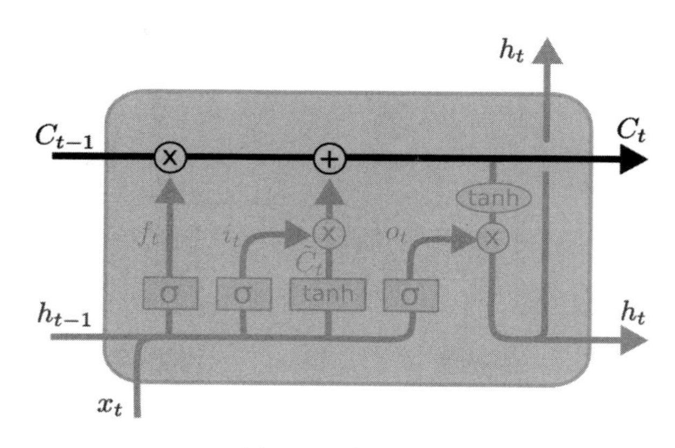

图 7-4　单元状态

从改变这种单元状态的角度来理解 LSTM 是很有用的。和 GRU 一样，LSTM 中允许修改单元状态的组件被称为“门”。

LSTM 分几个步骤操作，将在以下小节中描述。

7.1.2　遗忘门

遗忘门负责确定应在前一个时间步长中遗忘的单元状态的内容。遗忘门的表达式如图 7-5 所示。

f[t] = sigmoid(w_f * x[t] + U_f * h[t − 1])

图 7-5　遗忘门的表达式

时间步长 **t** 的输入乘以一组新的权重 W_f，其维度为（n_h，n_x）。前一个时间步（h[t-1]）的激活乘以另一个新的权重集 U_f，其维度为（n_h，n_h）。注意，乘法是矩阵乘法。然后将这两项相加，并通过 sigmoid 函数将输出 f[t] 压缩在 [0, 1] 内。输出的维度与单元状态向量 C（n_h，1）中的维度相同。遗忘门为每个维数输出“1”或“0”。值“1”表示该维度的前一个单元状态的所有信息都应该通过并保留，而值“0”表示该维度的前一个单元状态的所有信息都应该被忘记。遗忘门的示意图如图 7-6 所示。

那么，遗忘门的输出是如何影响句子结构的呢？让我们看看生成的句子：

"Jack goes for a walk when his daughter goes to bed."

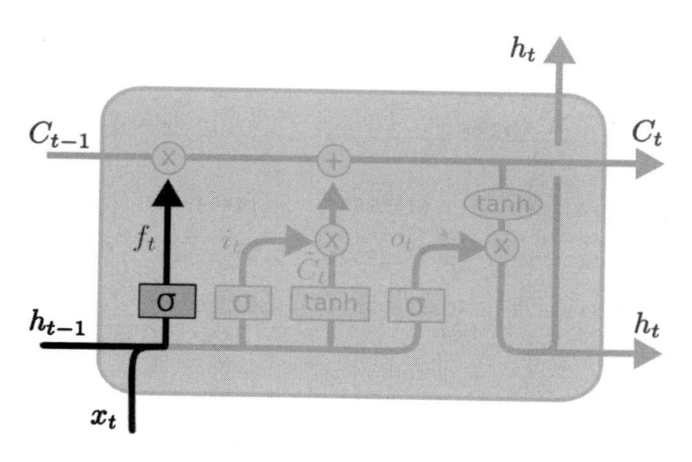

图 7-6 遗忘门

句子中的第一个主语是“ Jack”，意味着是男性（英文为 male）。代表受试者性别的单元状态具有对应于“male”的值（可以是 0 或 1）。现在，直到句子中的“his”这个词，句子的主语不变，主语性别的单元状态继续具有“ male”的值。然而，下一个词“ daughter”是一个新的主题，因此有必要忘记单元状态中代表性别的旧值。注意，即使旧的性别状态是女性，仍然需要忘记该值，以便可以使用对应于新主题的值。

遗忘门通过将主性别值设置为 0 来完成“遗忘”操作（即对于所述维度，f[t] 将输出 0）。

在 Python 中，遗忘门可以用以下代码段来计算：

```
# 导入包并将随机种子设置为固定输出

import numpy as np
np.random.seed(0)

# 定义 sigmoid 以便以后使用
def sigmoid(x):
    return 1 / (1 + np.exp(-x))

# 模拟先前状态和当前输入的虚拟值
h_prev = np.random.randn(3, 1)
x = np.random.randn(5, 1)
```

该代码为 h_prev 和 x 生成如图 7-7 所示的输出。

```
h_prev

array([[1.76405235],
       [0.40015721],
       [0.97873798]])

x

array([[ 2.2408932 ],
       [ 1.86755799],
       [-0.97727788],
       [ 0.95008842],
       [-0.15135721]])
```

图 7-7 前一状态“h_prev”和当前输入“x”的输出

我们可以为 W_f 和 U_f 初始化一些虚拟值：

```
# 用虚拟值初始化 W_f 和 U_f

W_f = np.random.randn(3, 5) # n_h = 3, n_x=5
```

```
U_f = np.random.randn(3, 3) # n_h = 3
```

这将产生如图 7-8 所示的值。

```
W_f

array([[-0.10321885,  0.4105985 ,  0.14404357,  1.45427351,
0.76103773],
       [ 0.12167502,  0.44386323,  0.33367433,  1.49407907, -
0.20515826],
       [ 0.3130677 , -0.85409574, -2.55298982,  0.6536186 ,
0.8644362 ]])

U_f

array([[-0.74216502,  2.26975462, -1.45436567],
       [ 0.04575852, -0.18718385,  1.53277921],
       [ 1.46935877,  0.15494743,  0.37816252]])
```

图 7-8 矩阵值的输出

现在可以计算遗忘门：

```
f = sigmoid(np.matmul(W_f, x) + np.matmul(U_f, h_prev)
```

这将为 f[t] 产生如图 7-9 所示的值。

```
f

array([[0.45930054],
       [0.97661676],
       [0.99403442]])
```

图 7-9 遗忘门 f[t] 的输出

7.2 输入门和候选单元状态

在每个时间步，还可使用如图 7-10 所示的表达式计算新的候选单元状态。

$$C\_candidate = \tanh(W\_c * h[t-1] + U\_c * x[t])$$

图 7-10 候选单元状态的表达式

时间步长 **t** 的输入乘以一组新的权重 W_c，其维度为（n_h，n_x）。前一个时间步（h[t-1] 的激活乘以另一个新的权重集 U_c，其维度为（n_h，n_h）。注意，乘法是矩阵乘法。然后将这两项相加，并通过双曲正切函数将输出 **f[t]** 压缩在 [–1，1] 内。输出 C_candidate 具有维度（n_h，1）。如图 7-11 所示，候选单元状态由 C 波浪号表示。

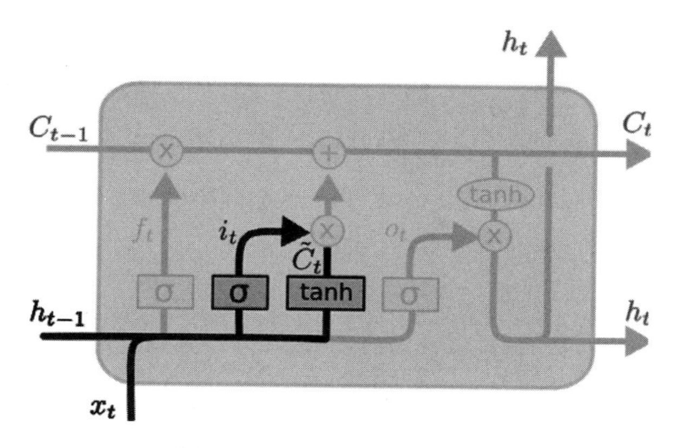

图 7-11 输入门和候选状态

候选对象旨在计算从当前时间步长推导出的单元状态。在我们的例句中，这对应于计算新的主性别值。该候选单元状态不像更新下一个单元状态那样被传递，而是由输入门调节。

输入门确定候选单元状态的哪些值被传递到下一个单元状态。如图 7-12 所示的表达式可用于计算输入门值。

i[t] = sigmoid(W_i * x[t] + U_i * h[t − 1])

图 7-12 输入门值的表达式

时间步长 t 的输入乘以一组新的权重 W_i，其维度为（n_h，n_x）。前一个时间步长（h[t-1]）的激活乘以另一个新的权重集 U_i，其维度为（n_h,n_h）。注意，乘法是矩阵乘法。然后将这两项相加，并通过 sigmoid 函数将输出 i[t] 压缩在 [0，1] 内。输出的维度与单元状态向量 C(n_h，1) 中的维度相同。在我们的例句中，在到达单词“daughter”后，需要更新对应于受试者性别的值的单元状态。在通过候选单元状态计算对象性别的新候选值之后，在输入门向量中只有对应于对象性别的维度被设置为 1。

候选单元状态和输入门的 Python 代码段如下：

```
#用虚拟值初始化 W_i 和 U_i


W_i = np.random.randn(3, 5) # n_h = 3, n_x=5
U_i = np.random.randn(3, 3) # n_h = 3
```

这会为矩阵生成如图 7-13 所示的值。

输入门可以如下所示计算：

```
i = sigmoid(np.matmul(W_i, x) + np.matmul(U_i, h_prev))
```

这会为 **i** 输出如图 7-14 所示的值。

```
W_i

array([[-0.88778575, -1.98079647, -0.34791215,  0.15634897,
1.23029068],
       [ 1.20237985, -0.38732682, -0.30230275, -1.04855297, -
1.42001794],
       [-1.70627019,  1.9507754 , -0.50965218, -0.4380743 , -
1.25279536]])

U_i

array([[ 0.77749036, -1.61389785, -0.21274028],
       [-0.89546656,  0.3869025 , -0.51080514],
       [-1.18063218, -0.02818223,  0.42833187]])
```

图 7-13　候选单元状态和输入门的矩阵值截屏

```
i

array([[0.00762368],
       [0.39184172],
       [0.17027909]])
```

图 7-14　输入门输出截图

为了计算候选单元状态，我们首先初始化 W_c 和 U_c 矩阵：

```
# 用虚拟值初始化 W_i 和 U_i
W_c = np.random.randn(3, 5) # n_h = 3, n_x=5
U_c = np.random.randn(3, 3) # n_h = 3
```

这些矩阵产生的值如图 7-15 所示。

```
W_c

array([[ 0.06651722,  0.3024719 , -0.63432209, -0.36274117, -
0.67246045],
       [-0.35955316, -0.81314628, -1.7262826 ,  0.17742614, -
0.40178094],
       [-1.63019835,  0.46278226, -0.90729836,  0.0519454 ,
0.72909056]])

U_c

array([[ 0.12898291,  1.13940068, -1.23482582],
       [ 0.40234164, -0.68481009, -0.87079715],
       [-0.57884966, -0.31155253,  0.05616534]])
```

图 7-15　矩阵 W_c 和 U_c 值的截屏

我们现在可以使用候选单元状态的更新公式：

```
c_candidate = np.tanh(np.matmul(W_c, x) + np.matmul(U_c, h_prev))
```

候选单元状态产生的值如图 7-16 所示。

```
c_candidate

array([[ 0.51233992],
       [-0.67747899],
       [-0.99555958]])
```

图 7-16　候选单元状态的屏幕截图

单元状态更新

此时，我们知道应该从旧单元状态中忘记什么（遗忘门），应该允许什么影响新单元状态（输入门），以及候选单元改变应该具有什么值（候选单元状态）。现在，当前时间步长的单元状态可以按如图 7-17 所示的表达式计算。

```
C[t]=hadamard(f[t], C[t-1]) + hadamard(i[t], C_candidate[t])
```

图 7-17　单元状态更新的表达式

在以上表达式中，“hadamard”代表按元素乘。因此，遗忘门按元素与旧的单元状态相乘，允许它在我们的例句中忘记主题的性别。另一方面，输入门允许受试者性别的新候选值影响新的单元状态。然后将这两个术语按元素相加，使得当前单元状态现在具有对应于“女性”值的主性别。

图 7-18 描述了操作。

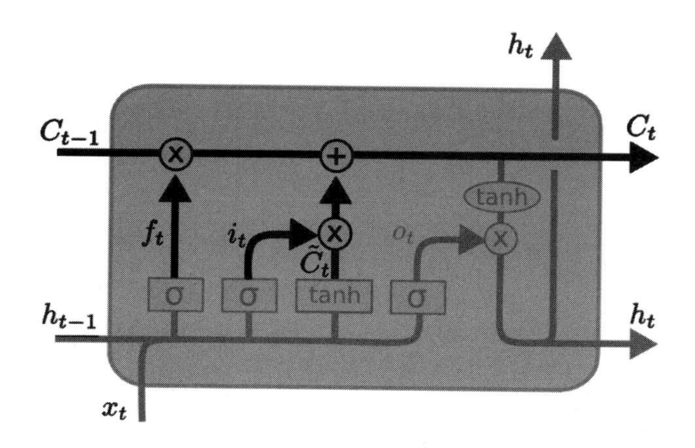

图 7-18　更新的单元状态

下面是生成当前单元状态的代码段。

首先，初始化前一个单元状态的值：

```
# 用虚拟值初始化 c_prev
c_prev = np.random.randn(3,1)
c_new = np.multiply(f, c_prev) + np.multiply(i, c_candidate)
```

该值变为以下值，如图 7-19 所示。

```
c_new

array([[-0.53124803],
       [ 0.61429771],
       [ 0.29336152]])
```

图 7-19　更新后的单元状态输出截图

7.3　输出门和当前激活

注意，到目前为止，我们所做的只是更新单元状态。我们还需要为当前状态生成激活 h[t]。这是使用输出门来完成的，输出门的计算如图 7-20 所示。

```
o[t] = sigmoid(W_o*x[t] + U_o*h[t-1])
```

图 7-20　输出门表达式

时间步长 t 的输入乘以一组新的权重 W_o，其维度为（n_h，n_x）。前一个时间步长（h[t-1]）的激活乘以另一个新的权重集 U_o，其维度为（n_h，n_h）。注意，乘法是矩阵乘法。然后将这两项相加，并通过 sigmoid 函数将输出 o[t] 压缩到 [0, 1] 内。输出的维度与单元状态向量 h(n_h，1) 中的维度相同。

输出门负责调节当前单元状态允许影响时间步长的激活值的数量。在我们的例句中，需要传播描述主语是单数还是复数的信息，以便使用正确的动词形式。例如，如果“daughter”后面的单词是“goes”，使用“go”这个单词的正确形式是很重要的。因此，输出门允许相关信息传递到激活，然后作为下一个时间步的输入。在图 7-21 中，输出门表示为 o_t。

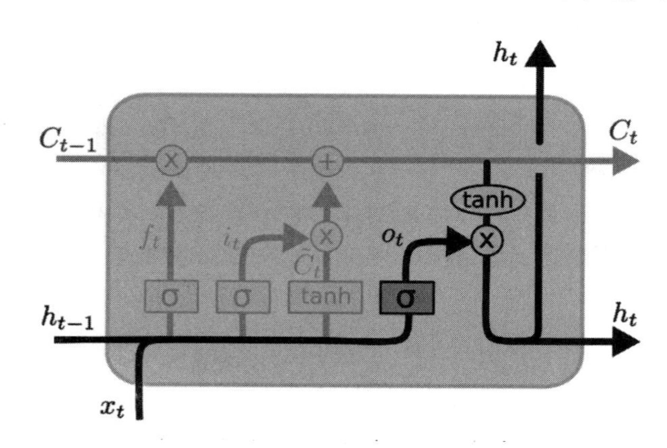

图 7-21　输出门和当前激活

下面的代码段显示了如何计算输出门的值：

```
# 初始化 W_o 和 U_o 的虚拟值

W_o = np.random.randn(3, 5) # n_h = 3, n_x=5
U_o = np.random.randn(3, 3) # n_h = 3
```

这将产生以下输出，如图 7-22 所示。

```
W_o

array([[-1.16514984,  0.90082649,  0.46566244, -1.53624369,
1.48825219],
       [ 1.89588918,  1.17877957, -0.17992484, -1.07075262,
1.05445173],
       [-0.40317695,  1.22244507,  0.20827498,  0.97663904,
0.3563664 ]])

U_o

array([[ 0.70657317,  0.01050002,  1.78587049],
       [ 0.12691209,  0.40198936,  1.8831507 ],
       [-1.34775906, -1.270485  ,  0.96939671]])
```

图 7-22 矩阵 W_o 和 U_o 输出的截屏

现在可以计算输出：

```
o = np.tanh(np.matmul(W_o, x) + np.matmul(U_o, h_prev))
```

输出门的值如图 7-23 所示。

```
o

array([[-0.06989015],
       [ 0.99999957],
       [ 0.11232103]])
```

图 7-23 输出门值的截屏

一旦评估了输出门，就可以计算下一次激活的值，计算表达式如图 7-24 所示。

h[t] = hadamard(o[t], tanh (C[t]))

图 7-24 计算下一次激活值的表达式

首先，双曲正切函数应用于当前单元状态。这将向量中的值限制在 -1 和 1 之间。然后，用刚刚计算的输出门值进行该值的按元素积。

让我们看看计算当前时间步长激活的代码段：

```
h_new = np.multiply(o, np.tanh(c_new))
```

这最终会产生以下结果，如图 7-25 所示。

```
h_new

array([[-0.04695679],
       [ 0.12468345],
       [ 0.07479682]])
```

图 7-25　当前时间步长激活的屏幕截图

现在让我们构建一个非常简单的二进制分类器来演示 LSTM 的用法。

练习 27：构建基于 LSTM 的模型，将电子邮件分类为垃圾或非垃圾邮件

在本练习中，我们将构建一个基于 LSTM 的模型，帮助我们将电子邮件分类为垃圾邮件或正式邮件：

1）我们将从导入所需的 Python 包开始：

```
import pandas as pd
import numpy as np
from keras.models import Model, Sequential
from keras.layers import LSTM, Dense,Embedding
from keras.preprocessing.text import Tokenizer
from keras.preprocessing import sequence
```

注意　LSTM 单元的导入方式与简单 RNN 或 GRU 的导入方式相同。

2）我们现在可以读取输入文件，该文件包含一个包含文本的列和另一个包含描述文本是否是垃圾邮件的文本标签的列。

注意　对于输入文件，请转到仓库链接 https://github.com/TrainingByPackt/Deep-Learning-for-Natural-Language-Processing/tree/master/Lesson%2007/exercise。

```
df = pd.read_csv("spam.csv", encoding="latin")
df.head()
```

3）数据如图 7-26 所示。

df.head()

	v1	v2	Unnamed: 2	Unnamed: 3	Unnamed: 4
0	ham	Go until jurong point, crazy.. Available only ...	NaN	NaN	NaN
1	ham	Ok lar... Joking wif u oni...	NaN	NaN	NaN
2	spam	Free entry in 2 a wkly comp to win FA Cup fina...	NaN	NaN	NaN
3	ham	U dun say so early hor... U c already then say...	NaN	NaN	NaN
4	ham	Nah I don't think he goes to usf, he lives aro...	NaN	NaN	NaN

图 7-26　垃圾邮件分类的输出截图

4）还有一些不相关的列，但是我们只需要包含文本数据和标签的列：

```
df = df[["v1","v2"]]
df.head()
```

5）输出应如图 7-27 所示。

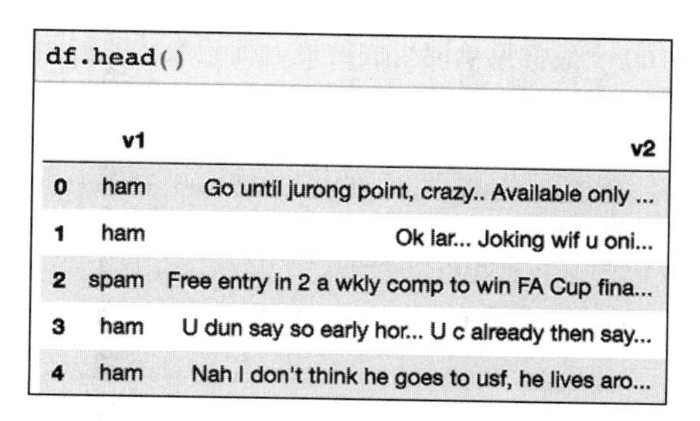

df.head()

	v1	v2
0	ham	Go until jurong point, crazy.. Available only ...
1	ham	Ok lar... Joking wif u oni...
2	spam	Free entry in 2 a wkly comp to win FA Cup fina...
3	ham	U dun say so early hor... U c already then say...
4	ham	Nah I don't think he goes to usf, he lives aro...

图 7-27　带有文本和标签的列的截屏

6）我们可以检查标签分布：

```
df["v1"].value_counts()
```

标签分布如图 7-28 所示。

```
df["v1"].value_counts()

ham     4825
spam     747
Name: v1, dtype: int64
```

图 7-28　标签分布的截屏

7）我们现在可以将标签分布映射到 0/1，这样它就可以被馈送到分类器。此外，还创建了一个数组来包含文本：

```
lab_map = {"ham":0, "spam":1}
Y = df["v1"].map(lab_map).values
X = df["v2"].values
```

8）这产生如下输出 X 和 Y，如图 7-29 和图 7-30 所示。

```
X

array(['Go until jurong point, crazy.. Available only in bugi
s n great world la e buffet... Cine there got amore wat...',
       'Ok lar... Joking wif u oni...',
       "Free entry in 2 a wkly comp to win FA Cup final tkts
21st May 2005. Text FA to 87121 to receive entry question(std
txt rate)T&C's apply 08452810075over18's",
       ..., 'Pity, * was in mood for that. So...any other sug
gestions?',
       "The guy did some bitching but I acted like i'd be int
erested in buying something else next week and he gave it to
us for free",
       'Rofl. Its true to its name'], dtype=object)
```

图 7-29　输出 X 的截屏

```
Y
array([0, 0, 1, ..., 0, 0, 0])
```

图 7-30　输出 Y 的截屏

9）我们将限制为 100 个最常见单词生成的最大标记数。我们将初始化一个标记器，为文本语料库中使用的每个单词分配一个整数值：

```
max_words = 100
mytokenizer = Tokenizer(nb_words=max_words,lower=True, split=" ")
mytokenizer.fit_on_texts(X)
text_tokenized = mytokenizer.texts_to_sequences(X)
```

10）这将产生 **text_tokenized** 的值，如图 7-31 所示。

```
In [24]: text_tokenized

Out[24]: [[50, 64, 8, 89, 67, 58],
          [46, 6],
          [47, 8, 19, 4, 2, 71, 2, 2, 73],
          [6, 23, 6, 57],
          [1, 98, 69, 2, 69],
          [67, 21, 7, 38, 87, 55, 3, 44, 12, 14, 85, 46, 2, 68, 2],
          [11, 9, 25, 55, 2, 36, 10, 10, 55],
          [72, 13, 72, 13, 12, 51, 2, 13],
          [72, 4, 3, 17, 2, 2, 16, 64],
          [13, 96, 26, 6, 81, 2, 2, 5, 36, 12, 47, 16, 5, 96, 47, 18],
          [30, 32, 77, 7, 1, 98, 70, 2, 80, 40, 93, 88],
          [2, 48, 2, 73, 7, 68, 2, 65, 92, 42],
          [3, 17, 4, 47, 8, 91, 73, 5, 2, 38],
          [12, 5, 2, 3, 12, 40, 1, 1, 97, 13, 12, 7, 33, 11, 3, 17, 7,
         4, 29, 51],
          [1, 17, 4, 18, 36, 33],
          [2, 13, 5, 8, 5, 73, 26, 89],
          [93, 30],
          [6, 49, 19, 1, 69, 1],
```

图 7-31　标记化值输出的屏幕截图

注意，因为我们将最大字数限制为 100，所以只有文本中属于前 100 个最频繁的单词才会被分配一个整数索引。其余的工作将被忽略。因此，即使 X 中的第一个序列有 20 个单词，在这个句子的标记化表示中有 6 个索引。

11）我们将允许每个序列的最大序列长度为 50 个字，并填充比这个长度短的序列。另一方面，较长的序列会被截断：

```
max_len = 50
sequences = sequence.pad_sequences(text_tokenized, maxlen=max_len)
```

输出如图 7-32 所示。

```
sequences

array([[ 0,  0,  0, ..., 89, 67, 58],
       [ 0,  0,  0, ...,  0, 46,  6],
       [ 0,  0,  0, ...,  2,  2, 73],
       ...,
       [ 0,  0,  0, ..., 12, 20, 23],
       [ 0,  0,  0, ...,  2, 12, 47],
       [ 0,  0,  0, ..., 61,  2, 61]], dtype=int32)
```

图 7-32　填充序列的截屏

请注意，填充是在 'pre'（预）模式下完成的，这意味着序列的初始部分被填充以使序列长度等于 max_len。

12）定义具有 64 个隐藏单元的 LSTM 层的模型，并用相应的目标值将其拟合到我们的序列数据中：

```
model = Sequential()
model.add(Embedding(max_words, 20, input_length=max_len))
model.add(LSTM(64))
model.add(Dense(1, activation="sigmoid"))
model.compile(loss='binary_crossentropy',
              optimizer='adam',
              metrics=['accuracy'])
model.fit(sequences,Y,batch_size=128,epochs=10,
          validation_split=0.2)
```

这里，我们从嵌入层开始，它确保输入到网络（20）的固定大小。我们有一个带有单个 sigmoid 输出的稠密层，它指示目标变量是 0 还是 1。然后以二进制交叉熵为损失函数，以 Adam 为优化策略，对模型进行编译。之后，我们将模型与批量为 128、轮计数为 10 的数据相匹配。注意，我们还保留了 20% 的训练数据作为验证数据。这将启动一个训练项目，如图 7-33 所示。

经过 10 轮，验证准确率达到 96%。这是非常好的表现。

我们现在可以尝试一些测试序列，并获得该序列是垃圾邮件的概率：

```
inp_test_seq = "WINNER! U win a 500 prize reward & free entry to FA cup
final tickets! Text FA to 34212 to receive award"
test_sequences = mytokenizer.texts_to_sequences(np.array([inp_test_seq]))
test_sequences_matrix = sequence.pad_sequences(test_sequences,maxlen=max_
len)
model.predict(test_sequences_matrix)
```

预期输出如图 7-34 所示。

```
model.fit(sequences,Y,batch_size=128,epochs=10,
          validation_split=0.2)
```

```
Train on 4457 samples, validate on 1115 samples
Epoch 1/10
4457/4457 [==============================] - 2s 539us/step -
loss: 0.4885 - acc: 0.8548 - val_loss: 0.3700 - val_acc: 0.87
00
Epoch 2/10
4457/4457 [==============================] - 2s 374us/step -
loss: 0.3425 - acc: 0.8652 - val_loss: 0.2649 - val_acc: 0.87
71
Epoch 3/10
4457/4457 [==============================] - 2s 381us/step -
loss: 0.2028 - acc: 0.9226 - val_loss: 0.1489 - val_acc: 0.95
34
Epoch 4/10
4457/4457 [==============================] - 2s 367us/step -
loss: 0.1348 - acc: 0.9547 - val_loss: 0.1271 - val_acc: 0.95
16
Epoch 5/10
4457/4457 [==============================] - 2s 404us/step -
loss: 0.1157 - acc: 0.9605 - val_loss: 0.1073 - val_acc: 0.95
78
Epoch 6/10
4457/4457 [==============================] - 2s 368us/step -
loss: 0.1061 - acc: 0.9632 - val_loss: 0.1027 - val_acc: 0.96
14
Epoch 7/10
4457/4457 [==============================] - 2s 371us/step -
loss: 0.0998 - acc: 0.9657 - val_loss: 0.1046 - val_acc: 0.95
78
Epoch 8/10
4457/4457 [==============================] - 2s 372us/step -
loss: 0.0955 - acc: 0.9672 - val_loss: 0.1004 - val_acc: 0.95
96
```

图 7-33 拟合 10 轮的模型截图

```
model.predict(test_sequences_matrix)
```

```
array([[0.96648586]], dtype=float32)
```

图 7-34 模型预测输出的截屏

测试文本很有可能是垃圾邮件。

活动 9：使用简单 RNN 构建垃圾或非垃圾邮件分类器

我们使用一个简单 RNN 构建一个垃圾邮件或非垃圾邮件分类器，该分类器具有与之前相同的超参数，并将性能与我们基于 LSTM 的解决方案进行比较。对于这样一个简单的数据集，简单 RNN 会表现得非常接近于 LSTM。然而，对于更复杂的模型，情况通常不是这样，我们将在下一节中看到。

注意 *在以下网址中找到输入文件*：https：//github.com/TrainingByPackt/Deep-Learning-for-Natural-Language-Processing/tree/master/Lesson%2007/exercise。

1）导入所需的 Python 包。

2）读取包含一个包含文本的列和另一个包含描述文本是否为垃圾邮件的文本标签的列的输入文件。

3）转换成序列。

4）填充序列。

5）训练序列。

6）建立模型。

7）根据新的测试数据预测邮件类别。

预期输出如图 7-35 所示。

```
array([[0.979119]], dtype=float32)
```

图 7-35　邮件类别预测的输出

注意　*该活动的解决方案参见附录。*

7.4　神经语言翻译

上一节描述的简单二进制分类器是自然语言处理领域的一个基本用例，并不能完全证明使用比简单 RNN 或者更简单的技术稍复杂的技术是合理的。然而，在许多复杂的用例中，必须使用更复杂的单元，如 LSTM。神经语言翻译就是这样一种应用。

神经语言翻译任务的目标是建立一个模型，将一段文本从源语言翻译成目标语言。在开始代码之前，让我们讨论一下这个系统的架构。

神经语言翻译是一种多对多自然语言处理应用，这意味着系统有许多输入，系统也产生许多输出。

此外，输入和输出的数量可能不同，因为同一文本在源语言和目标语言中可能有不同的字数。自然语言处理解决这些问题的领域被称为序列对序列建模。该架构由编码器块和解码器块组成。图 7-36 展示了该架构。

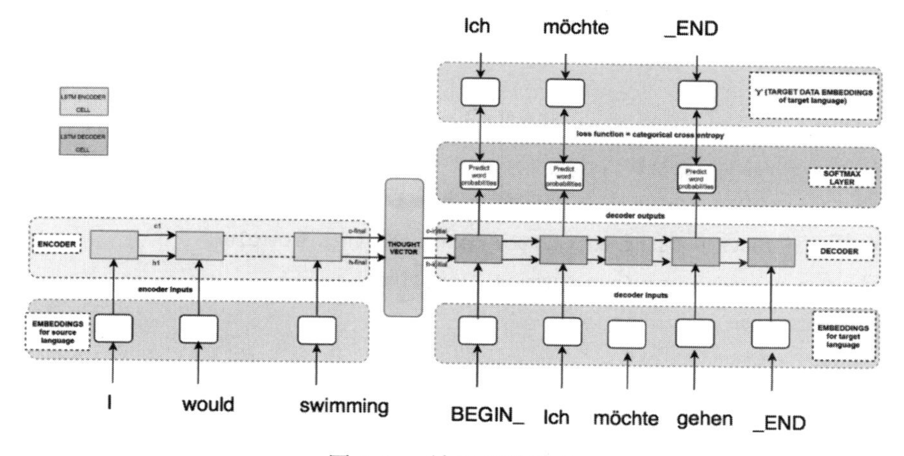

图 7-36　神经翻译模型

架构的左边部分是编码器块，右边部分是解码器块。该模型试图将一个英文句子翻译成德文，如下所示：

英文：I would like to go swimming

德文：Ich möchte schwimmen gehen

注意　仅出于演示目的，前面的句子中去掉了句号。句号也被视为有效的标记。

编码器块在给定的时间步将英语（源语言）句子的每个单词作为输入。编码器块的每个单元都是一个 LSTM。编码器模块的唯一输出是最终单元状态和激活。这些被统称为思想载体。思想向量用于初始化解码器块的激活和单元状态，解码器块是另一个 LSTM 块。在训练阶段，在每个时间步，解码器输出是句子中的下一个单词。这由一个稠密的 softmax 层表示，该层的下一个单词标记值为 1，向量中所有其他条目的值为 0。

英语句子被一个单词一个单词地输入编码器，产生最终的单元状态和激活。在训练阶段，解码器在每个时间步的实际输出是已知的。这只是句子中的下一个德语单词。注意，在句子的开头插入了一个“BEGIN_”标记，在句子的结尾插入了一个“_END”标记。“BEGIN_”标记的输出是德语句子中的第一个单词。这可以在图 7-36 中看到。在训练时，网络是用来逐字学习翻译的。

在推理阶段，英语输入句子被馈送到编码器块，产生最终的单元状态和激活。解码器将“BEGIN_”标记作为第一个时间步的输入以及单元状态和激活。使用这三个输入，可以为该时间步产生一个 softmax 输出。在训练有素的网络中，对应于正确单词的条目的 softmax 值最高。然后，下一个单词作为下一个时间步的输入。这个过程一直持续到采样到“_END”标记或达到最大句子长度。

现在来看看模型的代码。

我们先阅读包含句子对的文件。出于演示目的，我们还将配对数量限制在 20 000 个：

```
import os
import re
import numpy as np

with open("deu.txt", 'r', encoding='utf-8') as f:
    lines = f.read().split('\n')

num_samples = 20000 # Using only 20000 pairs for this example
lines_to_use = lines[: min(num_samples, len(lines) - 1)]
print(lines_to_use)
```

输出如图 7-37 所示。

```
lines_to_use
['Hi.\tHallo!',
 'Hi.\tGrüß Gott!',
 'Run!\tLauf!',
 'Wow!\tPotzdonner!',
 'Wow!\tDonnerwetter!',
 'Fire!\tFeuer!',
 'Help!\tHilfe!',
 'Help!\tZu Hülf!',
 'Stop!\tStopp!',
 'Wait!\tWarte!',
 'Go on.\tMach weiter.',
 'Hello!\tHallo!',
 'I ran.\tIch rannte.',
 'I see.\tIch verstehe.',
 'I see.\tAha.',
 'I try.\tIch probiere es.',
 'I won!\tIch hab gewonnen!',
```

图 7-37　句子对的英文 – 德文翻译截图

每行首先有英文句子，然后是制表符，最后是该句子的德语翻译。接下来，我们将把所有数字映射到一个占位符单词“NUMBER_PRESENT”，并将“BEGIN_”和“_END”标记附加到每个德语句子中：

```
for l in range(len(lines_to_use)):
    lines_to_use[l] = re.sub("\d", " NUMBER_PRESENT ",lines_to_use[l])


input_texts = []
target_texts = []
input_words = set()
target_words = set()
for line in lines_to_use:
    input_text, target_text = line.split('\t')
    target_text = 'BEGIN_ ' + target_text + ' _END'
    input_texts.append(input_text)
    target_texts.append(target_text)
    for word in input_text.split():
    if word not in input_words:
        input_words.add(word)
for word in target_text.split():
    if word not in target_words:
        target_words.add(word)
```

在前面的片段中，我们获得了输入和输出文本，如图 7-38 所示。

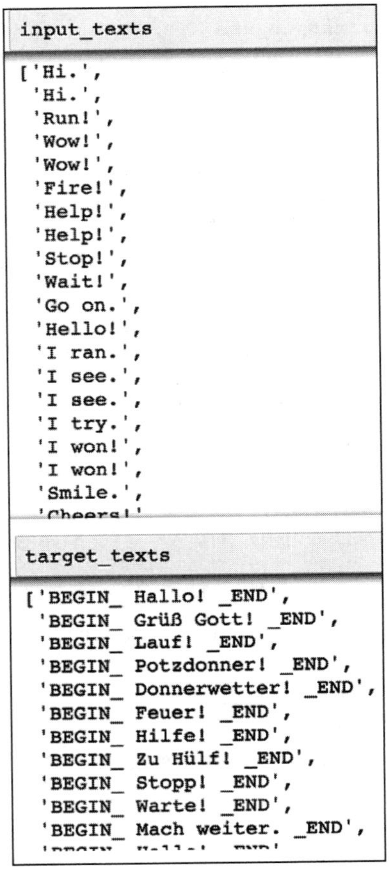

```
input_texts

['Hi.',
 'Hi.',
 'Run!',
 'Wow!',
 'Wow!',
 'Fire!',
 'Help!',
 'Help!',
 'Stop!',
 'Wait!',
 'Go on.',
 'Hello!',
 'I ran.',
 'I see.',
 'I see.',
 'I try.',
 'I won!',
 'I won!',
 'Smile.',
 'Cheers!'

target_texts

['BEGIN_ Hallo! _END',
 'BEGIN_ Grüß Gott! _END',
 'BEGIN_ Lauf! _END',
 'BEGIN_ Potzdonner! _END',
 'BEGIN_ Donnerwetter! _END',
 'BEGIN_ Feuer! _END',
 'BEGIN_ Hilfe! _END',
 'BEGIN_ Zu Hülf! _END',
 'BEGIN_ Stopp! _END',
 'BEGIN_ Warte! _END',
 'BEGIN_ Mach weiter. _END',
```

图 7-38 映射后输入和输出文本的截屏

接下来，我们得到输入和输出序列的最大长度，并得到输入和输出语料库中所有单词的列表：

```
max_input_seq_length = max([len(i.split()) for i in input_texts])
max_target_seq_length = max([len(i.split()) for i in target_texts])


input_words = sorted(list(input_words))
target_words = sorted(list(target_words))
num_encoder_tokens = len(input_words)
num_decoder_tokens = len(target_words)
```

input_words 和 target_words 如图 7-39 所示。

接下来，我们为输入和输出单词中的每个标记生成一个整数索引：

```
input_token_index = dict(
    [(word, i) for i, word in enumerate(input_words)])
target_token_index = dict([(word, i) for i, word in enumerate(target_words)])
```

这些变量的值如图 7-40 所示。

```
input_words
['"Look,"',
 '"aah."',
 '$',
 '%',
 ',',
 '-',
 '.',
 '...',
 ':',
 '?',
 'A',
 'A.',
 'ATM?',
 'AWOL.',
 'Abandon',
 'About',
 'Act',
 'Add',
 'Admission',
```

```
target_words
['"Schau!"',
 '$.',
 '%',
 "'ne",
 ',',
 '-',
 '.',
 ':',
 '?',
 'Abend',
 'Abend!',
 'Abend?',
 'Abendbrot',
```

图 7-39 输入文本和目标单词的屏幕截图

```
input_token_index
{'"Look,"': 0,
 '"aah."': 1,
 '$': 2,
 '%': 3,
 ',': 4,
 '-': 5,
 '.': 6,
 '...': 7,
 ':': 8,
 '?': 9,
 'A': 10,
 'A.': 11,
 'ATM?': 12,
 'AWOL.': 13,
 'Abandon': 14,
 'About': 15,
 'Act': 16,
 'Add': 17,
 'Admission': 18,
```

```
target_token_index
{'"Schau!"': 0,
 '$.': 1,
 '%': 2,
 "'ne": 3,
 ',': 4,
 '-': 5,
 '.': 6,
 ':': 7,
 '?': 8,
 'Abend': 9,
 'Abend!': 10,
 'Abend?': 11,
 'Abendbrot': 12,
```

图 7-40 每个标记的整数索引输出截屏

我们现在为编码器输入数据定义数组，编码器输入数据是一个二维矩阵，行数和句子对数相同，列数和最大输入序列长度相同。类似地，解码器输入数据也是二维矩阵，行数与句子对数相同，列数与目标语料库中的最大序列长度相同。我们还需要目标输出数据，这在训练阶段是必需的。这是一个三维矩阵，其中第一维的元素数量与句子对的数量相同。第二维的元素数量与最大目标序列长度相同。第三维表示解码器标记的数量（目标语料库中不同单词的数量）。我们用零初始化这些变量：

```
encoder_input_data = np.zeros(
    (len(input_texts), max_input_seq_length),
    dtype='float32')
decoder_input_data = np.zeros(
```

```
    (len(target_texts), max_target_seq_length),
    dtype='float32')
decoder_target_data = np.zeros(
    (len(target_texts), max_target_seq_length, num_decoder_tokens),
    dtype='float32')
```

现在，我们填充以下矩阵：

```
for i, (input_text, target_text) in enumerate(zip(input_texts, target_
texts)):
    for t, word in enumerate(input_text.split()):
        encoder_input_data[i, t] = input_token_index[word]
    for t, word in enumerate(target_text.split()):
        decoder_input_data[i, t] = target_token_index[word]
        if t > 0:
            # decoder_target_data 领先 decoder_input_data 一个时间步长
timestep
            decoder_target_data[i, t - 1, target_token_index[word]] = 1.
```

这些值如图 7-41 所示。

```
encoder_input_data

array([[ 283.,    0.,    0., ...,    0.,    0.,    0.],
       [ 283.,    0.,    0., ...,    0.,    0.,    0.],
       [ 505.,    0.,    0., ...,    0.,    0.,    0.],
       ...,
       [ 696., 3001., 4502., ...,    0.,    0.,    0.],
       [ 696., 3001., 4682., ...,    0.,    0.,    0.],
       [ 696., 3004., 3008., ...,    0.,    0.,    0.]], dtyp
e=float32)

decoder_input_data

array([[ 175., 1172., 3665., ...,    0.,    0.,    0.],
       [ 175., 1140., 1113., ...,    0.,    0.,    0.],
       [ 175., 1706., 3665., ...,    0.,    0.,    0.],
       ...,
       [ 175., 3405., 8432., ...,    0.,    0.,    0.],
       [ 175., 3405., 6239., ...,    0.,    0.,    0.],
       [ 175., 3405., 6239., ...,    0.,    0.,    0.]], dtyp
e=float32)

decoder_target_data

array([[[0., 0., 0., ..., 0., 0., 0.],
        [0., 0., 0., ..., 0., 0., 0.],
        [0., 0., 0., ..., 0., 0., 0.],
        ...,
        [0., 0., 0., ..., 0., 0., 0.],
        [0., 0., 0., ..., 0., 0., 0.],
        [0., 0., 0., ..., 0., 0., 0.]],

       [[0., 0., 0., ..., 0., 0., 0.],
        [0., 0., 0., ..., 0., 0., 0.],
```

图 7-41　矩阵总体截图

我们现在定义一个模型。在本练习中，我们使用 Keras 的函数 API：

```
from keras.layers import Input, LSTM, Embedding, Dense
from keras.models import Model

embedding_size = 50 # 嵌入层大小
```

让我们看看编码器模块：

```
encoder_inputs = Input(shape=(None,))
encoder_after_embedding =  Embedding(num_encoder_tokens, embedding_size)
(encoder_inputs)
encoder_lstm = LSTM(50, return_state=True)
_, state_h, state_c = encoder_lstm(encoder_after_embedding)
encoder_states = [state_h, state_c]
```

首先，定义具有灵活输入数量的输入层（无属性）。然后，定义嵌入层并将其应用于编码器输入。接下来，用 50 个隐藏单元定义 LSTM 单元，并将其应用于嵌入层。注意，LSTM 定义中的 return_state 参数设置为真，因为我们希望获得用于初始化解码器单元状态和激活的最终编码器状态。然后将编码器 LSTM 应用于嵌入层，并将状态收集回变量中。

现在让我们定义解码器块：

```
decoder_inputs = Input(shape=(None,))
decoder_after_embedding = Embedding(num_decoder_tokens, embedding_size)
(decoder_inputs)
decoder_lstm = LSTM(50, return_sequences=True, return_state=True)
decoder_outputs, _, _ = decoder_lstm(decoder_after_embedding,
                                     initial_state=encoder_states)
decoder_dense = Dense(num_decoder_tokens, activation='softmax')
decoder_outputs = decoder_dense(decoder_outputs)
```

解码器接收输入，并以类似于编码器的方式定义嵌入层。然后定义一个 LSTM 块，并将返回序列和返回状态参数设置为真。这样做是因为我们希望使用解码器的序列和状态。然后用 softmax 激活和与目标语料库中不同标记的数量相等的输出来定义稠密层。我们现在可以定义一个模型，它将编码器和解码器输入作为输入，并将解码器输出作为最终输出：

```
model = Model([encoder_inputs, decoder_inputs], decoder_outputs)
model.compile(optimizer='rmsprop', loss='categorical_crossentropy',
metrics=['acc'])
model.summary()
```

可以看到如图 7-42 所示的模型摘要。

```
Layer (type)                     Output Shape         Param #
Connected to
==================================================================
========================================
input_1 (InputLayer)             (None, None)         0

_____________________________________________________________
input_2 (InputLayer)             (None, None)         0

_____________________________________________________________
embedding_1 (Embedding)          (None, None, 50)     286200
input_1[0][0]

_____________________________________________________________
embedding_2 (Embedding)          (None, None, 50)     456300
input_2[0][0]

_____________________________________________________________
lstm_1 (LSTM)                    [(None, 50), (None,  20200
embedding_1[0][0]

_____________________________________________________________
lstm_2 (LSTM)                    [(None, None, 50), ( 20200
embedding_2[0][0]

lstm_1[0][1]

lstm_1[0][2]

_____________________________________________________________
dense_1 (Dense)                  (None, None, 9126)   465426
lstm_2[0][0]
==================================================================
========================================
Total params: 1,248,326
Trainable params: 1,248,326
Non-trainable params: 0
```

图 7-42　模型摘要的截屏

我们现在可以将模型用于输入和输出：

```
model.fit([encoder_input_data, decoder_input_data], decoder_target_data,
          batch_size=128,
          epochs=20,
          validation_split=0.05)
```

我们将批量设置为 128 个，分为 20 轮，如图 7-43 所示。

这个模型现在已经训练好了。现在，正如在关于神经语言翻译的小节中所描述的，推理阶段遵循与训练期间使用的稍微不同的架构。我们首先定义编码器模型，它以 encoder_inputs（带有嵌入）为输入，产生 encoder_states 作为输出。这是有意义的，因为编码器块的输出是单元状态和激活：

```
encoder_model = Model(encoder_inputs, encoder_states)
```

```
Train on 19000 samples, validate on 1000 samples
Epoch 1/20
19000/19000 [==============================] - 310s 16ms/step
- loss: 1.6492 - acc: 0.0787 - val_loss: 1.8068 - val_acc: 0.
0674
Epoch 2/20
19000/19000 [==============================] - 303s 16ms/step
- loss: 1.5174 - acc: 0.0908 - val_loss: 1.6923 - val_acc: 0.
0822
Epoch 3/20
19000/19000 [==============================] - 304s 16ms/step
- loss: 1.4060 - acc: 0.1040 - val_loss: 1.6107 - val_acc: 0.
1065
Epoch 4/20
19000/19000 [==============================] - 292s 15ms/step
- loss: 1.3343 - acc: 0.1157 - val_loss: 1.5683 - val_acc: 0.
1100
Epoch 5/20
19000/19000 [==============================] - 292s 15ms/step
- loss: 1.2860 - acc: 0.1212 - val_loss: 1.5299 - val_acc: 0.
1197
Epoch 6/20
19000/19000 [==============================] - 291s 15ms/step
- loss: 1.2510 - acc: 0.1241 - val_loss: 1.5037 - val_acc: 0.
1145
Epoch 7/20
19000/19000 [==============================] - 291s 15ms/step
```

图 7-43 20 轮的模型拟合截图

接下来，定义解码器推理模型：

```
decoder_state_input_h = Input(shape=(50,))
decoder_state_input_c = Input(shape=(50,))
decoder_states_inputs = [decoder_state_input_h, decoder_state_input_c]
decoder_outputs_inf, state_h_inf, state_c_inf = decoder_lstm(decoder_after_
embedding, initial_state=decoder_states_inputs)
```

先前训练的 decoder_lstm 的初始状态被设置为 decoder_states_inputs 变量，稍后将被设置为编码器状态输出。然后，我们通过稠密层的 softmax 层[⊖]传输解码器输出，以获得预测单词的索引，并定义解码器推理模型：

```
decoder_states_inf = [state_h_inf, state_c_inf]
decoder_outputs_inf = decoder_dense(decoder_outputs_inf)
# 多输入，多输出
decoder_model = Model(
    [decoder_inputs] + decoder_states_inputs,
    [decoder_outputs_inf] + decoder_states_inf)
```

⊖ 稠密（dense），因 Keras 框架定义，在此书中就是全连接的意思。区别于 DenseNet。——译者注。

解码器模型以 decoder_input（带嵌入）和解码器状态的形式接收多个输入。输出也是多变量的，返回稠密层输出和解码器状态。这里需要这些状态，因为它们需要作为输入状态传递，以便在下一个时间步对单词进行采样。

由于稠密层的输出将返回一个向量，我们需要一个反向查找字典来将生成单词的索引映射到实际单词：

```
# 反向查找标记索引以解码序列

reverse_input_word_index = dict(
    (i, word) for word, i in input_token_index.items())
reverse_target_word_index = dict(
    (i, word) for word, i in target_token_index.items())
```

字典中的值如图 7-44 所示。

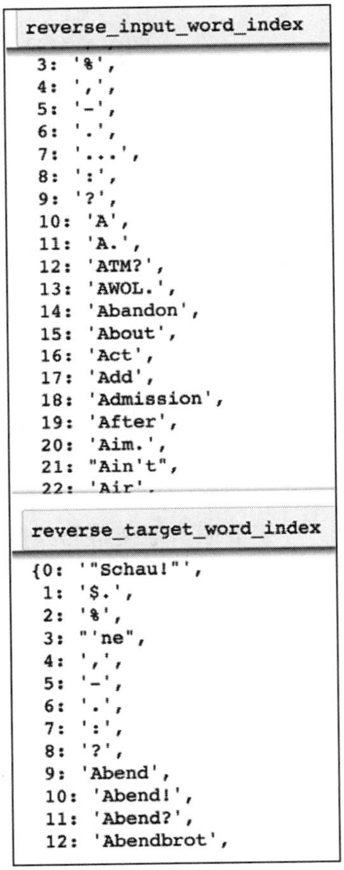

```
reverse_input_word_index
 3: '%',
 4: ',',
 5: '-',
 6: '.',
 7: '...',
 8: ':',
 9: '?',
 10: 'A',
 11: 'A.',
 12: 'ATM?',
 13: 'AWOL.',
 14: 'Abandon',
 15: 'About',
 16: 'Act',
 17: 'Add',
 18: 'Admission',
 19: 'After',
 20: 'Aim.',
 21: "Ain't",
 22: 'Air',

reverse_target_word_index
{0: '"Schau!"',
 1: '$.',
 2: '%',
 3: "'ne",
 4: ',',
 5: '-',
 6: '.',
 7: ':',
 8: '?',
 9: 'Abend',
 10: 'Abend!',
 11: 'Abend?',
 12: 'Abendbrot',
```

图 7-44　字典值的截屏

现在需要开发一个采样逻辑。给定输入句子中每个单词的标记表示，我们首先使用这些单词标记作为编码器的输入，进而从 encoder_model 获得输出。我们还将解码器的第一个输入字初始化为“**BEGIN_**”标记。然后使用这些值对新单词标记进行采样。下一个时间步的解码器的输入是这个新生成的标记。我们以这种方式继续，直到我们对“_END”标记进行采样或者达到允许的最大输出序列长度。

第一步是将输入编码为状态向量：

```
def decode_sequence(input_seq):
states_value = encoder_model.predict(input_seq)
```

然后生成长度为 1 的空目标序列：

```
target_seq = np.zeros((1,1))
```

接下来用起始字符填充目标序列的第一个字符：

```
target_seq[0, 0] = target_token_index['BEGIN_']
```

然后为一批序列创建一个采样循环：

```
stop_condition = False
decoded_sentence = ''

while not stop_condition:
    output_tokens, h, c = decoder_model.predict(
        [target_seq] + states_value)
```

接下来我们采样一个标记：

```
sampled_token_index = np.argmax(output_tokens)
```

```
sampled_word = reverse_target_word_index[sampled_token_index]
decoded_sentence += ' ' + sampled_word
```

然后我们陈述退出条件“**要么达到最大长度**”：

```
# 或查找停止字符
if (sampled_word == '_END' or
   len(decoded_sentence) > 60):
    stop_condition = True

# 更新目标序列（长度为 1）
target_seq = np.zeros((1,1))
target_seq[0, 0] = sampled_token_index
```

然后更新状态：

```
    states_value = [h, c]

return decoded_sentence
```

在这种情况下，你可以通过将用户定义的英语句子翻译成德语来测试模型：

```
text_to_translate = "Where is my car?"

encoder_input_to_translate = np.zeros(
    (1, max_input_seq_length),
    dtype='float32')

for t, word in enumerate(text_to_translate.split()):
    encoder_input_to_translate[0, t] = input_token_index[word]

decode_sequence(encoder_input_to_translate)
```

输出如图 7-45 所示。

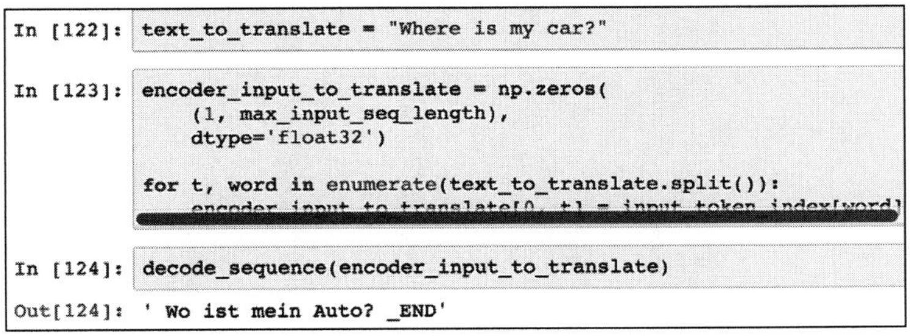

```
In [122]: text_to_translate = "Where is my car?"

In [123]: encoder_input_to_translate = np.zeros(
              (1, max_input_seq_length),
              dtype='float32')

          for t, word in enumerate(text_to_translate.split()):
              encoder_input_to_translate[0, t] = input_token_index[word]

In [124]: decode_sequence(encoder_input_to_translate)

Out[124]: ' Wo ist mein Auto? _END'
```

图 7-45 英语 – 德语翻译截图

这确实是正确的翻译。

因此，即使是一个仅在20轮里只训练了20 000个序列的模型也能产生好的翻译。在当前设置下，训练项目持续约90分钟。

活动10：创建法语到英语的翻译模型

在本活动中，我们旨在生成一个将法语文本转换为英语的语言翻译模型。

注意 你可以访问 https://github.com/TrainingByPackt/Deep-Learning-for-Natural-Language-Processing/tree/master/Lesson%2007/activity 找到与该活动相关的文件。

1）阅读句子对（查看GitHub库中的文件）。

2）生成带有“BEGIN_”和“_END”单词的输入和输出文本。

3）将输入和输出文本转换成输入和输出序列矩阵。

4）定义编码器和解码器训练模型并训练网络。

5）定义用于推理的编码器和解码器架构。

6）创建用户输入文本（法语：Où est ma voiture?）。英文输出文本样本应该是“Where is my car？”。请参考GitHub库中的“French.txt”文件，获取一些法语单词示例。

预期输出如图7-46所示。

```
' Get a lot. _END'
```

图7-46 法语到英语翻译模型的输出

注意 该活动的解决方案参见附录。

7.5 本章小结

本章引入了LSTM单元作为梯度消失问题的可能补救方法，然后详细讨论了LSTM架构，并用它构建了一个简单的二进制分类器。接着深入研究了一个利用LSTM单元的神经网络翻译的应用，并使用探索的技术构建了一个法语到英语的翻译模型。下一章将讨论自然语言处理领域的现状。

CHAPTER 8

第8章

自然语言处理前沿

学习目标

本章结束时，你将能够：

- ❑ 评估长句中的梯度消失。
- ❑ 将注意力机制模型描述为最先进的自然语言处理领域。
- ❑ 评估一个特定的注意力机制架构。
- ❑ 使用注意力机制开发神经机器翻译模型。
- ❑ 使用注意力机制开发文本摘要模型。

本章旨在让你熟悉自然语言处理领域的当前实践和技术。

8.1 本章概览

在上一章中，我们研究了有助于解决梯度消失问题的长短期记忆单元（LSTM）。我们还详细研究了 GRU，它有自己处理梯度消失的方法。尽管与简单的循环神经网络相比，LSTM 和 GRU 减少了这个问题，但梯度消失问题在许多实际情况下仍然难以消灭。问题本质上是一样的：具有复杂结构依赖性的较长句子，对于深度学习算法来说很难封装。因此，试图减轻梯度消失问题的影响是深度学习社区最流行的研究领域之一。

在过去几年里，注意力机制试图提供一个梯度消失问题的解决方案。注意力机制的基本概念依赖于在到达输出时能够访问输入句子的所有部分。这允许模型对句子的不同部分赋予不同的权重（注意力），从而可以推导出依赖关系。由于它们超强的学习这种依赖性的能力，基于注意力机制的架构代表了自然语言处理领域的当前技术水平。

在本章中，我们将学习注意力机制，并使用基于注意力机制的特定架构来解决神经机器翻译任务。还将提到一些目前在行业中使用的其他相关架构。

8.1.1　注意力机制

在上一章中，我们解决了一个神经语言翻译任务。采用的翻译模型的架构由两部分组成：编码器和解码器。请参考图 8-1 以了解架构

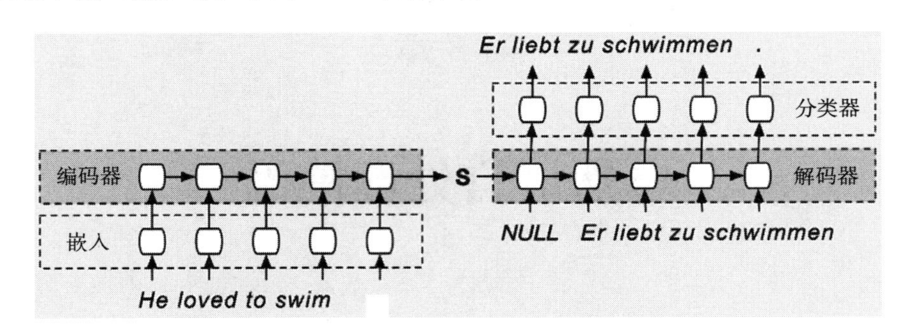

图 8-1　神经语言翻译模型

神经机器翻译任务中，一个句子被一个单词一个单词地传递到编码器中，产生一个单独的思维向量（在图 8-1 中表示为“S”），它将整个句子的意思嵌入到一个单独的表示中。然后解码器使用这个向量来初始化隐藏状态，并逐词产生翻译。

在简单的编码器 - 解码器机制中，只有一个向量（thought vector）包含整个句子的表示。句子越长，单个思维向量就越难保持长期依赖性。LSTM 装置的使用只是在一定程度上减少了问题。近来发展了一个新概念来进一步缓解梯度消失问题，这个概念被称为**注意力机制**。

注意力机制旨在模仿人类学习依赖性的方式。让我们用以下例句来说明这一点：

“There have been many incidents of thefts lately in our neighborhood, which has forced me to consider hiring a security agency to install a burglar-detection system in my house so that I can keep myself and my family safe.”

（最近我们家附近发生了许多盗窃事件，这迫使我考虑雇佣一家安全机构在我家安装防盗检测系统，这样我就能保证自己和家人的安全。）

注意单词“my”、“I”、“me”、“myself”和“our”的用法。这些词出现在句子的远处，但彼此紧密相连，以表示句子的意思。

当试图翻译前面的句子时，传统的编码器 - 解码器的功能如下：

1）逐字把句子传递给编码器。

2）编码器产生一个单独的思维向量，代表整个句子编码。对于一个长句子（如前一个句子），即使使用 LSTM，编码器也很难嵌入所有依赖项。因此，句子的前一部分没有句子的后一部分编码得那么强，这意味着句子的后一部分最终对编码有着决定性的影响。

3）解码器使用思维向量来初始化隐藏状态向量以生成输出翻译。

翻译句子的一个更直观的方法是在确定目标语言中的特定单词时，注意单词在输入句

子中的正确位置。例如，考虑下面的句子：

"The animal could not walk on the street because it was badly injured."

（这只动物不能在街上行走，因为它受了重伤。）

在这个句子中，"it"这个词指的是谁？是动物还是街道？如果将整个句子放在一起考虑，并对句子的不同部分进行不同的加权以确定问题的答案，这个问题的答案就有了。注意力机制实现了这一点，如图 8-2 所示。

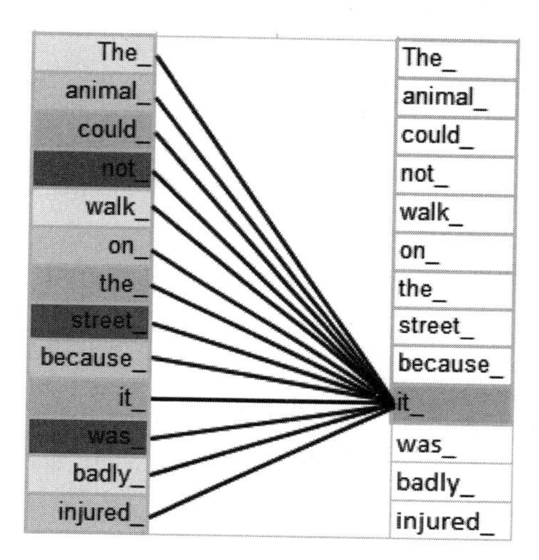

图 8-2 注意力机制示例

图 8-2 显示了每个单词在理解一个句子中的每个单词时所获得的权重。可以看出，单词"**it_**"从"**animal_**"得到的权重非常高，从"**street_**"得到的权重相对较低。因此，该模型现在可以回答句子中"它"指的是哪个实体的问题。

对于翻译编码器 - 解码器模型，在生成逐词输出的同时，在给定的时间点，并非输入句子中的所有单词对于输出单词的确定都是重要的。注意力机制实现了一种方案，它正好做到了这一点：在确定输出时，用每个点上的所有输入单词来衡量输入句子的不同部分。一个训练有素的具有注意力机制的网络将学会对句子的不同部分应用适当的权重。这种模式允许输入句子的整个部分在确定输出的每一点上始终可用。因此，解码器可以访问特定于确定输出句子中每个单词的"思维"向量，而不只是访问一个思维向量。这种注意力机制的能力与传统的基于 LSTM/GRU/RNN 的编码器 – 解码器形成了鲜明的对比。

注意力机制是一个通用的概念。它可以用几种架构来实现，这将在本章的后面部分讨论。

8.1.2 注意力机制模型

让我们来看看一个编码器 – 解码器架构在注意力机制到位的情况下会是什么样子，如图 8-3 所示。

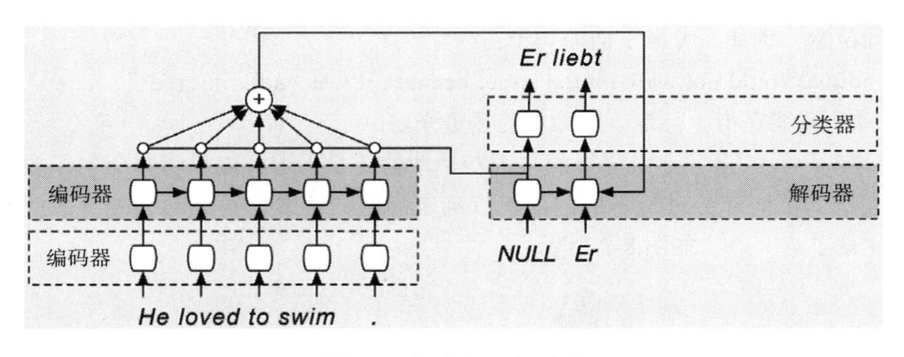

图 8-3　注意力机制模型

图 8-3 描述了带有注意力机制的语言翻译模型的训练阶段。与基本的编码器 - 解码器机制相比，我们可以注意到一些差异，如下所示：

- 解码器的初始状态由最后一个编码器单元的编码器输出状态初始化。最初的 **NULL** 单词用于开始翻译，第一个单词产生为“**Er**”。这与以前的编码器 - 解码器模型相同。
- 对于第二个字，除了来自前一个字的输入和前一个解码器时间步长的隐藏状态之外，另一个向量作为输入被馈送到单元。这个向量通常被认为是“**上下文向量**”，是所有编码器隐藏状态的函数。在图 8-3 中，它是所有时间步长编码器隐藏状态的加权总和。
- 在训练阶段，由于每个解码器时间步长的输出是已知的，我们可以学习网络中的所有参数。除了一般的参数之外，对应于正使用的 RNN 风格，还可以学习注意力功能特定的参数。如果注意函数只是隐藏状态编码器向量的简单求和，则可以学习每个编码器时间步的隐藏状态权重。
- 在推断时，在每一个时间步长，解码器单元可以将最后一个时间步长的预测字、前一个解码器单元的隐藏状态和上下文向量作为输入。

让我们来看看神经机器翻译注意力机制的一个具体实现。在前一章中，我们建立了一个神经语言翻译模型，它是自然语言处理中一个更通用的神经机器翻译领域的子问题领域。在下一节中，我们试图解决日期规范化问题。

8.1.3　使用注意力机制的数据标准化

假设你正在维护一个包含日期列的数据库。日期的输入来自客户，他们填写表格并在**日期**字段中输入日期。前端工程师不知何故忘记了在现场实施一个方案，因此只接受“年 - 月 - 日”格式的日期。现在，你的任务是让数据库表的**日期**列标准化，以便将几种格式的用户输入转换为标准的“年 – 月 – 日”格式。

例如，图 8-4 显示了用户输入的日期和相应的正确标准化。

用户输入	标准化日期
3-May-79	5/3/1979
5-Apr-09	5/5/2009
21th of August 2016	8/21/2016
Tue 10 Jul 2007	7/10/2007

图 8-4 日期标准化表

你可以看到用户输入日期的方式有很大的不同。除了表中的示例之外，还有许多方法可以指定日期。

由于输入具有顺序结构，其中需要学习输入中不同成分的含义，所以这个问题是通过神经机器翻译模型解决的一个很好的候选。该模型将包含以下组件：

- 编码器
- 解码器
- 注意力机制

8.1.4 编码器

这是一个双向 LSTM，以日期的每个字符作为输入。因此，在每个时间步长，编码器的输入是输入日期的单个字符。除此之外，隐藏状态和记忆状态也作为来自先前编码器单元的输入。由于这是一种双向架构，因此有两组与 LSTM 相关的参数：一组在前向，另一组在反向。

8.1.5 解码器

这是单向 LSTM。它将该时间步长的上下文向量作为输入。由于在日期标准化的情况下，每个输出字符并不严格依赖于最后一个输出字符，所以我们不需要将之前的时间步长输出作为当前时间步长的输入。此外，由于它是 LSTM 单元，来自先前解码器时间步长的隐藏状态和记忆状态也被馈送到当前时间步长单元，用于确定在该时间步长的解码器输出。

8.1.6 注意力机制

注意机制将在本节中解释。为了确定给定时间步长的解码器输入，需要计算上下文向量。上下文向量是编码器所有时间步长的所有隐藏状态的加权总和，如图 8-5 所示。

context[t]=dot(H, α[t])

图 8-5 上下文向量的表达式

点运算是一种点积运算，它将所有时间步长的权重（由 α 表示）与相应的隐藏状态向量相乘，并对它们求和。对于每个解码器输出时间步长，分别计算 α 矢量的值。α 封装了注意力机制的本质，即决定对输入的哪一部分给予多少“注意力”，以计算出当前时间步长的输出，如图 8-6 所示。

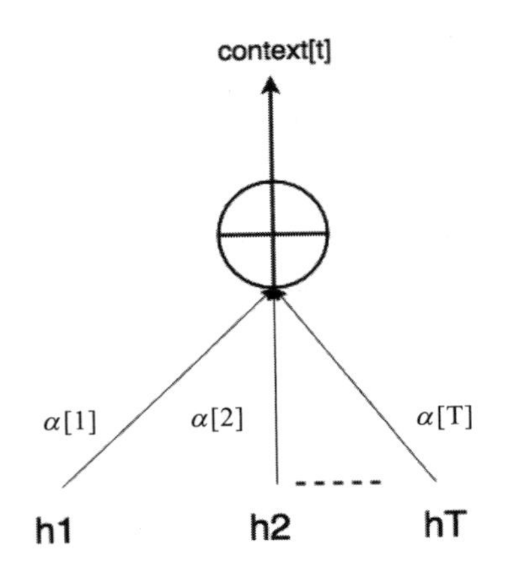

图 8-6　输入注意力的确定

例如，假设编码器输入具有 30 个字符的固定长度，解码器输出具有 10 个字符的固定长度。对于日期标准化问题，这意味着用户输入固定为最多 30 个字符，而模型输出固定为 10 个字符（年 – 月 – 日格式的字符数，包括连字符）。

假设我们希望确定输出时间步长 =4（只需要 ≤ 10，即输出时间步长计数）时的解码器输出。在这一步，计算权重向量 α。该向量的维数等于编码器输入的时间步长数（因为需要为每个编码器输入时间步长计算权重）。所以，在我们的例子中，α 的维数是 30。

现在，我们已经有了每个编码器时间步长的隐藏状态向量，所以总共有 30 个隐藏状态向量可用。隐藏状态向量的维数说明了双向编码器 LSTM 的正向向量和反向分量。对于给定的时间步长，我们将前向隐藏状态和反向隐藏状态组合成一个向量。因此，如果前向隐藏状态和反向隐藏状态的维数各为 32，我们将它们放在一个 64 维的向量 **[h_forward, h_backward]** 中。这是一个简单的串联函数。我们称之为编码器隐藏状态向量。

我们现在有一个 30 维权重向量 α 和 30 个 64 维隐藏状态向量。因此，我们可以将 30 个隐藏状态向量中的每一个与 α 向量中的相应条目相乘。此外，我们可以将这些隐藏状态的缩放表示相加，以接收单个 64 维上下文向量。这基本上是由点操作符执行的操作。

8.1.7　α 的计算

权重可以由多层感知器（MLP）建模，MLP 是一个由多个隐藏层组成的简单神经网络。我们选择有两个 **softmax** 输出的稠密层。稠密层和单元的数量可以视为超参数。MLP 的输入由两部分组成：编码器双向 LSTM 的所有时间步长的隐藏状态向量（如最后一点所解释的）以及解码器先前时间步长的隐藏状态。这些连接起来形成一个向量。所以，对 MLP 的输入是：[encoder hidden state vector, previous state vector from decoder]。这是张量 **[H，S_prev]** 的串联运算。**S_prev** 指解码器在前一个时间步长的隐藏状态输出。如果 **S_prev** 的维数是 64（表示解码器 LSTM 的隐藏状态维数是 64），编码器的隐藏状态向量的维数是 64（从最后一点开始)，这两个向量的串联产生大小为 128 的向量。

因此，MLP 接收单个编码器时间步长的 128 维输入。因为我们已经将编码器输入长度固定为 30 个字符，所以我们将有一个大小为 [30，128] 的矩阵（更准确地说，是张量）。这个 MLP 的参数是使用用于学习模型的所有其他参数的相同 BPTT 机制来学习的。因此，整个模型的所有参数（编码器 + 解码器 + 注意力函数 MLP）一起学习。如图 8-7 所示。

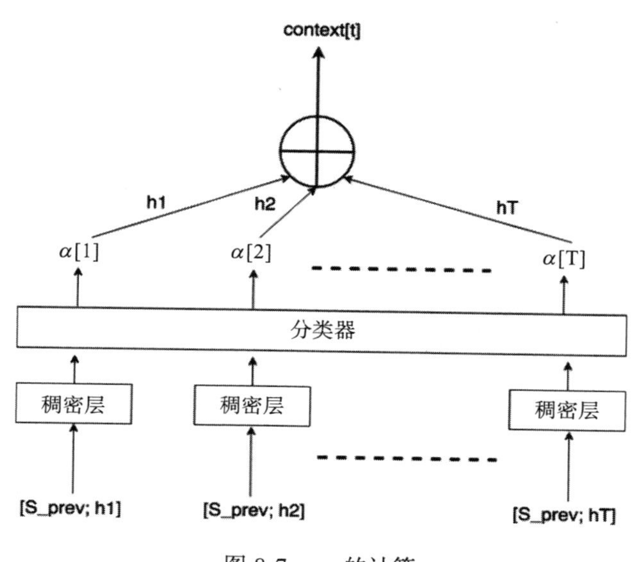

图 8-7　α 的计算

在前面的步骤中，我们学习了仅用于确定解码器输出一个步长的权重（α 向量)(我们在前面假设这个步长为 4)。因此，确定单步解码器输出需要输入用于计算上下文向量、解码器隐藏状态和解码器先前的时间步长内存（内存作为解码器单向 LSTM 的输入）的 **S_prev** 和编码器隐藏状态。前进到下一个解码器时间步长需要计算新的 α 向量，因为对于下一步，输入序列的各个部分很可能与前一个时间步长相比权重不同。

由于模型的架构、训练和推理步骤是相同的。唯一的区别是，在训练期间，我们知道每个解码器时间步长的输出，并使用它来训练模型参数（这种技术被称为“教师强制”）。

相反，在推理期间，我们预测输出字符。注意，在训练和推断期间，我们不会将先前的时间步长解码器输出字符作为输入馈送到当前的时间步长解码器单元。应该注意的是，这里提出的架构是针对这个问题的。定义注意力功能有很多结构和方法。我们将在本章的后面部分简要介绍其中的一些内容。

练习 28：为数据库列建立日期标准化模型

数据库列接受不同用户以多种格式输入的日期。在本练习中，我们的目标是标准化数据库表的日期列，以便将几种格式的用户输入转换为标准的“年 – 月 – 日”格式：

注意　运行代码的 Python 要求如下：

```
Babel==2.6.0

Faker==1.0.2

Keras==2.2.4

numpy==1.16.1

pandas==0.24.1

scipy==1.2.1

tensorflow==1.12.0

tqdm==4.31.1

Faker==1.0.2
```

1）导入所有必要的模块：

```
from keras.layers import Bidirectional, Concatenate, Permute, Dot, Input,
LSTM, Multiply
from keras.layers import RepeatVector, Dense, Activation, Lambda
from keras.optimizers import Adam
from keras.utils import to_categorical
from keras.models import load_model, Model
import keras.backend as K
import numpy as np
from babel.dates import format_date
from faker import Faker
import random
from tqdm import tqdm
```

2）我们定义一些助手函数。我们首先使用“**faker**”和 **babel** 模块来生成训练数据。**babel** 的 **format_date** 函数以特定的格式（使用 **FORMATS**）生成日期。此外，日期还以人类可读的格式返回，模拟我们希望标准化的非正式用户输入日期：

```
fake = Faker()
fake.seed(12345)
random.seed(12345)
```

3）定义我们想要生成的数据格式：

```
FORMATS = ['short',
           'medium',
           'long',
```

```
              'full',
              'full',
              'full',
              'full',
              'full',
              'full',
              'full',
              'full',
              'full',
              'full',
              'd MMM YYY',
              'd MMMM YYY',
              'dd MMM YYY',
              'd MMM, YYY',
              'd MMMM, YYY',
              'dd, MMM YYY',
              'd MM YY',
              'd MMMM YYY',
              'MMMM d YYY',
              'MMMM d, YYY',
              'dd.MM.YY']

# 如果你想让它与另一种语言环境一起使用，更改 LOCALES= ['en_US']
LOCALES = ['en_US']

def load_date():
    """
        Loads some fake dates
        :returns: tuple containing human readable string, machine readable
string, and date object
    """
    dt = fake.date_object()

    human_readable = format_date(dt, format=random.choice(FORMATS),
locale='en_US') # locale=random.choice(LOCALES))
        human_readable = human_readable.lower()
        human_readable = human_readable.replace(',','')
        machine_readable = dt.isoformat()
    return human_readable, machine_readable, dt
```

4）生成并编写一个函数来加载数据集。在该函数中，使用前面定义的 **load_date()** 函数创建示例。除此数据集外，该函数还返回用于映射人可读和机器可读标记的字典以及逆机器词汇：

```
def load_dataset(m):
    """
        Loads a dataset with m examples and vocabularies
        :m: the number of examples to generate
    """
```

```
        human_vocab = set()
        machine_vocab = set()
        dataset = []
        Tx = 30
    for i in tqdm(range(m)):
        h, m, _ = load_date()
        if h is not None:
            dataset.append((h, m))
            human_vocab.update(tuple(h))
            machine_vocab.update(tuple(m))

    human = dict(zip(sorted(human_vocab) + ['<unk>', '<pad>'],
                     list(range(len(human_vocab) + 2))))
    inv_machine = dict(enumerate(sorted(machine_vocab)))
    machine = {v:k for k,v in inv_machine.items()}

    return dataset, human, machine, inv_machine
```

前面的助手函数用于使用 **babel** Python 包生成数据集。此外，它还会返回输入和输出 vocab 字典，就像在之前练习中所做的那样。

5）我们使用以下助手函数生成一个包含 10 000 个样本的数据集：

```
m = 10000
dataset, human_vocab, machine_vocab, inv_machine_vocab = load_dataset(m)
```

变量保存值，如图 8-8 所示。

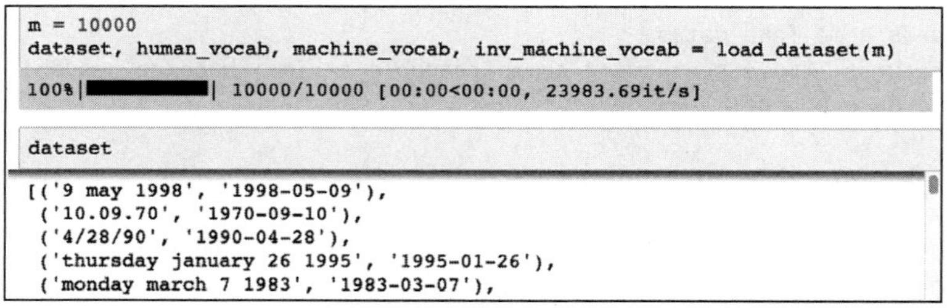

```
m = 10000
dataset, human_vocab, machine_vocab, inv_machine_vocab = load_dataset(m)
100%|██████████| 10000/10000 [00:00<00:00, 23983.69it/s]

dataset

[('9 may 1998', '1998-05-09'),
 ('10.09.70', '1970-09-10'),
 ('4/28/90', '1990-04-28'),
 ('thursday january 26 1995', '1995-01-26'),
 ('monday march 7 1983', '1983-03-07'),
```

图 8-8　显示变量值的屏幕截图

human_vocab 是一个将输入字符映射到整数的字典。如图 8-9 所示是 **human_vocab** 的值映射。

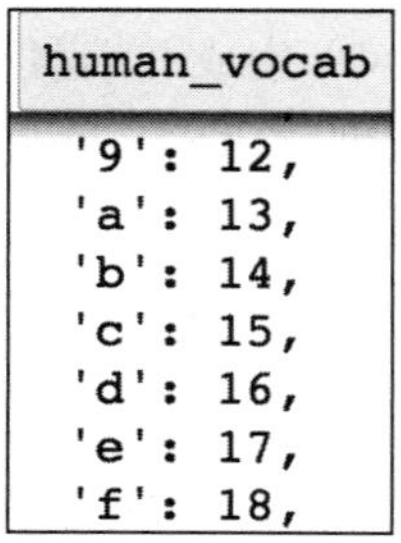

```
human_vocab

 '9': 12,
 'a': 13,
 'b': 14,
 'c': 15,
 'd': 16,
 'e': 17,
 'f': 18,
```

图 8-9　human_vocab 字典截图

machine_vocab 字典包含输出字符到整数的映射，如图 8-10 所示。

inv_machine_vocab 是 **machine_vocab** 的逆映射，用于将预测的整数映射回字符，如图 8-11 所示。

6）我们预处理数据，使输入序列的形式为（**10000**，**30**，**len**（**human_vocab**））。因此，矩阵中的每一行代表 30 个时间步长和一个编码向量，其值为 1，对应于给定时间步长的字符。类

```
machine_vocab

{'-': 0,
 '0': 1,
 '1': 2,
 '2': 3,
 '3': 4,
 '4': 5,
 '5': 6,
 '6': 7,
 '7': 8,
 '8': 9,
 '9': 10}
```

图 8-10　machine_vocab 字典的屏幕截图

```
inv_machine_vocab

{0: '-',
 1: '0',
 2: '1',
 3: '2',
 4: '3',
 5: '4',
 6: '5',
 7: '6',
 8: '7',
 9: '8',
 10: '9'}
```

图 8-11　inv_machine_vocab 字典的屏幕截图

似地，Y 输出的形式为（**10000**，**10**，**len**（**machine_vocab**））。这对应于 10 个输出时间步长和相应的独热编码输出向量。我们首先定义一个名为“**string_to_int**”的函数，该函数将单个用户日期作为输入，并返回一系列可以输入模型的整数：

```
def string_to_int(string, length, vocab):
    """
    Converts all strings in the vocabulary into a list of integers
representing the positions of the
    input string's characters in the "vocab"

    Arguments:
    string -- input string, e.g. 'Wed 10 Jul 2007'
    length -- the number of timesteps you'd like, determines if the output
will be padded or cut
    vocab -- vocabulary, dictionary used to index every character of your
"string"

    Returns:
    rep -- list of integers (or '<unk>') (size = length) representing the
position of the string's character in the vocabulary
    """
```

7）将大小写改为小写，以使文本标准化：

```
string = string.lower()
string = string.replace(',','')

if len(string) > length:
    string = string[:length]

rep = list(map(lambda x: vocab.get(x, '<unk>'), string))

if len(string) < length:
```

```
    rep += [vocab['<pad>']] * (length - len(string))

return rep
```

8）我们现在可以利用这个助手函数来生成输入整数序列和输出整数序列，如前所述：

```
def preprocess_data(dataset, human_vocab, machine_vocab, Tx, Ty):

    X, Y = zip(*dataset)
    print("X shape before preprocess: {}".format(X))
    X = np.array([string_to_int(i, Tx, human_vocab) for i in X])
    Y = [string_to_int(t, Ty, machine_vocab) for t in Y]
    print("X shape from preprocess: {}".format(X.shape))
    print("Y shape from preprocess: {}".format(Y))

    Xoh = np.array(list(map(lambda x: to_categorical(x, num_
classes=len(human_vocab)), X)))
    Yoh = np.array(list(map(lambda x: to_categorical(x, num_
classes=len(machine_vocab)), Y)))
    return X, np.array(Y), Xoh, Yoh

Tx = 30
Ty = 10
X, Y, Xoh, Yoh = preprocess_data(dataset, human_vocab, machine_vocab, Tx,
Ty)
```

9）打印矩阵的形式：

```
print("X.shape:", X.shape)
print("Y.shape:", Y.shape)
print("Xoh.shape:", Xoh.shape)
print("Yoh.shape:", Yoh.shape)
```

该步骤的输出如图 8-12 所示。

```
X.shape: (10000, 30)
Y.shape: (10000, 10)
Xoh.shape: (10000, 30, 37)
Yoh.shape: (10000, 10, 11)
```

图 8-12　矩阵形状的截屏

10）我们可以进一步检查 **X**、**Y**、**Xoh** 和 **Yoh** 向量的形式：

```
index = 0
print("Source date:", dataset[index][0])
print("Target date:", dataset[index][1])
print()
print("Source after preprocessing (indices):", X[index].shape)
print("Target after preprocessing (indices):", Y[index].shape)
print()
```

```
print("Source after preprocessing (one-hot):", Xoh[index].shape)
print("Target after preprocessing (one-hot):", Yoh[index].shape)
```

输出应如图 8-13 所示。

```
index = 0
print("Source date:", dataset[index][0])
print("Target date:", dataset[index][1])
print()
print("Source after preprocessing (indices):", X[index].shape)
print("Target after preprocessing (indices):", Y[index].shape)
print()
print("Source after preprocessing (one-hot):", Xoh[index].shape)
print("Target after preprocessing (one-hot):", Yoh[index].shape)

Source date: 9 may 1998
Target date: 1998-05-09

Source after preprocessing (indices): (30,)
Target after preprocessing (indices): (10,)

Source after preprocessing (one-hot): (30, 37)
Target after preprocessing (one-hot): (10, 11)
```

图 8-13　处理后矩阵形式的截屏

11）我们现在开始定义构建模型所需的一些功能。首先，我们定义了一个函数，它计算给定张量作为输入的 softmax 值：

```
def softmax(x, axis=1):
    """Softmax activation function.
    # Arguments
        x : Tensor.
        axis: Integer, axis along which the softmax normalization is
applied.
    # Returns
        Tensor, output of softmax transformation.
    # Raises
        ValueError: In case 'dim(x) == 1'.
    """
    ndim = K.ndim(x)
    if ndim == 2:
        return K.softmax(x)
    elif ndim > 2:
        e = K.exp(x - K.max(x, axis=axis, keepdims=True))
        s = K.sum(e, axis=axis, keepdims=True)
        return e / s
    else:
        raise ValueError('Cannot apply softmax to a tensor that is 1D')
```

12）开始组合模型：

```
# 将共享层定义为全局变量
repeator = RepeatVector(Tx)
concatenator = Concatenate(axis=-1)
```

```
densor1 = Dense(10, activation = "tanh")
densor2 = Dense(1, activation = "relu")

activator = Activation(softmax, name='attention_weights')
dotor = Dot(axes = 1)
```

13）**RepeatVector** 用于将给定张量多次重复。在以上例子中，这是 **Tx**（发送）时间，即 30 个输入时间步长。重复器用于重复 **S_prev**30 次。回想一下，为了计算用于确定一个时间步长解码器输出的上下文向量，**S_prev** 需要与每个输入编码器时间步长串联。**Concatenate keras** 完成下一步，即为每个时间步长连接重复的 **S_prev** 和编码器隐藏状态向量。我们还定义了 MLP 层，它是两个稠密层（**densor1**，**densor2**）。接下来，MLP 的输出通过 **softmax** 层。这个 **softmax** 分布是一个 α 向量，每个条目对应于每个连接向量的权重。最后定义了一个 **dotor** 函数，负责计算上下文向量。整个流程对应于一步注意（因为它针对一个解码器输出时间步长）：

```
def one_step_attention(h, s_prev):
    """
    Performs one step of attention: Outputs a context vector computed as a
dot product of the attention weights
    "alphas" and the hidden states "h" of the Bi-LSTM.

    Arguments:
    h -- hidden state output of the Bi-LSTM, numpy-array of shape (m, Tx,
2*n_h)
    s_prev -- previous hidden state of the (post-attention) LSTM, numpy-
array of shape (m, n_s)

    Returns:
    context -- context vector, input of the next (post-attetion) LSTM cell
    """
```

14）用重复器将 **s_prev** 重复为形式（**m**，**Tx**，**n_s**），以便你可以将其与所有隐藏状态“**h**”连接起来：

```
s_prev = repeator(s_prev)
```

15）用 **concatenator** 在最后一个轴上串联 **h** 和 **s_prev**：

```
concat = concatenator([h, s_prev])
```

16）使用 **densor1** 通过一个小的全连接的神经网络传播 **concat** 来计算中间能量变量 **e**：

```
e = densor1(concat)
```

17）使用 **densor2** 通过一个小的全连接的神经网络传播 **e** 来计算可变能量：

```
energies = densor2(e)
```

18）在 **energies** 使用 **activator** 计算注意力权重 **alphas**：

```
alphas = activator(energies)
```

19）用 **dotor** 以及 **alphas** 和 **h** 计算下一个（注意后）LSTM 单元格的上下文向量：

```
context = dotor([alphas, h])

return context
```

20）到目前为止，还没有为编码器和解码器 LSTM 定义隐藏状态单元的数量。我们还需要定义解码器 LSTM，它是一个单向 LSTM：

```
n_h = 32
n_s = 64
post_activation_LSTM_cell = LSTM(n_s, return_state = True)
output_layer = Dense(len(machine_vocab), activation=softmax)
```

21）现在定义编码器和解码器模型：

```
def model(Tx, Ty, n_h, n_s, human_vocab_size, machine_vocab_size):
    """
    Arguments:
    Tx -- length of the input sequence
    Ty -- length of the output sequence
    n_h -- hidden state size of the Bi-LSTM
    n_s -- hidden state size of the post-attention LSTM
    human_vocab_size -- size of the python dictionary "human_vocab"
    machine_vocab_size -- size of the python dictionary "machine_vocab"

    Returns:
    model -- Keras model instance
    """
```

22）用（**Tx**,）形式定义模型的输入。定义 **s0** 和 **c0**，以及形式为（**n_s**,）的解码器 LSTM 的初始隐藏状态：

```
X = Input(shape=(Tx, human_vocab_size), name="input_first")
s0 = Input(shape=(n_s,), name='s0')
c0 = Input(shape=(n_s,), name='c0')
s = s0
c = c0
```

23）初始化 **outputs** 的空列表：

```
outputs = []
```

24）定义你的注意力前 Bi-LSTM。记住使用 **return_sequences=True**：

```
h = Bidirectional(LSTM(n_h, return_sequences=True))(X)
```

25）迭代 **Ty** 步：

```
for t in range(Ty):
```

26）执行一步注意力机制，以在步骤 **t** 时取回上下文向量：

```
context = one_step_attention(h, s)
```

27）将注意力后 LSTM 单元应用于**上下文**向量。同样，通过 **initial_state =**

[hidden state, cell state]：

```
        s, _, c = post_activation_LSTM_cell(context, initial_state =
[s,c])
```

28）将**稠密**层应用于注意力后 LSTM 的隐藏状态输出：

```
out = output_layer(s)

# 将 "out" 附加到 "outputs" 列表
outputs.append(out)
```

29）通过获取三个输入并返回输出列表来创建模型实例：

```
    model = Model(inputs=[X, s0, c0], outputs=outputs)

    return model

model = model(Tx, Ty, n_h, n_s, len(human_vocab), len(machine_vocab))
model.summary()
```

输出如图 8-14 所示。

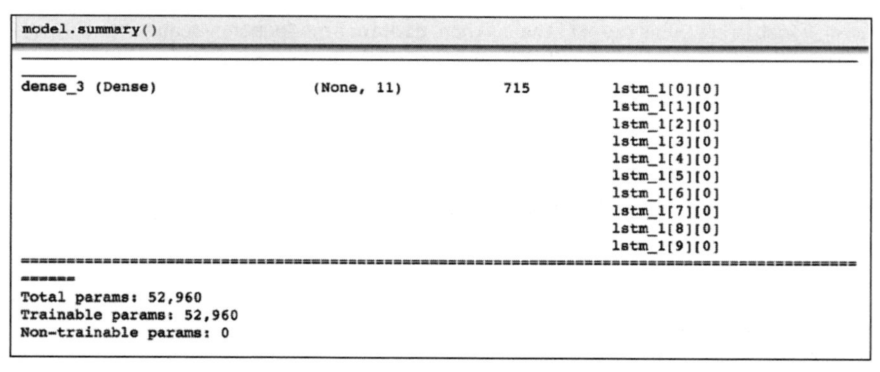

```
model.summary()

dense_3 (Dense)          (None, 11)        715         lstm_1[0][0]
                                                       lstm_1[1][0]
                                                       lstm_1[2][0]
                                                       lstm_1[3][0]
                                                       lstm_1[4][0]
                                                       lstm_1[5][0]
                                                       lstm_1[6][0]
                                                       lstm_1[7][0]
                                                       lstm_1[8][0]
                                                       lstm_1[9][0]
==========================================================================
======
Total params: 52,960
Trainable params: 52,960
Non-trainable params: 0
```

图 8-14　模型摘要的截屏

30）我们现在将编译模型，将 **categorical_crossentropy** 作为损失函数，将 **Adam** 优化器作为优化策略：

```
opt = Adam(lr = 0.005, beta_1=0.9, beta_2=0.999, decay = 0.01)
model.compile(loss='categorical_crossentropy', optimizer=opt,
metrics=['accuracy'])
```

31）在拟合模型之前，需要初始化解码器 LSTM 的隐藏状态向量和记忆状态：

```
s0 = np.zeros((m, n_s))
c0 = np.zeros((m, n_s))
outputs = list(Yoh.swapaxes(0,1))
model.fit([Xoh, s0, c0], outputs, epochs=1, batch_size=100)
```

这就开始了训练，如图 8-15 所示。

```
Epoch 1/1
10000/10000 [==============================] - 15s 1ms/step - loss: 17.0066 - dense_3_loss:
2.5402 - dense_3_acc: 0.4576 - dense_3_acc_1: 0.7088 - dense_3_acc_2: 0.3134 - dense_3_acc_3:
0.0748 - dense_3_acc_4: 0.8606 - dense_3_acc_5: 0.3337 - dense_3_acc_6: 0.0510 - dense_3_acc_
7: 0.8976 - dense_3_acc_8: 0.2671 - dense_3_acc_9: 0.1082
```

图 8-15 新一轮训练截图

32）该模型现在已经经过训练，可以进行推理：

```
EXAMPLES = ['3 May 1979', '5 April 09', '21th of August 2016', 'Tue 10 Jul
2007', 'Saturday May 9 2018', 'March 3 2001', 'March 3rd 2001', '1 March
2001']
for example in EXAMPLES:

    source = string_to_int(example, Tx, human_vocab)
    source = np.array(list(map(lambda x: to_categorical(x, num_
classes=len(human_vocab)), source)))#.swapaxes(0,1)
    source = source[np.newaxis, :]
    prediction = model.predict([source, s0, c0])
    prediction = np.argmax(prediction, axis = -1)
    output = [inv_machine_vocab[int(i)] for i in prediction]

    print("source:", example)
    print("output:", ''.join(output))
```

预期输出如图 8-16 所示。

```
source: 3 May 1979
output: 1979-05-03
source: 5 April 09
output: 2009-05-05
source: 21th of August 2016
output: 2016-08-21
source: Tue 10 Jul 2007
output: 2007-07-10
source: Saturday May 9 2018
output: 2018-05-09
source: March 3 2001
output: 2001-03-03
source: March 3rd 2001
output: 2001-03-03
source: 1 March 2001
output: 2001-03-01
```

图 8-16 标准化日期输出的屏幕截图

8.2 其他架构和发展状况

最后一节描述的注意力机制架构只是建立注意力机制的一种方式。近年来已经提出了一些其他架构，它们构成了在深度学习自然语言处理世界中的最新技术。在本节中，我们将简要提及其中的一些架构。

8.2.1 transformer

2017年末，谷歌在他们的开创性文章*Attention is all you need*中提出了一种注意力机制架构，这种架构被认为是自然语言处理社区中最先进的。transformer架构利用一种特殊的多头注意力机制来产生不同级别的注意力。此外，它还使用剩余连接来进一步确保梯度消失问题对学习的影响最小。transformer的特殊架构也允许大规模加速训练阶段，同时提供更好的质量结果。

transformer架构最常用的封装是**tensor2tensor**。transformer的Keras代码往往非常庞大且难以维持，而tensor2tensor允许使用Python包和简单的命令行实用程序来训练transformer模型。

注意 有关tensor2tensor的更多信息，请参阅https：//github.com/tensorflow/ tensor 2tensor/#t2t-overview。

有兴趣进一步了解该架构的读者可以阅读上面提到的文章和相关的谷歌博客：https：//ai.googleblog.com/2017/08/transformer-novel-neural-network.html。

8.2.2 BERT

2018年末，谷歌开源了另一个突破性的架构，叫作BERT（**来自变换器的双向编码器**）。NLP的深度学习社区长期以来一直缺少训练模式的迁移学习机制。深度学习的迁移学习方法在图像分类等与图像相关的任务方面是最先进的。图像在其基本结构上是通用的，因为无论地理位置如何，它们都没有区别。这允许在通用图像上训练深度学习模型。然后，这些预先训练的模型可以针对特定的任务进行微调。这节省了训练时间和大量数据的需求，以实现令人极佳的模型性能。

不幸的是，语言因地理位置的不同而有很大差异，而且往往没有共同的基本结构。因此，当涉及自然语言处理任务时，迁移学习不是一个可行的选择。BERT现在有了新的注意力机制架构，它建立在基本的transformer架构之上。

注意 关于BERT的更多信息，请参考https：//github.com/google-research/bert。

有兴趣了解BERT更多信息的读者可以在谷歌博客上查看（http：//ai. googleblog.com/2018/11/open-sourcing-bert-state-of-art-pre.html）。

8.2.3 Open AI GPT-2

Open AI还开源了一个名为**GPT-2**的架构，它建立在之前名为GPT的架构之上。GPT-2架构的支柱是它在文本生成任务上表现良好的能力。GPT-2模型也是一个基于transformer的模型，包含大约15亿个参数。

注意 有兴趣了解更多信息的读者可以访问https：//blog.openai.com/better-language-models/。

活动11：构建文本摘要模型

我们用之前为神经机器翻译建立的注意力机制模型架构来建立文本摘要模型。文本摘要的目标是编写给定大型文本语料库的摘要。读者可以想象使用文本摘要器对书籍进行摘要，或者为新闻文章生成标题。

例如，使用以下给定的输入文本：

“庆祝成立 25 周年，梅赛德斯 – 奔驰印度公司将推出新的 V 级汽车，重新定义印度豪华汽车领域。该 V 级车由 2.1 升 BS VI 柴油发动机驱动，产生 120 千瓦功率,380 纳米扭矩，百公里加速 10.9 秒。它配有发光二极管头灯、多功能方向盘和 17 英寸合金车轮。”

一个好的文本摘要模型应该能够产生有意义的摘要，例如：

“梅赛德斯 – 奔驰印度公司推出新的 V-Class”

从架构的角度来看，文本摘要模型与翻译模型完全相同。模型的输入是逐字符（或逐单词）馈送给编码器的文本，而解码器以与源文本相同的语言产生输出字符。

注意　输入文本可在以下网址找到：https：//github.com/TrainingByPackt/Deep-Learning-for-Natural-Language-Processing/tree/master/Lesson%2008。

以下步骤将帮助你解决问题：

1）导入所需的 Python 包，并制作人机词汇词典。

2）定义输入字符和输出字符的长度以及模型函数（重复、连接、稠密和多点）。

3）为解码器和编码器定义一步注意力功能并定义隐藏状态的数量。

4）定义模型架构并运行它以获得模型。

5）定义模型损失函数和其他超参数。此外，初始化解码器状态向量。

6）使模型适合我们的数据。

7）对新文本运行推理步骤。

预期输出如图 8-17 所示。

```
source: Last night a meteorite was seen flying near the earth's moon.
output: aaaaa          <pad><pad><pad><pad><pad><pad><pad><pad><pad><pad><pad><pad><pad><pad><pad><pad>
```

图 8-17　文本摘要的输出

注意　该活动的解决方案参见附录。

8.3　本章小结

在本章中，我们学习了注意力机制。基于注意力机制，我们提出了几个架构，它们构成了自然语言处理世界中的最新技术。本章学习了一种特定的模型架构来执行神经机器翻译任务，还简要提到了其他最先进的结构，如 transformer 和 BERT。

到目前为止，读者们已看到许多不同的自然语言处理模型。在下一章中，我们将研究一个在组织和相关技术中实际的自然语言处理项目的流程。

CHAPTER 9

第9章

组织中的实际 NLP 项目工作流

学习目标

本章结束时，你将能够：

- ❑ 确定自然语言处理项目的要求。
- ❑ 了解组织中不同的团队如何参与。
- ❑ 使用谷歌 Colab notebook，利用 GPU 来训练深度学习模式。
- ❑ 在 AWS 上部署一个模型，用作软件即服务（SaaS）。
- ❑ 熟悉用于部署的简单技术栈。

在本章中，我们将着眼于一个实时的自然语言处理项目及其在一个组织中的流程，直到整个章节的最后阶段。

9.1 本章概览

学习本书到现在为止，我们已经研究了几种可以应用于解决自然语言处理领域具体问题的深度学习技术。了解这些技术使我们能够构建好的模型并提供高质量的性能。然而，当涉及在组织中交付工作机器学习产品时，需要考虑几个其他方面。

在本章中，当我们在一个组织中交付一个有效的深度学习系统时，我们将经历一个实际的项目工作流。具体来说，本章介绍组织内不同团队可能扮演的角色，建立一个深入的学习渠道，最后以 SaaS 的形式交付你的产品。

9.1.1 机器学习产品开发的一般工作流

如今，有多种方法可以在组织中使用数据科学。大多数组织都有特定于其环境的工作流。一些工作流示例如图 9-1 所示。

图 9-1 机器学习产品开发的一般工作流

9.1.2 演示工作流

演示工作流程（见图 9-2）可以详细说明如下：

1）数据科学团队收到一个使用机器学习解决问题的需求。需求方可以是组织内的其他团队，也可以是雇佣你作为顾问的其他公司。

2）获得相关数据并应用特定的机器学习技术。

3）以报告 / 演示的形式向利益相关者展示结果和见解。这也可能是接近项目概念验证（PoC）阶段的一种潜在方式。

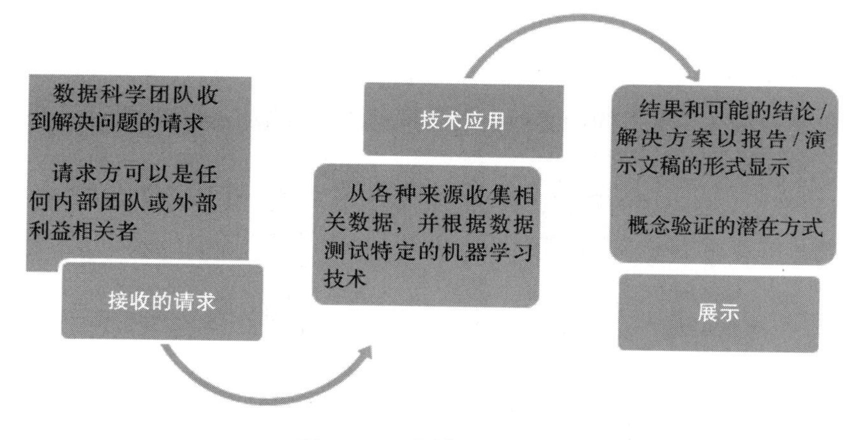

图 9-2 一般演示工作流

9.1.3 研究工作流

研究工作流（见图 9-3）的主要焦点是进行研究来解决特定的问题，以满足用例的需要。组织和整个社区都可以利用该解决方案。区分此工作流和演示工作流的其他因素如下：

- 此类项目的时间表通常比演示工作流的时间表长。
- 交付品以研究文章或工具箱的形式出现。

工作流可以细分如下：

1）你的组织有一个研究部门，希望增强社区中现有的机器学习状态，同时允许你的公司利用这些结果。

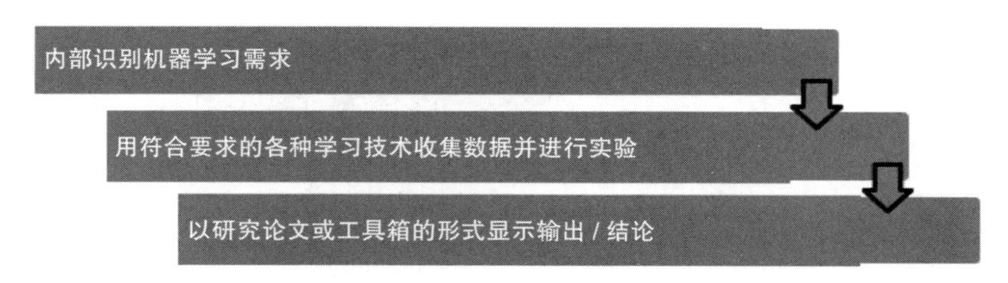

图 9-3　研究工作流

2）你的团队会检查现有的研究，以满足你被要求解决的问题。这包括详细阅读研究文章并实施它们，以建立研究文章中建议的一些数据集的基线性能。

3）然后你要么尝试修改现有的研究来解决你的问题，要么自己想出新的方法来解决它。

4）最终产品可以是研究文章或工具箱。

9.1.4　面向生产的工作流

面向生产的工作流（见图 9-4）可以详细阐述如下：

1）数据科学团队收到一个使用机器学习解决问题的请求。需求方可以是组织内的其他团队，也可以是雇佣你作为顾问的其他公司。也可能是数据科学团队希望构建一个他们认为会给组织带来价值的产品。

2）你获得数据，做必要的研究，并建立机器学习模型。数据可以从组织内部获得，或者，如果问题足够普遍（例如，语言翻译），也可以是开源数据集。因此，构建的模型可以作为 PoC 向利益相关者展示。

3）定义一个最小可行产品（MVP）。例如，SaaS 形式的机器学习模型。

数据科学团队接收有关开发机器学习产品的请求或确定产品的需求。请求可以来自组织的内部 / 外部利益相关者

在此阶段收集相关数据，处理数据，建立学习模型。尝试并测试几种符合要求的机器学习技术。输出 / 结论可以用作概念证明

此处定义最小可行产品（通常以 SaaS 的形式）

添加其他组件，如数据采集管道、持续集成、监控等

图 9-4　面向生产的工作流

一旦实现了 MVP，你可以迭代地添加其他方面，例如数据采集管道、连续集成、监控等。

你会注意到，即使是示例工作流也共享组件。在本章中，我们将重点关注生产工作流的一部分。我们将针对特定问题构建一个最小可行产品。

9.2 问题定义

假设你为一个电子商务平台工作，通过这个平台客户可以购买各种各样的产品。贵公司的销售部门提出了一个向网站添加功能的请求——添加一个滑块，其中包含在给定日历周内获得最多积极评价的 5 个项目。

这个需求首先是向网站开发部门提出的，因为最终他们是负责显示网站内容的人。网站开发部门意识到要获得评论评级，需要数据科学团队的参与。数据科学团队收到了来自网站开发团队的请求——我们需要一个以一串文本作为输入的网站服务，并返回一个分数，该分数指示文本代表积极情绪的程度。

然后，数据科学团队细化需求，并与网站开发团队就最小可行产品（MVP）的定义达成共识：

1）交付内容将是部署在 AWS EC2 实例上的网站服务。

2）网站服务的输入是包含四个评论的 post 请求（即，对服务的单个 post 请求包含四个评论）。

3）网站服务的输出将是一组对应于每个输入文本的四个分数。

4）输出分数将从 1 到 5，1 表示最低评价，5 表示最积极的评价。

9.3 数据采集

决定任何机器学习模型性能的一个重要因素是数据的质量和数量。

通常，数据仓库团队（DWH）/ 基础设施团队负责维护公司的数据相关基础设施。该团队负责确保数据永远不会丢失，底层基础结构稳定，并且任何有兴趣使用数据的团队都可以随时获得数据。作为数据的消费者之一，数据科学团队与数据仓库团队联系，后者授予他们访问数据库的权限，该数据库包含公司产品目录中各个项目的所有评论。

通常，数据库中有多个数据字段 / 表，其中一些对于机器学习模型开发可能并不重要。

然后，数据工程师（DWH 团队的一部分 / 另一个团队的成员 / 你团队的成员）连接到数据库，将数据处理成表格格式，并生成 **csv** 格式的平面文件。此时，数据科学家和数据工程师之间的讨论只保留了数据库表中的三列：

- “评分”：1 至 5 分的分数，表示积极情绪的表现程度
- “评论标题”：评论的简单标题

❑ “评论”：实际评论文本

注意，这三个字段都是来自客户（你的电子商务平台的用户）的输入。此外，诸如“项目 id”之类的字段不被保留，因为它们不需要为情感分类建立这个机器学习模型。删除和保留这些信息也是数据服务团队、数据工程师和 DWH 团队之间讨论的结果。

目前的数据可能没有情绪评级。在这种情况下，一个常见的解决方案是手动检查每个评论，并为其分配一个情感分数，以便获得模型的训练数据。然而，正如你能想象的，为数百万条评论这样做是一项艰巨的任务。因此，像亚马逊机械土耳其这样的众包服务可以被用来注释数据并为其获取训练标签。

注意　有关亚马逊土耳其机械公司的更多信息，请访问 https：//www.mturk.com/。

9.4　谷歌 Colab

你知道深度学习模型大量的计算要求。在一个 CPU 上，用大量的训练数据训练一个深度学习模型需要相当长的时间。因此，为了保证训练时间的实用性，通常的做法是使用基于云的服务，这些服务提供图形处理单元（GPU）来加速计算。与在 CPU 上运行训练过程相比，可以预期加速 10 ~ 30 倍。当然，加速的确切倍数取决于 GPU 的能力、所涉及的数据量和处理步骤。

有许多供应商提供这种云服务，如亚马逊网络服务（AWS）、微软 Azure 等。谷歌提供了一个名为谷歌 Colab 的环境 / 集成开发环境（IDE），它为任何想要训练深度学习模式的人提供每天 12 小时的免费 GPU 使用。此外，代码运行在一个类似 **Jupyter** 的笔记本上。在本章中，我们将利用谷歌 Colab 的力量来开发我们基于深度学习的情感分类器。

为了熟悉谷歌 Colab，我们建议你去学习一下谷歌 Colab 的教程。

注意　在继续之前，请参考以下教程：https：//colab.research.google. com/notebooks/welcome.ipynb#recent=true。

通过以下步骤熟悉谷歌 Colab：

1）要打开新的空白 **colab** notebook，请转到 https：//colab.research.google.com/ notebooks/welcome.ipynb，从菜单中选择“**File**”，然后选择“**New Python 3 notebook**”选项，如图 9-5 所示。

图 9-5　谷歌 Colab 上的新 Python notebook

2）自行重命名 notebook。为了使用 **GPU** 进行训练，我们需要选择一个 **GPU** 作为运行设备。为此，从菜单中选择“**Edit**”选项，然后选择“**Notebook Settings**”如图 9-6 所示。

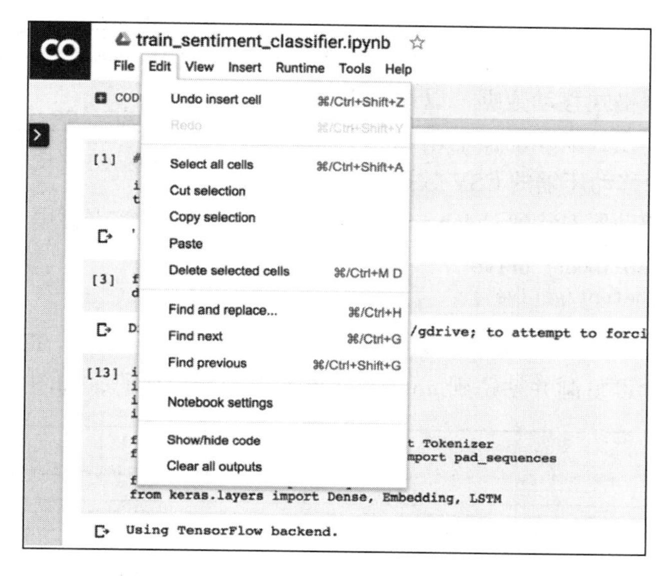

图 9-6　在谷歌 Colab 中编辑下拉列表

3）会弹出一个带有“**Hardware accelerator**”字段的菜单，默认设置为“**None**”，如图 9-7 所示。

4）此时可以使用下拉菜单选择“**GPU**”作为选项，如图 9-8 所示。

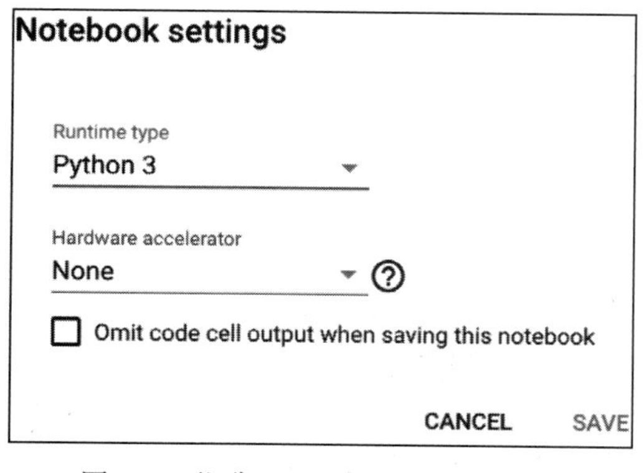

图 9-7　谷歌 Colab 的 notebook 设置

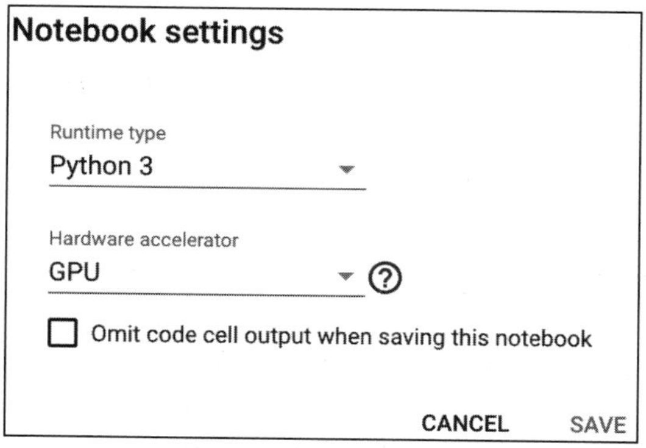

Notebook settings

Runtime type

Python 3

Hardware accelerator

GPU

Omit code cell output when saving this notebook

CANCEL　SAVE

图 9-8　GPU 硬件加速器

5）要检查 GPU 是否已经分配给了你的 notebook，请运行以下代码段：

```
# 检查是否检测到 GPU

import tensorflow as tf
tf.test.gpu_device_name()
```

运行该代码段的输出应该指示 GPU 的可用性，如图 9-9 所示。

输出是 GPU 设备名称。

```
[1]  # Check if GPU is detetced

     import tensorflow as tf
     tf.test.gpu_device_name()

     '/device:GPU:0'
```

图 9-9　GPU 设备名称的屏幕截图

6）需要在 notebook 中访问数据。有许多方法可以做到这一点。一种方法是将数据移动到个人谷歌驱动器位置。最好以压缩格式移动数据，以避免占用驱动器上太多空间。继续在谷歌驱动器上创建一个新文件夹，并在该文件夹中移动压缩的 CSV 数据文件。接下来，我们将 Google 驱动器安装到 Colab notebooks 机器上，使硬盘数据可用于 Colab notebook：

```
from google.colab import drive
drive.mount('/content/gdrive')
```

刚才提到的片段将返回一个网络链接进行授权。单击该链接后，将打开一个新的浏览器选项卡，其中包含可复制并粘贴到 notebook 提示上的授权代码，如图 9-10 所示。

图 9-10　从 Google 驱动器导入数据的截屏

此时，Google 驱动器中的所有数据都可以在 Colab notebook 中使用。

7）导航到压缩数据所在的文件夹位置：

```
cd "/content/gdrive/My Drive/Lesson-9/"
```

8）通过在 notebook 单元格中发出“**pwd**”命令确认你已导航到所需位置，如图 9-11 所示。

9）使用 **unzip** 命令解压缩压缩的数据文件：

```
!unzip data.csv.zip
```

这将产生如图 9-12 所示的输出。

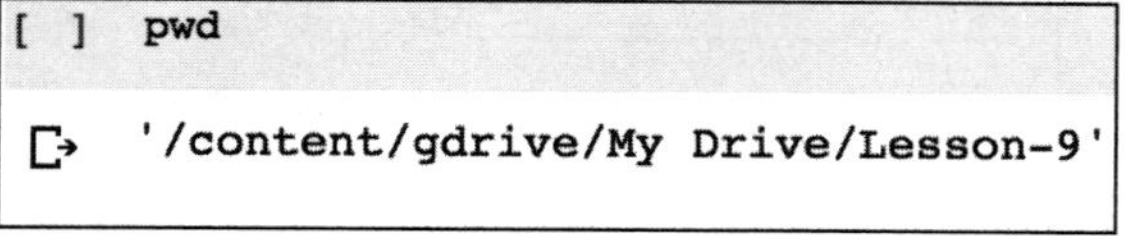

图 9-11　从 Google 驱动器导入 Colab notebook 的数据

```
[ ]  !unzip data.csv.zip

     Archive:  data.csv.zip
       inflating: data.csv
        creating: __MACOSX/
       inflating: __MACOSX/._data.csv
```

图 9-12　解压缩 Colab notebook 上的数据文件

“**MACOSX**”输出线是特定于操作系统的，可能对每个人都不一样。无论如何，一个解压缩的数据文件“**data.csv**”现在可以在 Colab notebook 中使用了。

10）既然已经有了可用的数据，并且使用 GPU 的环境已经设置好，就可以开始对模型进行编码了。首先导入所需的包：

```
import os
import re
import pandas as pd

from keras.preprocessing.text import Tokenizer
from keras.preprocessing.sequence import pad_sequences

from keras.models import Sequential
from keras.layers import Dense, Embedding, LSTM
```

11）编写一个预处理函数，将所有文本转换为小写，并删除所有数字：

```
def preprocess_data(data_file_path):
    data = pd.read_csv(data_file_path, header=None) # 读取 csv
    data.columns = ['rating', 'title', 'review'] # 添加列名
    data['review'] = data['review'].apply(lambda x: x.lower()) # 将所有文本转换为小写

    data['review'] = data['review'].apply((lambda x: re.sub('[^a-zA-z0-
9\s]','',x))) # 删除所有数字
    return data
```

12）注意，我们使用 pandas 来阅读和处理文本。我们用 CSV 文件的路径运行该函数：

```
df = preprocess_data('data.csv')
```

13）检查数据帧的内容，如图 9-13 所示。

```
df.head()
```

	rating	title	review
0	3	more like funchuck	gave this to my dad for a gag gift after direc...
1	5	Inspiring	i hope a lot of people hear this cd we need mo...
2	5	The best soundtrack ever to anything.	im reading a lot of reviews saying that this i...
3	4	Chrono Cross OST	the music of yasunori misuda is without questi...
4	5	Too good to be true	probably the greatest soundtrack in history us...

图 9-13　数据帧内容的截屏

14）不出所料出现了三个字段。此外，可以看到“review”栏的文本比“title”栏多得多。因此，我们选择只使用“review”栏来开发模型。现在将继续标记文本：

```
# 初始化标记

max_features = 2000
maxlength = 250

tokenizer = Tokenizer(num_words=max_features, split=' ')

# 适配标记器
```

```
tokenizer.fit_on_texts(df['review'].values)
X = tokenizer.texts_to_sequences(df['review'].values)

# 填充序列
X = pad_sequences(X, maxlen=maxlength)
```

这里将特征计数限制在 2000 个单词。然后，我们将具有最大特征的标记解析器应用于数据的“review”列。将序列长度填充到 250 个单词。

该 **X** 变量如图 9-14 所示。

```
X

array([[   0,    0,    0, ...,   40,    7,    6],
       [   0,    0,    0, ...,   23, 1694,    2],
       [   0,    0,    0, ...,   24,  171,  170],
       ...,
       [   0,    0,    0, ...,   42,  712, 1358],
       [   0,    0,    0, ...,  580,  290, 1722],
       [   0,    0,    0, ...,    1,   38, 1840]], dtype=int32)
```

图 9-14　X 变量数组的截屏

X 变量是一个有 3 000 000 行和 250 列的 **NumPy** 数组。这是因为有 3 000 000 条评论可用，每个评论在填充后有 250 个单词的固定长度。

15）为训练准备目标变量。我们将该问题定义为五类分类问题，其中每一类对应一个评级。由于评级（情感得分）在 1 ~ 5 的范围内，分类器有 5 个输出。（你也可以将其建模为回归问题）。我们使用 pandas 的 **get_dummies** 函数来获得五个输出：

```
# 获取目标变量

y_train = pd.get_dummies(df.rating).values
```

y_train 变量是一个具有 3 000 000 行和 5 列值的 **NumPy** 数组，如图 9-15 所示。

```
y_train

array([[0, 0, 1, 0, 0],
       [0, 0, 0, 0, 1],
       [0, 0, 0, 0, 1],
       ...,
       [0, 1, 0, 0, 0],
       [0, 0, 1, 0, 0],
       [1, 0, 0, 0, 0]], dtype=uint8)
```

图 9-15　y_train 输出

16）我们现在已经预处理了文本并准备了目标变量。接下来定义模型：

```
embed_dim = 128
hidden_units = 100
n_classes = 5

model = Sequential()
model.add(Embedding(max_features, embed_dim, input_length = X.shape[1]))
model.add(LSTM(hidden_units))
model.add(Dense(n_classes, activation='softmax'))
model.compile(loss = 'categorical_crossentropy', optimizer='adam',metrics
= ['accuracy'])
print(model.summary())
```

这里选择 128 个嵌入维度作为输入。我们还选择一个 LSTM 作为 RNN 单元，该 RNN 单元有 100 个隐藏维度。模型摘要打印如图 9-16 所示。

```
Layer (type)                 Output Shape              Param #
=================================================================
embedding_1 (Embedding)      (None, 250, 128)          256000
_________________________________________________________________
lstm_1 (LSTM)                (None, 100)               91600
_________________________________________________________________
dense_1 (Dense)              (None, 5)                 505
=================================================================
Total params: 348,105
Trainable params: 348,105
Non-trainable params: 0
```

图 9-16　模型摘要的截屏

17）拟合模型：

```
# 适配模型

model.fit(X[:100000, :], y_train[:100000, :], batch_size = 128, epochs=15,
validation_split=0.2)
```

注意，我们适配 100 000 条评论，而不是 3 000 000 条。使用这种配置运行训练过程大约需要 90 分钟。拥有完整的数据需要更长的时间，如图 9-17 所示。

```
# fit the model

model.fit(X[:100000, :], y_train[:100000, :], batch_size = 128, epochs=15, validation_split=0.2)

Train on 80000 samples, validate on 20000 samples
Epoch 1/15
80000/80000 [==============================] - 320s 4ms/step - loss: 1.1106 - acc: 0.5231 - val_loss: 1.1261 - val_acc: 0.5171
Epoch 2/15
80000/80000 [==============================] - 319s 4ms/step - loss: 1.0786 - acc: 0.5385 - val_loss: 1.1099 - val_acc: 0.5192
Epoch 3/15
80000/80000 [==============================] - 318s 4ms/step - loss: 1.0482 - acc: 0.5533 - val_loss: 1.1256 - val_acc: 0.5164
Epoch 4/15
80000/80000 [==============================] - 311s 4ms/step - loss: 1.0226 - acc: 0.5660 - val_loss: 1.1226 - val_acc: 0.5172
Epoch 5/15
80000/80000 [==============================] - 315s 4ms/step - loss: 1.0014 - acc: 0.5771 - val_loss: 1.1348 - val_acc: 0.5087
Epoch 6/15
80000/80000 [==============================] - 319s 4ms/step - loss: 0.9754 - acc: 0.5873 - val_loss: 1.1455 - val_acc: 0.5078
Epoch 7/15
80000/80000 [==============================] - 320s 4ms/step - loss: 0.9496 - acc: 0.6015 - val_loss: 1.1708 - val_acc: 0.5051
Epoch 8/15
80000/80000 [==============================] - 322s 4ms/step - loss: 0.9244 - acc: 0.6099 - val_loss: 1.1870 - val_acc: 0.5028
Epoch 9/15
80000/80000 [==============================] - 317s 4ms/step - loss: 0.8978 - acc: 0.6226 - val_loss: 1.2118 - val_acc: 0.5002
Epoch 10/15
80000/80000 [==============================] - 313s 4ms/step - loss: 0.8678 - acc: 0.6383 - val_loss: 1.2304 - val_acc: 0.4975
Epoch 11/15
80000/80000 [==============================] - 319s 4ms/step - loss: 0.8391 - acc: 0.6508 - val_loss: 1.2817 - val_acc: 0.4953
Epoch 12/15
80000/80000 [==============================] - 320s 4ms/step - loss: 0.8089 - acc: 0.6655 - val_loss: 1.3062 - val_acc: 0.4907
Epoch 13/15
80000/80000 [==============================] - 319s 4ms/step - loss: 0.7753 - acc: 0.6810 - val_loss: 1.3529 - val_acc: 0.4883
Epoch 14/15
80000/80000 [==============================] - 315s 4ms/step - loss: 0.7442 - acc: 0.6958 - val_loss: 1.3931 - val_acc: 0.4814
Epoch 15/15
80000/80000 [==============================] - 316s 4ms/step - loss: 0.7081 - acc: 0.7134 - val_loss: 1.4570 - val_acc: 0.4803
<keras.callbacks.History at 0x7fcba53a00f0>
```

图 9-17　训练过程的屏幕截图

这个 5 类问题的验证准确率为 48%。这不是一个好结果，但是为了演示的目的，我们可以继续部署它。

18）现在我们有了希望部署的模型。我们需要保存将在生产环境中使用的模型文件和标记解析器，以获得对新评论的预测：

```
# 保存模型和标记器

model.save('trained_model.h5')  # creates a HDF5 file 'trained_model.h5'

with open('trained_tokenizer.pkl', 'wb') as f: # creates a pickle file
'trained_tokenizer.pkl'
    pickle.dump(tokenizer, f)
```

19）将这些文件从谷歌 Colab 环境下载到本地驱动器：

```
from google.colab import files
files.download('trained_model.h5')
files.download('trained_tokenizer.pkl')
```

该代码段将标记解析器和模型文件下载到本地计算机。我们现在准备使用这个模型进行预测。

9.5 Flask

在本节中，我们将使用 Python 提供的 Flask 微服务器框架来制作一个提供预测的网络应用程序。我们将获得一个 RESTful 应用程序接口，我们可以通过查询来获得结果。开始之前，我们需要安装 Flask（使用 **pip**）：

1）我们从导入包开始：

```
import re
import pickle
import numpy as np

from flask import Flask, request, jsonify
from keras.models import load_model
from keras.preprocessing.sequence import pad_sequences
```

2）现在，我们编写一个加载经过训练的模型和**标记器**的函数：

```
def load_variables():
    global model, tokenizer
    model = load_model('trained_model.h5')
    model._make_predict_function()  #https://github.com/keras-team/keras/
issues/6462
    with open('trained_tokenizer.pkl',  'rb') as f:
        tokenizer = pickle.load(f)
```

make_predict_function() 是一个允许在 Flask 中使用 **keras** 模型的神器。

3）现在定义类似于训练代码的预处理函数：

```
def do_preprocessing(reviews):
    processed_reviews = []
    for review in reviews:
        review = review.lower()
        processed_reviews.append(re.sub('[^a-zA-z0-9\s]', '', review))
    processed_reviews = tokenizer.texts_to_sequences(np.array(processed_
reviews))
    processed_reviews = pad_sequences(processed_reviews, maxlen=250)
    return processed_reviews
```

与训练阶段相似，评论首先小写化。然后数字被空白代替。接下来，应用加载的标记器，并将序列填充为固定长度 250，以使它们与训练输入一致。

4）现在定义一个 Flask 应用实例：

```
app = Flask(__name__)
```

5）现在定义一个显示固定消息的端点：

```
@app.route('/')
def home_routine():
    return 'Hello World!'
```

拥有一个根端点来检查网络服务是否启动是一个很好的实践。

6）接下来将有一个预测端点，我们可以向它发送评论字符串。我们将使用的是一种 HTTP 请求的“**POST**”请求：

```
@app.route('/prediction', methods=['POST'])
def get_prediction():
  # 获取输入文字
  # 运行模型
    if request.method == 'POST':
        data = request.get_json()
    data = do_preprocessing(data)
    predicted_sentiment_prob = model.predict(data)
    predicted_sentiment = np.argmax(predicted_sentiment_prob, axis=-1)
    return str(predicted_sentiment)
```

7）现在可以启动网络服务器：

```
if __name__ == '__main__':
  # 加载模型
  load_variables()
  app.run(debug=True)
```

8）我们可以将此文件保存为 **app.py**（可以使用任何名称）。使用 **app.py** 从终端运行此代码：

```
python app.py
```

终端窗口中将产生如图 9-18 所示的输出。

```
Using TensorFlow backend.
2019-03-24 23:08:25.948604: I tensorflow/core/platform/cpu_feature_guard.cc:141] Your CPU supports instructions
that this TensorFlow binary was not compiled to use: AVX2 FMA
 * Serving Flask app "app" (lazy loading)
 * Environment: production
   WARNING: Do not use the development server in a production environment.
   Use a production WSGI server instead.
 * Debug mode: on
 * Running on http://127.0.0.1:5000/ (Press CTRL+C to quit)
 * Restarting with stat
Using TensorFlow backend.
2019-03-24 23:08:31.730337: I tensorflow/core/platform/cpu_feature_guard.cc:141] Your CPU supports instructions
that this TensorFlow binary was not compiled to use: AVX2 FMA
 * Debugger is active!
 * Debugger PIN: 150-665-765
```

图 9-18 Flask 的输出

9）此时，转到浏览器窗口，输入地址 **http：//127.0.0.1：5000/**。“Hello World！”消息将显示在屏幕上。产生的输出对应于我们在代码中设置的根端点。现在，我们将评论文本发送到 Flask 网络服务的“预测”端点。让我们发送以下四条评论：

10）“The book was very poor”

11）“Very nice！”

12）“The author could have clone more”

13）“Amazing product！”

14）接下来可以使用 **curl** 请求向网络服务发送 post 请求。对于上面提到的四个评论，**curl** 请求可以通过终端发送，如下所示：

```
curl -X POST \
127.0.0.1:5000/prediction \
-H 'Content-Type: application/json' \
-d '["The book was very poor", "Very nice!", "The author could have done
more", "Amazing product!"]'
```

四个评论的列表被发布到网络服务的预测端点。

网络服务以四个等级的列表进行回复：

```
[0 4 2 4]
```

因此，情绪评级如下：

15）“The book was very poor”——0

16）“Very nice！”——4

17）“The author could have done more”——2

18）“Amazing product！”——4

打分评级真的很有意义！

9.6 部署

到目前为止，数据科学团队拥有一个在本地系统上工作的 Flask 网络服务。然而，网络开发团队仍然不能使用该服务，因为它只能在本地系统上运行。因此，我们需要在云平台上的某个地方托管这个网络服务，以便它也可供网络开发团队使用。本节为部署工作提供了一个基本的管道，可以分为以下几个步骤：

1）对 Flask 网络应用程序进行更改，以便可以部署它。

2）使用 Docker 将 Flask 网络应用程序包装到容器中。

3）将容器托管在亚马逊网络服务（AWS）EC2 实例上。

让我们详细看看这些步骤。

9.6.1 对 Flask 网络应用程序进行更改

Flask 部分中编码的 flask 应用程序在本地网址（http://127.0.0.1:5000）上运行。由于我们的意图是在互联网上托管它，因此该地址需要更改为 0.0.0.0。此外，由于默认的超文本传输协议（HTTP）端口是 80，该端口也需要从 5000 更改为 80。因此，现在需要查询的地址变成 0.0.0.0：80。

在代码段中，可以通过修改对 **app.run** 函数的调用来完成这一更改，如下所示：

```
app.run(host=0.0.0.0, port=80)
```

注意，“**debug**”标志也消失了（“**debug**”标志的默认值是“False”）。这是因为应用程序已经过了调试阶段，可以部署到生产环境中了。

注意 其余的代码与之前的完全一样。

应该使用与前面相同的命令再次运行应用程序，并且应该验证是否收到了与前面相同的响应。curl 请求中的地址需要更改，以反映更新后的网址：

```
curl -X POST \
0.0.0.0:80/prediction \
-H 'Content-Type: application/json' \
-d '["The book was very poor", "Very nice!", "The author could have done
more", "Amazing product!"]'
```

注意 如果此时收到许可错误，请在 app.py 中的 **app.run()** 命令中将端口号更改为 5000（端口 80 是特权端口，因此将其更改为 5000）。但是，一旦验证代码工作正常，请确保将端口更改回 80。

9.6.2 使用 Docker 将 Flask 网络应用程序包装到容器中

DS 团队打算在云平台（即 AWS EC2）上托管的虚拟机上运行网络服务。为了将 EC2 操作系统与代码环境隔离开来，Docker 提供了集装箱化作为解决方案。我们将在这里使用它。

注意 有关 Docker 的基础知识以及如何安装和使用它的快速教程，请参考 https：//docker-curriculum.com/。

按照以下步骤将应用程序部署到容器上：

1）我们首先需要一个 requirements.txt 文件，它列出了运行 Python 代码所需的特定包：

```
Flask==1.0.2
numpy==1.14.1
keras==2.2.4
tensorflow==1.10.0
```

2）现在需要一个包含说明的 **Dockerfile**，以便 Docker 守护程序可以构建 docker 映像：

```
FROM python:3.6-slim
COPY ./app.py /deploy/
COPY ./requirements.txt /deploy/
COPY ./trained_model.h5 /deploy/
COPY ./trained_tokenizer.pkl /deploy/
WORKDIR /deploy/
RUN pip install -r requirements.txt
EXPOSE 80
ENTRYPOINT ["python", "app.py"]
```

Docker 映像是从 Python dockerhub 存储库中提取的。在这里，Dockerfile 被执行。使用 COPY 命令将 app.py、requirements.txt、tokenizer pickle 文件和经过训练的模型复制到 Docker 映像中。要将工作目录更改为“部署”目录（其中复制了文件），请使用 WORKDIR 命令。然后运行命令安装 Dockerfile 中提到的 Python 包。因为端口 80 需要在容器外部访问，所以使用 **EXPOSE** 命令。

注意 Docker Hub 链接可以在 https：//hub.docker.com/_/python 找到。

3）使用 **docker build** 命令制作 Docker 映像：

```
docker build -f Dockerfile -t app-packt .
```

不要忘记这个命令中的句号。命令的输出如图 9-19 所示。

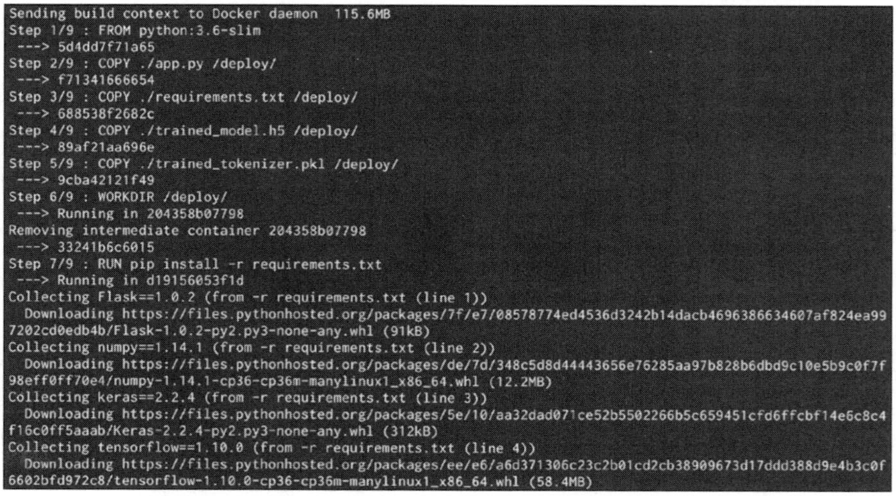

```
Sending build context to Docker daemon  115.6MB
Step 1/9 : FROM python:3.6-slim
 ---> 5d4dd7f71a65
Step 2/9 : COPY ./app.py /deploy/
 ---> f71341666654
Step 3/9 : COPY ./requirements.txt /deploy/
 ---> 688538f2682c
Step 4/9 : COPY ./trained_model.h5 /deploy/
 ---> 89af21aa696e
Step 5/9 : COPY ./trained_tokenizer.pkl /deploy/
 ---> 9cba42121f49
Step 6/9 : WORKDIR /deploy/
 ---> Running in 204358b07798
Removing intermediate container 204358b07798
 ---> 33241b6c6015
Step 7/9 : RUN pip install -r requirements.txt
 ---> Running in d19156053f1d
Collecting Flask==1.0.2 (from -r requirements.txt (line 1))
  Downloading https://files.pythonhosted.org/packages/7f/e7/08578774ed4536d3242b14dacb4696386634607af824ea99
7202cd0edb4b/Flask-1.0.2-py2.py3-none-any.whl (91kB)
Collecting numpy==1.14.1 (from -r requirements.txt (line 2))
  Downloading https://files.pythonhosted.org/packages/de/7d/348c5d8d44443656e76285aa97b828b6dbd9c10e5b9c0f7f
98eff0ff70e4/numpy-1.14.1-cp36-cp36m-manylinux1_x86_64.whl (12.2MB)
Collecting keras==2.2.4 (from -r requirements.txt (line 3))
  Downloading https://files.pythonhosted.org/packages/5e/10/aa32dad071ce52b5502266b5c659451cfd6ffcbf14e6c8c4
f16c0ff5aaab/Keras-2.2.4-py2.py3-none-any.whl (312kB)
Collecting tensorflow==1.10.0 (from -r requirements.txt (line 4))
  Downloading https://files.pythonhosted.org/packages/ee/e6/a6d371306c23c2b01cd2cb38909673d17ddd388d9e4b3c0f
6602bfd972c8/tensorflow-1.10.0-cp36-cp36m-manylinux1_x86_64.whl (58.4MB)
```

图 9-19 Docker 构建的输出截屏

"**app-packt**"是生成的 Docker 映像的名称。

4）通过发出 **docker run** 命令，Docker 映像可以作为容器运行：

```
docker run -p 80:80 app-packt
```

p 标志用于在本地系统的端口 80 和 Docker 容器的端口 80 之间进行端口映射。（如果本地使用 5000，请将命令的端口映射部分更改为 5000：80。在验证 Docker 容器工作正常后，将映射更改回 80：80。）

图 9-20 描述了 **docker run** 命令的输出。

```
(py36)                                   /deployment  docker run -p 80:80 app-packt
2019-04-28 21:57:24.697584: I tensorflow/core/platform/cpu_feature_guard.cc:141] Your CPU supports instructio
s that this TensorFlow binary was not compiled to use: AVX2 FMA
 * Serving Flask app "app" (lazy loading)
 * Environment: production
   WARNING: Do not use the development server in a production environment.
   Use a production WSGI server instead.
 * Debug mode: off
Using TensorFlow backend.
 * Running on http://0.0.0.0:80/ (Press CTRL+C to quit)
```

图 9-20 docker 运行命令的输出截图

现在可以发出与 9.6.1 节完全相同的 curl 请求来验证应用程序是否工作。

应用程序代码现在可以部署到 AWS EC2 上了。

9.6.3 将容器托管在亚马逊网络服务 EC2 实例上

DS 团队现在有一个在本地系统上工作的容器化应用程序。网络开发团队仍然不能使用它，因为它仍然是本地的。根据最初的 MVP 定义，DS 团队现在继续使用 AWS EC2 实例来部署应用程序。部署将确保网络服务可供网络开发团队使用。

作为先决条件，你需要有一个 AWS 账户来使用 EC2 实例。出于演示的目的，我们将使用"t2.small"EC2 实例类型。在撰写本文时，这个实例每小时花费大约 2 美分。注意，此实例不符合自由层条件。默认情况下，此实例在你的 AWS 区域不可用，需要提出请求将此实例添加到你的账户中。这通常需要几个小时。或者检查你的 AWS 区域的实例限制，并选择另一个至少有 2GB 内存的实例。简单的"t2.micro"实例在这里不适合我们，因为它的内存只有 1GB。

注意 AWS 账户的链接可在 https://aws.amazon.com/ premiumsupport/knowledge-center/create-and-activate-aws-account/ 找到。

要添加实例和检查实例限制，请参考 https：//docs.aws.amazon.com/ AWSEC2/latest/UserGuide/ec2-resource-limits.html。

让我们从部署过程开始：

1）登录 AWS 管理控制台后，在搜索栏中搜索"**ec2**"。这将带你进入 EC2 仪表板，如图 9-21 所示。

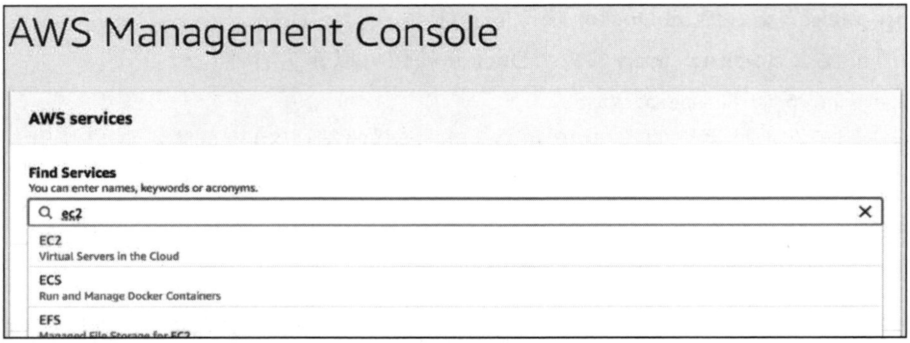

AWS Management Console

AWS services

Find Services
You can enter names, keywords or acronyms.

ec2

EC2
Virtual Servers in the Cloud

ECS
Run and Manage Docker Containers

EFS

图 9-21　AWS 管理控制台中的 AWS 服务

2）需要创建一个密钥对来访问 AWS 资源。请查找如图 9-22 所示窗格并选择“**key Pairs**”。这允许你创建新的密钥对。

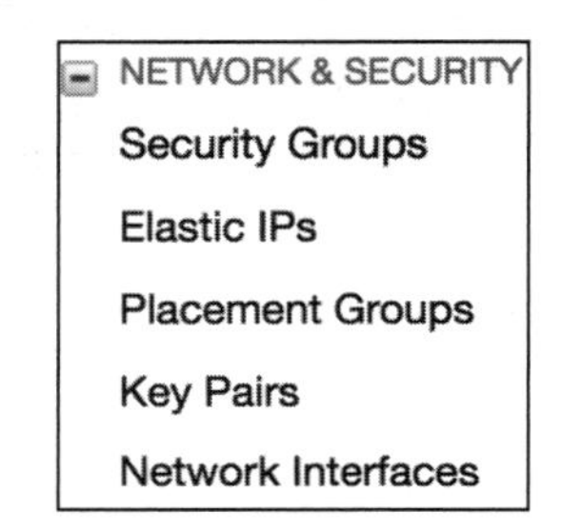

图 9-22　AWS 控制台上的网络和安全性

3）关键文件 **pem** 文件已下载。请确保安全保存 **pem** 文件，并使用以下命令更改其模式：

```
chmod 400 key-file-name.pem
```

这是将文件权限更改为私有所必需的。

4）要配置实例，请在 EC2 仪表板上选择“**Launch Instance**”，如图 9-23 所示。

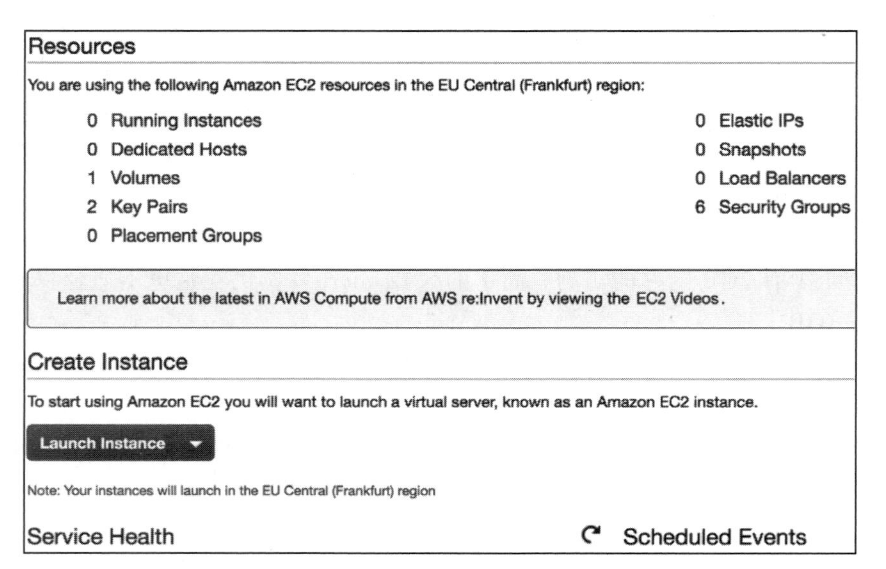

图 9-23　AWS 控制台上的资源

5）选择 **Amazon Machine Instance**（AMI），它使用 EC2 实例运行的操作系统。这里

使用“**Amazon Linux 2 AMI**”，如图 9-24 所示。

注意　有关 Amazon Linux 2 AMI 的更多信息，请参考 https://aws.amazon.com/ amazon-linux-2/。

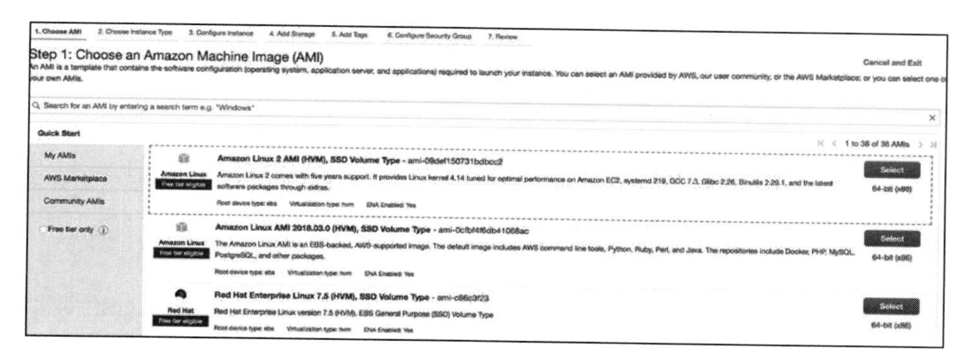

图 9-24　亚马逊机器实例（AMI）

6）现在选择 EC2 的硬件部分，即“**t2.small**”实例，如图 9-25 所示。

Step 2: Choose an Instance Type

Amazon EC2 provides a wide selection of instance types optimized to fit different use cases. Instances are virtual servers that can run applications. They have varying combinations of CPU, memory, storage, and networking capacity, and give you the flexibility to choose the appropriate mix of resources for your applications. Learn more about instance types and how they can meet your computing needs.

Filter by: All instance types　Current generation　Show/Hide Columns

Currently selected: t2.small (Variable ECUs, 1 vCPUs, 2.5 GHz, Intel Xeon Family, 2 GiB memory, EBS only)

Family	Type	vCPUs	Memory (GiB)	Instance Storage (GB)	EBS-Optimized Available	Network Performance	IPv6 Support
General purpose	t2.nano	1	0.5	EBS only	-	Low to Moderate	Yes
General purpose	t2.micro	1	1	EBS only	-	Low to Moderate	Yes
General purpose	t2.small	1	2	EBS only	-	Low to Moderate	Yes
General purpose	t2.medium	2	4	EBS only	-	Low to Moderate	Yes
General purpose	t2.large	2	8	EBS only	-	Low to Moderate	Yes
General purpose	t2.xlarge	4	16	EBS only	-	Moderate	Yes
General purpose	t2.2xlarge	8	32	EBS only	-	Moderate	Yes
General purpose	t3.nano	2	0.5	EBS only	Yes	Up to 5 Gigabit	Yes
General purpose	t3.micro	2	1	EBS only	Yes	Up to 5 Gigabit	Yes
General purpose	t3.small	2	2	EBS only	Yes	Up to 5 Gigabit	Yes
General purpose	t3.medium	2	4	EBS only	Yes	Up to 5 Gigabit	Yes
General purpose	t3.large	2	8	EBS only	Yes	Up to 5 Gigabit	Yes

Cancel　Previous　Review and Launch　Next: Configure Instance Details

图 9-25　在 AMI 上选择实例类型

7）单击“**Review and Launch**”可进入步骤 7——**Review Instance Launch** 界面，如图 9-26 所示。

8）为了使网络服务可访问，需要修改安全组。为此需要创建一个规则。最后，你应该会看到如图 9-27 所示的界面。

注意　有关安全组和配置的更多信息，请访问 https：//docs.aws.amazon.com/AWSEC2/latest/UserGuide/using-network-security.html。

9）单击“Launch”图标将触发重定向到 **Launch** 界面，如图 9-28 所示。

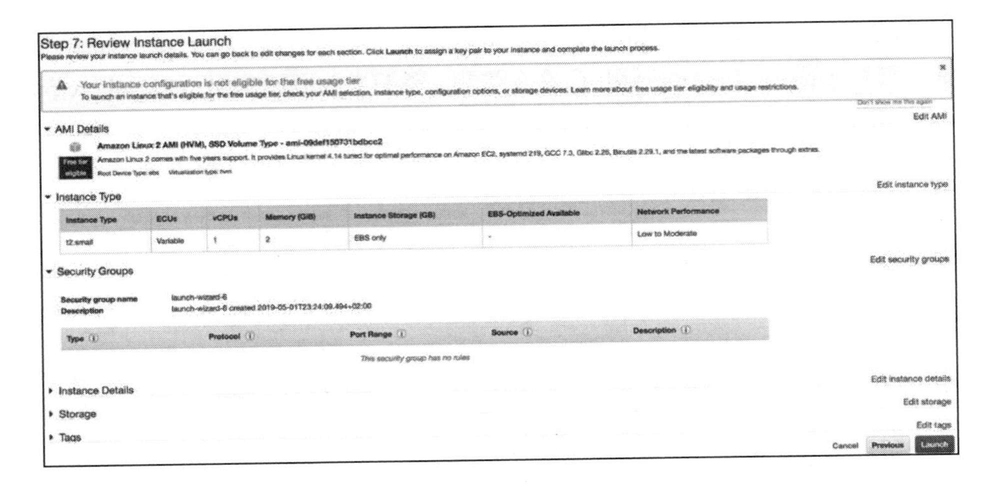

图 9-26　评论实例启动界面

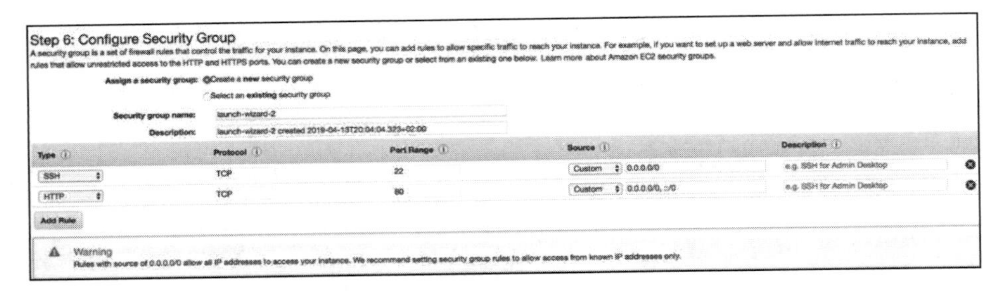

图 9-27　配置安全组

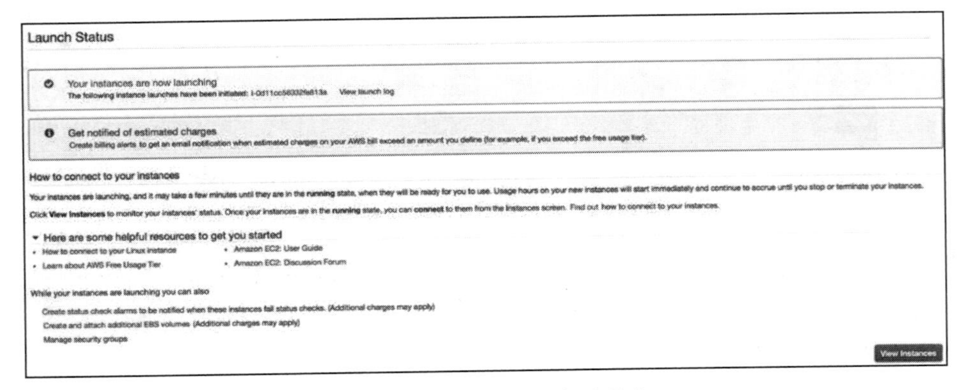

图 9-28　AWS 实例的启动状态

“View Instance”按钮用于导航到显示正在启动的 EC2 实例的界面，当实例状态变为“running”时，该界面就可以操作了。

10）使用以下命令从本地系统终端访问 EC2，将“**public-dns-name**”字段替换为你的

EC2 实例名称（格式：ec2-x-x-x-x.compute-1.amazonaws.com）和之前保存的密钥对 **pem** 文件的路径：

```
ssh -i /path/my-key-pair.pem ec2-user@public-dns-name
```

该命令将转到 EC2 实例的提示符，在那里需要首先安装 Docker。工作流需要安装 Docker，因为 Docker 映像将在 EC2 实例中构建。

11）可以使用以下命令来实现 Amazon Linux 2 AMI：

```
sudo amazon-linux-extras install docker
sudo yum install docker
sudo service docker start
sudo usermod -a -G docker ec2-user
```

注意　有关这些命令的解释，请查阅 https://docs.aws.amazon.com/AmazonECS/latest/developerguide/docker-basics.html。

12）需使用 “**exit**” 命令退出实例。接下来使用之前使用的 **ssh** 命令重新登录。通过发出 “**docker info**” 命令验证 Docker 是否在工作。然后打开另一个本地终端窗口。

13）复制在 EC2 实例中构建 Docker 映像所需的文件。从本地终端发出命令（不是从 EC2！）：

```
scp -i /path/my-key-pair.pem file-to-copy ec2-user@public-dns-name:/home/
ec2-user
```

14）复制以下文件来构建 Docker 映像：requirements.txt、app.py、trained_model.h5、trained_tokenizer.pkl 和 Dockerfile。

15）登录 EC2 实例，发出 “**ls**” 命令以查看复制的文件是否存在，并使用本地系统中使用的相同命令构建和运行 Docker 映像（确保在代码 / 命令的所有位置都使用端口 80）。

16）使用公共域名从本地浏览器输入家庭端点以查看 “Hello World！” 消息，如图 9-29 所示。

Not Secure | ec2-52-59-206-245.eu-central-1.compute.amazonaws.com

Hello World!

图 9-29　家端点的屏幕截图

17）在用你的 public-dns-name 名称替换后，你可以用测试样本数据从本地终端向网络服务发送 curl 请求：

```
curl -X POST \
public-dns-name:80/predict \
-H 'Content-Type: application/json' \
-d '["The book was very poor", "Very nice!", "The author could have done
more", "Amazing product!"]'
```

18）这将返回与本地获得的相同的评论评级。

简单的部署过程到此结束。

DS 团队现在与网络开发团队共享这个 **curl** 请求，网络开发团队可以使用他们的测试样本来使用网络服务。

注意　当不需要网络服务时，停止或终止 EC2 实例以避免收费。如图 9-30 所示。

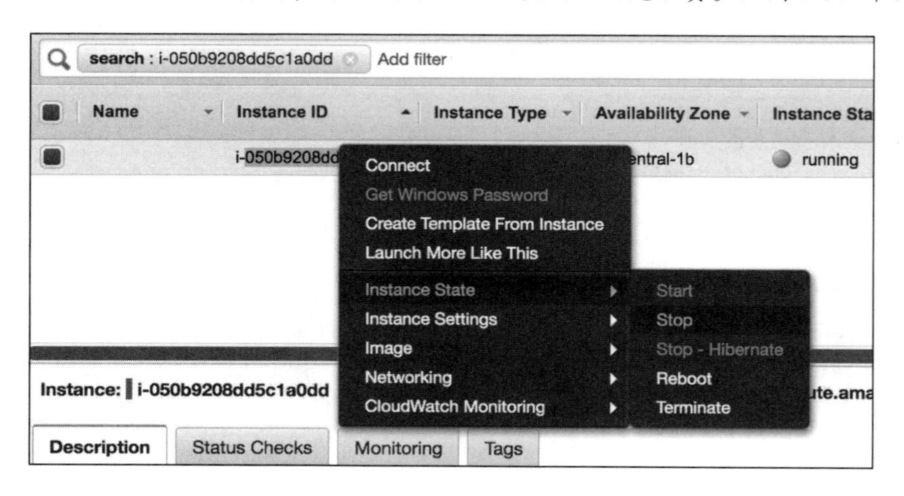

图 9-30　停止 AWS EC2 实例

从最小可行产品的观点来看，交付物现在已经完成了！

9.6.4　改进

本章中描述的工作流仅旨在介绍使用某些工具（Flask、Colab、Docker 和 AWS EC2）的基本工作流，并启发组织中深度学习项目的示例计划。然而，这只是一个最小可行产品，可以在未来的迭代中以多种方式进行改进。

9.7　本章小结

在本章中，我们看到了深度学习项目在组织中‘流动’的过程。我们还了解了谷歌 Colab notebook 利用 GPU 更快地进行训练。此外，我们使用 Docker 开发了一个基于 Flask 的网络服务，并将其部署到云环境中，从而使涉众能够获得给定输入的预测。

本章总结了我们前面如何利用深度学习技术来解决自然语言处理领域的问题的所有努力，本章和前几章讨论的几乎每个方面都是研究主题，并且在不断改进。保持消息灵通的唯一方法是不断学习解决问题的新的令人兴奋的方法。一些常规的方法是关注社交媒体上的讨论，关注顶级研究人员 / 深度学习实践者的工作，并不断寻找在这个领域从事前沿工作的组织。

附　　录

本节旨在帮助学习者完成书中的活动。它包括学习者完成和实现本书目标的详细步骤。

1. 自然语言处理

活动 1：使用 word2vec 从语料库中生成词嵌入

解决方案：

1）从上述链接上传文本语料库。

2）从 gensim 模型中导入 word2vec

```
from gensim.models import word2vec
```

3）将语料库存储在变量中。

```
sentences = word2vec.Text8Corpus('text8')
```

4）在语料库上匹配 word2vec 模型。

```
model = word2vec.Word2Vec(sentences, size = 200)
```

5）找到与“man”最相似的词。

```
model.most_similar(['man'])
```

输出如图 1-29 所示。

```
[('woman', 0.6842043995857239),
 ('girl', 0.5943484306335449),
 ('creature', 0.5780946612358093),
 ('boy', 0.5204570293426514),
 ('person', 0.5135789513587952),
 ('stranger', 0.506704568862915),
 ('beast', 0.504448652267456),
 ('god', 0.5037523508071899),
 ('evil', 0.4990573525428772),
 ('thief', 0.4973783493041992)]
```

图 1-29　相似词嵌入的输出

6）父亲对应女孩，x 对应男孩。找出 x 的前三个单词。

```
model.most_similar(['girl', 'father'], ['boy'], topn=3)
```

输出如图 1-30 所示。

```
[('mother', 0.7770676612854004),
 ('grandmother', 0.7024110555648804),
 ('wife', 0.6916966438293457)]
```

图 1-30 “x”前三个单词的输出

2. 自然语言处理的应用

活动 2：建立和训练自己的词性标注

解决方案：

1）首先要做的是挑选语料库来训练我们的标注器。导入必要的 Python 包。这里我们使用 **nltk treebank** 语料库来处理。

```
import nltk
nltk.download('treebank')
tagged_sentences = nltk.corpus.treebank.tagged_sents()
print(tagged_sentences[0])
print("Tagged sentences: ", len(tagged_sentences))
print ("Tagged words:", len(nltk.corpus.treebank.tagged_words()))
```

2）接下来需要确定我们的标记器在决定给一个单词分配什么标记时会考虑哪些特征。这些可以包括单词是全部大写、小写还是只有一个大写字母。

```
def features(sentence, index):
    """ sentence: [w1, w2, ...], index: the index of the word """
    return {
        'word': sentence[index],
        'is_first': index == 0,
        'is_last': index == len(sentence) - 1,
        'is_capitalized': sentence[index][0].upper() == sentence[index]
[0],
        'is_all_caps': sentence[index].upper() == sentence[index],
        'is_all_lower': sentence[index].lower() == sentence[index],
        'prefix-1': sentence[index][0],
        'prefix-2': sentence[index][:2],
        'prefix-3': sentence[index][:3],
        'suffix-1': sentence[index][-1],
        'suffix-2': sentence[index][-2:],
        'suffix-3': sentence[index][-3:],
        'prev_word': '' if index == 0 else sentence[index - 1],
        'next_word': '' if index == len(sentence) - 1 else sentence[inde›
+ 1],
```

```
        'has_hyphen': '-' in sentence[index],
        'is_numeric': sentence[index].isdigit(),
        'capitals_inside': sentence[index][1:].lower() != sentence[index]
[1:]
    }

import pprint
pprint.pprint(features(['This', 'is', 'a', 'sentence'], 2))

{'capitals_inside': False,
 'has_hyphen': False,
 'is_all_caps': False,
 'is_all_lower': True,
 'is_capitalized': False,
 'is_first': False,
 'is_last': False,
 'is_numeric': False,
 'next_word': 'sentence',
 'prefix-1': 'a',
 'prefix-2': 'a',
 'prefix-3': 'a',
 'prev_word': 'is',
 'suffix-1': 'a',
 'suffix-2': 'a',
 'suffix-3': 'a',
 'word': 'a'}
```

3）创建一个函数来剥离标签中的标记词，以便我们可以将它们输入到标记器中。

```
def untag(tagged_sentence):
    return [w for w, t in tagged_sentence]
```

4）现在我们需要建立训练集。标记器需要为每个单词单独提取特征，但是语料库实际上是句子的形式，所以需要做一些转换。将数据分成训练集和测试集。将此函数应用于训练集。

```
# Split the dataset for training and testing
cutoff = int(.75 * len(tagged_sentences))
training_sentences = tagged_sentences[:cutoff]
test_sentences = tagged_sentences[cutoff:]

print(len(training_sentences))   # 2935
print(len(test_sentences))      # 979
 and create a function to assign the features to 'X' and append the POS
tags to 'Y'.

def transform_to_dataset(tagged_sentences):
    X, y = [], []

    for tagged in tagged_sentences:
```

```
        for index in range(len(tagged)):
            X.append(features(untag(tagged), index))
            y.append(tagged[index][1])

    return X, y

X, y = transform_to_dataset(training_sentences)
from sklearn.tree import DecisionTreeClassifier
from sklearn.feature_extraction import DictVectorizer
from sklearn.pipeline import Pipeline
```

5）将此函数应用于训练集。现在我们可以训练我们的标记器了。它基本上是一个分类器，因为它将单词分类，所以可以使用分类算法。读者可以用喜欢的任何一种或者多种，看看哪一种效果最好。这里我们使用决策树分类器。导入分类器，对其进行初始化，并将模型与训练数据相匹配。打印精度分数。

```
clf = Pipeline([
    ('vectorizer', DictVectorizer(sparse=False)),
    ('classifier', DecisionTreeClassifier(criterion='entropy'))
])

clf.fit(X[:10000], y[:10000])   # Use only the first 10K samples if you're
running it multiple times. It takes a fair bit :)

print('Training completed')

X_test, y_test = transform_to_dataset(test_sentences)

print("Accuracy:", clf.score(X_test, y_test))
```

输出如图 2-19 所示。

```
Training completed
Accuracy: 0.8959505061867267
```

图 2-19 精度分数

活动 3：在标记语料库上运行 NER

解决方案：

1）导入必要的 Python 包和类。

```
import nltk
nltk.download('treebank')
nltk.download('maxent_ne_chunker')
nltk.download('words')
```

2）打印 **nltk.corpus.treebank.tagged_sents** ()，查看需要从中提取命名实体的标记语料库。

```
nltk.corpus.treebank.tagged_sents()
sent = nltk.corpus.treebank.tagged_sents()[0]
print(nltk.ne_chunk(sent, binary=True))
```

3）将标记句子的第一句存储在变量中。

```
sent = nltk.corpus.treebank.tagged_sents()[1]
```

4）用这个句子来运行 NER。将二进制设置为真，并打印命名实体。

```
print(nltk.ne_chunk(sent, binary=False))
sent = nltk.corpus.treebank.tagged_sents()[2]
rint(nltk.ne_chunk(sent))
```

输出如图 2-20 所示。

```
(S
  (PERSON Rudolph/NNP)
  (GPE Agnew/NNP)
  ,/,
  55/CD
  years/NNS
  old/JJ
  and/CC
  former/JJ
  chairman/NN
  of/IN
  (ORGANIZATION Consolidated/NNP Gold/NNP Fields/NNP)
  PLC/NNP
  ,/,
  was/VBD
  named/VBN
  *-1/-NONE-
  a/DT
  nonexecutive/JJ
  director/NN
  of/IN
  this/DT
  (GPE British/JJ)
  industrial/JJ
  conglomerate/NN
  ./.)
```

图 2-20　标记语料库上的 NER

3. 神经网络

活动 4：评论的情感分析

解决方案：

1）打开一个新的 **Jupyter** notebook。导入 **numpy**、**panands** 和 **matplotlib.pyplot**。将数据集加载到数据帧中。

```
import numpy as np
import matplotlib.pyplot as plt
import pandas as pd
dataset = pd.read_csv('train_comment_small_100.csv', sep=',')
```

2）下一步是清理和准备数据。导入 **re** 和 **nltk**。从 **nltk.corpus** 导入停止词。从 **nltk.stem.porter** 导入 **PorterStemmer**。为要存储的已清理文本创建一个数组。

```
import re
import nltk
nltk.download('stopwords')
from nltk.corpus import stopwords
from nltk.stem.porter import PorterStemmer
corpus = []
```

3）使用 for 循环，遍历每个实例（每次检查）。用“”（空白）替换所有非字母。将所有字母转换成小写。将每个评论分成单独的单词。启动 **PorterStemmer**。如果单词不是停止词，对单词执行词干。把所有的单词连在一起，形成一个清晰的评论。将此清理后的检查附加到你创建的数组中。

```
for i in range(0, dataset.shape[0]-1):
    review = re.sub('[^a-zA-Z]', ' ', dataset['comment_text'][i])
    review = review.lower()
    review = review.split()
ps = PorterStemmer()
    review = [ps.stem(word) for word in review if not word in
set(stopwords.words('english'))]
    review = ' '.join(review)
    corpus.append(review)
```

4）导入 **CountVectorizer**。用 **CountVectorizer** 将评论转换为字数向量。

```
from sklearn.feature_extraction.text import CountVectorizer
cv = CountVectorizer(max_features = 20)
```

5）创建数组，将每个唯一的单词存储为自己的列，从而使它们成为独立变量。

```
X = cv.fit_transform(corpus).toarray()
y = dataset.iloc[:,0]
y1 = y[:99]
y1
```

6）从 **sklearn.preprocessing** 导入 **LabelEncoder**。在目标输出（y）上使用 **LabelEncoder**。

```
from sklearn import preprocessing
labelencoder_y = preprocessing.LabelEncoder()
y = labelencoder_y.fit_transform(y1)
```

7）导入 **train_test_split**。将数据集分为训练集和验证集。

```
from sklearn.model_selection import train_test_split
X_train, X_test, y_train, y_test = train_test_split(X, y, test_size =
0.20, random_state = 0)
```

8）从 **sklearn.preprocessing** 导入 **StandardScaler**。预处理。在训练集和验证集（X）的特征上使用 **StandardScaler**。

```
from sklearn.preprocessing import StandardScaler
sc = StandardScaler()
X_train = sc.fit_transform(X_train)
X_test = sc.transform(X_test)
```

9）现在下一个任务是创建神经网络。导入 **keras**。从 **keras.models** 导入 **Sequential**，从 Keras 层导入 **Dense**。

```
import tensorflow
import keras
from keras.models import Sequential
from keras.layers import Dense
```

10）初始化神经网络。添加第一个隐藏层，以“**relu**”作为激活函数。对第二个隐藏层重复步骤。添加带有“**softmax**”激活函数的输出层。编译神经网络，使用“**adam**”作为优化器，“**binary_crossentropy**”作为损失函数，“**精度**”作为性能度量。

```
classifier = Sequential()
classifier.add(Dense(output_dim = 20, init = 'uniform', activation =
'relu', input_dim = 20))
classifier.add(Dense(output_dim =20, init = 'uniform', activation =
'relu'))
classifier.add(Dense(output_dim = 1, init = 'uniform', activation =
'softmax'))
classifier.compile(optimizer = 'adam', loss = 'binary_crossentropy',
metrics = ['accuracy'])
```

11）现在我们开始训练这个模型。将神经网络拟合到 **batch_size** 为 3、**nb_epoch** 为 5 的训练数据集中。

```
classifier.fit(X_train, y_train, batch_size = 3, nb_epoch = 5)
X_test
```

12）验证模型。评估神经网络并打印准确度分数，看看精度怎么样了。

```
y_pred = classifier.predict(X_test)
scores = classifier.evaluate(X_test, y_pred, verbose=1)
print("Accuracy:", scores[1])
```

13）（可选）通过从 **sklearn.metrics** 导入 **confusion_matrix** 来打印混淆矩阵。

```
from sklearn.metrics import confusion_matrix
cm = confusion_matrix(y_test, y_pred)
scores
```

输出应该如图 3-21 所示。

```
20/20 [==============================] - 0s 160us/step
Accuracy: 1.0
[1.192093321833454e-07, 1.0]
```

图 3-21 情感分析的精度分数

4. 卷积神经网络

活动 5：现实生活数据集上的情感分析

解决方案：

1）导入必要的类。

```
from keras.preprocessing.text import Tokenizer
from keras.models import Sequential
from keras import layers
from keras.preprocessing.sequence import pad_sequences
import numpy as np
import pandas as pd
```

2）定义变量和参数。

```
epochs = 20
maxlen = 100
embedding_dim = 50
num_filters = 64
kernel_size = 5
batch_size = 32
```

3）导入数据。

```
data = pd.read_csv('data/sentiment labelled sentences/yelp_labelled.
txt',names=['sentence', 'label'], sep='\t')
data.head()
```

将此打印在 **Jupyter** notebook 上应该会如图 4-27 所示。

	句子	标签
0	Wow... Loved this place.	1
1	Crust is not good.	0
2	Not tasty and the texture was just nasty.	0
3	Stopped by during the late May bank holiday of...	1
4	The selection on the menu was great and so wer...	1

图 4-27 标记数据集

4）选择“**句子**”和“**标签**”列。

```
sentences=data['sentence'].values
labels=data['label'].values
```

5）将数据分成训练和测试集。

```
from sklearn.model_selection import train_test_split
X_train, X_test, y_train, y_test = train_test_split(
    sentences, labels, test_size=0.30, random_state=1000)
```

6）标记化。

```
tokenizer = Tokenizer(num_words=5000)
tokenizer.fit_on_texts(X_train)
X_train = tokenizer.texts_to_sequences(X_train)
X_test = tokenizer.texts_to_sequences(X_test)
vocab_size = len(tokenizer.word_index) + 1 #The vocabulary size has an
additional 1 due to the 0 reserved index
```

7）填充以确保所有序列具有相同的长度。

```
X_train = pad_sequences(X_train, padding='post', maxlen=maxlen)
X_test = pad_sequences(X_test, padding='post', maxlen=maxlen)
```

8）创建模型。请注意，我们在最后一层使用 sigmoid 激活函数和二元交叉熵来计算损失。这是因为我们正在进行二进制分类。

```
model = Sequential()
model.add(layers.Embedding(vocab_size, embedding_dim, input_
length=maxlen))
model.add(layers.Conv1D(num_filters, kernel_size, activation='relu'))
model.add(layers.GlobalMaxPooling1D())
model.add(layers.Dense(10, activation='relu'))
model.add(layers.Dense(1, activation='sigmoid'))
model.compile(optimizer='adam',
              loss='binary_crossentropy',
              metrics=['accuracy'])
model.summary()
```

上面的代码应该会产生如图 4-28 所示的输出。

Layer (type)	Output Shape	Param #
embedding_1 (Embedding)	(None, 100, 50)	87350
conv1d_1 (Conv1D)	(None, 96, 64)	16064
global_max_pooling1d_1 (Glob	(None, 64)	0
dense_1 (Dense)	(None, 10)	650
dense_2 (Dense)	(None, 1)	11

Total params: 104,075
Trainable params: 104,075
Non-trainable params: 0

图 4-28　模型概要

该模型也可以可视化如图 4-29 所示。

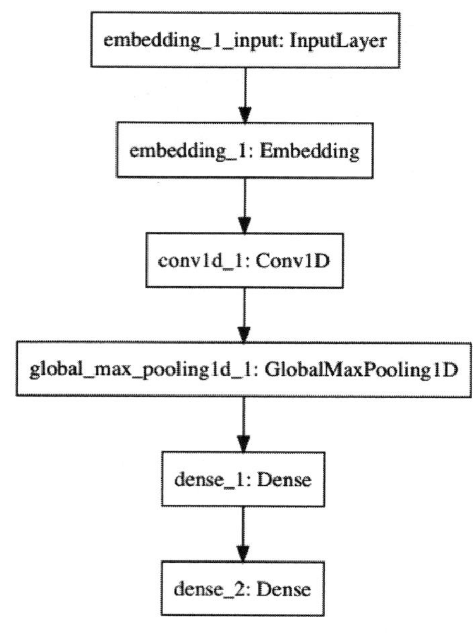

图 4-29　模型可视化

9）训练和测试模型。

```
model.fit(X_train, y_train,
                    epochs=epochs,
                    verbose=False,
                    validation_data=(X_test, y_test),
                    batch_size=batch_size)
loss, accuracy = model.evaluate(X_train, y_train, verbose=False)
print("Training Accuracy: {:.4f}".format(accuracy))
loss, accuracy = model.evaluate(X_test, y_test, verbose=False)
print("Testing Accuracy:  {:.4f}".format(accuracy))
```

精度输出应如图 4-30 所示。

```
Training Accuracy: 1.0000
Testing Accuracy:  0.8080
```

图 4-30　精度分数

5. 递归神经网络

活动 6：用 RNN 解决作者归属问题

解决方案：

准备数据

首先建立数据预处理管道。对于每一位作者，我们将所有已知的论文汇总成一个长文本。我们假设不同的论文风格不会改变，因此一个文本相当于多个小文本，但是编程处理要容易得多。

对于每位作者的每篇论文，我们执行以下步骤：

1）将所有文本转换成小写（忽略大写可能是文体属性的事实）。

2）将所有换行符和多个空白转换为单个空白。

3）删除对作者姓名的任何提及，否则我们将面临数据泄露的风险（作者姓名是汉密尔顿和麦迪逊）。

4）在预测未知文章的函数中执行上述步骤。

```
import numpy as np
import os
from sklearn.model_selection import train_test_split

# Classes for A/B/Unknown
A = 0
B = 1
UNKNOWN = -1


def preprocess_text(file_path):

    with open(file_path, 'r') as f:
        lines = f.readlines()
        text = ' '.join(lines[1:]).replace("\n", ' ').replace('  ','
').lower().replace('hamilton','').replace('madison', '')
        text = ' '.join(text.split())
        return text
# Concatenate all the papers known to be written by A/B into a single long
text
all_authorA, all_authorB = '',''
for x in os.listdir('./papers/A/'):
    all_authorA += preprocess_text('./papers/A/' + x)

for x in os.listdir('./papers/B/'):
    all_authorB += preprocess_text('./papers/B/' + x)

# Print lengths of the large texts
print("AuthorA text length: {}".format(len(all_authorA)))
print("AuthorB text length: {}".format(len(all_authorB)))
```

其输出应该如图 5-34 所示。

```
AuthorA text length: 216394
AuthorB text length: 230867
```

图 5-34　文本长度计数

下一步是将每个作者的长文本分成许多小序列。如上所述，我们根据经验选择序列的长度，并在模型的整个生命周期中使用它。我们通过用作者标记每个序列来获得完整的数据集。

为了将长文本分成更小的序列，我们使用 **keras** 框架中的 **Tokenizer** 类。特别是，请注意，我们将其设置为根据字符而不是单词来标记。

5）选择 **SEQ_LEN** 超参数，如果模型不适合训练数据，这可能需要更改。

6）编写一个函数 **make_subsequences**，将每个文档转换成长度为 SEQ_LEN 的序列，并给它一个正确的标签。

7）使用 **char_level=TrueK** 的 **Keras 标记器**。

8）将标记器安装在所有文本上。

9）使用此标记器，使用 **texts_to_sequences()** 将所有文本转换为序列。

10）使用 **make_subsequences()** 将这些序列转换成适当的形状和长度。

```
from keras.preprocessing.text import Tokenizer
# Hyperparameter - sequence length to use for the model
SEQ_LEN = 30
def make_subsequences(long_sequence, label, sequence_length=SEQ_LEN):

    len_sequences = len(long_sequence)
    X = np.zeros(((len_sequences - sequence_length)+1, sequence_length))
    y = np.zeros((X.shape[0], 1))
    for i in range(X.shape[0]):
        X[i] = long_sequence[i:i+sequence_length]
        y[i] = label
    return X,y

# We use the Tokenizer class from Keras to convert the long texts into a
sequence of characters (not words)

tokenizer = Tokenizer(char_level=True)

# Make sure to fit all characters in texts from both authors
tokenizer.fit_on_texts(all_authorA + all_authorB)

authorA_long_sequence = tokenizer.texts_to_sequences([all_authorA])[0]
authorB_long_sequence = tokenizer.texts_to_sequences([all_authorB])[0]

# Convert the long sequences into sequence and label pairs
X_authorA, y_authorA = make_subsequences(authorA_long_sequence, A)
X_authorB, y_authorB = make_subsequences(authorB_long_sequence, B)

# Print sizes of available data
print("Number of characters: {}".format(len(tokenizer.word_index)))
print('author A sequences: {}'.format(X_authorA.shape))
print('author B sequences: {}'.format(X_authorB.shape))
```

输出应如图 5-35 所示。

```
Number of characters: 52
author A sequences: (216365, 30)
author B sequences: (230838, 30)
```

图 5-35　序列的字符计数

11）比较每个作者的原始字符数和标记序列数。深度学习需要每个输入的很多例子。下面的代码计算文本中的总字数和唯一单词数。

```
# 计算文本中唯一单词的数量

word_tokenizer = Tokenizer()
word_tokenizer.fit_on_texts([all_authorA, all_authorB])

print("Total word count: ", len((all_authorA + ' ' + all_authorB).split('
')))
print("Total number of unique words: ", len(word_tokenizer.word_index))
```

输出应如图 5-36 所示。

```
Total word count:  74349
Total number of unique words:  6318
```

图 5-36　总字数和唯一单词数

现在开始创建训练、验证集。

12）将 **x** 数据堆叠在一起，y 数据堆叠在一起。

13）使用 **train_test_split** 将数据集分成 80% 的训练和 20% 的验证。

14）对数据进行整形，以确保它们是长度正确的序列。

```
# 从两位作者那里获取相等数量的序列
X = np.vstack((X_authorA, X_authorB))
y = np.vstack((y_authorA, y_authorB))

# Break data into train and test sets
X_train, X_val, y_train, y_val = train_test_split(X,y, train_size=0.8)

# Data is to be fed into RNN - ensure that the actual data is of size
[batch size, sequence length]
X_train = X_train.reshape(-1, SEQ_LEN)
X_val =  X_val.reshape(-1, SEQ_LEN)

# Print the shapes of the train, validation and test sets
print("X_train shape: {}".format(X_train.shape))
print("y_train shape: {}".format(y_train.shape))

print("X_validate shape: {}".format(X_val.shape))
print("y_validate shape: {}".format(y_val.shape))
```

输出如图 5-37 所示。

```
X_train shape: (357762, 30)
y_train shape: (357762, 1)
X_validate shape: (89441, 30)
y_validate shape: (89441, 1)
```

图 5-37 测试和训练数据集

最后，构建模型图并执行训练过程。

15）使用 **RNN** 和**稠密**层创建模型。

16）由于这是一个二进制分类问题，输出层应该是**稠密**的 **sigmoid** 激活层。

17）用**优化器**、适当的损失函数和度量标准编译模型。

18）打印模型摘要。

```
from keras.layers import SimpleRNN, Embedding, Dense
from keras.models import Sequential
from keras.optimizers import SGD, Adadelta, Adam
Embedding_size = 100
RNN_size = 256

model = Sequential()
model.add(Embedding(len(tokenizer.word_index)+1, Embedding_size, input_
length=30))
model.add(SimpleRNN(RNN_size, return_sequences=False))
model.add(Dense(1, activation='sigmoid'))

model.compile(optimizer='adam', loss='binary_crossentropy', metrics =
['accuracy'])
model.summary()
```

输出如图 5-38 所示。

Layer (type)	Output Shape	Param #
embedding_1 (Embedding)	(None, 30, 100)	5300
simple_rnn_1 (SimpleRNN)	(None, 256)	91392
dense_1 (Dense)	(None, 1)	257

```
Total params: 96,949
Trainable params: 96,949
Non-trainable params: 0
```

图 5-38 模型概要

19）决定批大小、迭代轮数，使用训练数据训练模型，并使用验证数据进行验证。

20）基于这些结果，回到上面的模型，如果需要的话改变它（使用更多的层，使用正则化，dropout，使用不同的优化器，或不同的学习率等。）

21）如果需要，更改**批大小**和**轮数**。

```
Batch_size = 4096
Epochs = 20
model.fit(X_train, y_train, batch_size=Batch_size, epochs=Epochs,
validation_data=(X_val, y_val))
```

输出如图 5-39 所示。

```
Train on 357762 samples, validate on 89441 samples
Epoch 1/20
357762/357762 [==============================] - 7s 20us/step - loss: 0.6907 - acc: 0.5298 - val_loss: 0.6846 - val_acc: 0.5528
Epoch 2/20
357762/357762 [==============================] - 5s 14us/step - loss: 0.6848 - acc: 0.5521 - val_loss: 0.6864 - val_acc: 0.5457
Epoch 3/20
357762/357762 [==============================] - 5s 14us/step - loss: 0.6832 - acc: 0.5567 - val_loss: 0.6828 - val_acc: 0.5571
Epoch 4/20
357762/357762 [==============================] - 5s 14us/step - loss: 0.6829 - acc: 0.5556 - val_loss: 0.6819 - val_acc: 0.5604
Epoch 5/20
357762/357762 [==============================] - 5s 13us/step - loss: 0.6800 - acc: 0.5621 - val_loss: 0.6760 - val_acc: 0.5718
Epoch 6/20
357762/357762 [==============================] - 5s 14us/step - loss: 0.6713 - acc: 0.5803 - val_loss: 0.6718 - val_acc: 0.5833
Epoch 7/20
357762/357762 [==============================] - 5s 14us/step - loss: 0.6650 - acc: 0.5936 - val_loss: 0.6491 - val_acc: 0.6165
Epoch 8/20
357762/357762 [==============================] - 5s 15us/step - loss: 0.6391 - acc: 0.6309 - val_loss: 0.6230 - val_acc: 0.6488
Epoch 9/20
357762/357762 [==============================] - 6s 17us/step - loss: 0.6113 - acc: 0.6624 - val_loss: 0.6502 - val_acc: 0.6229
Epoch 10/20
357762/357762 [==============================] - 8s 21us/step - loss: 0.5674 - acc: 0.7026 - val_loss: 0.5382 - val_acc: 0.7256
Epoch 11/20
357762/357762 [==============================] - 9s 24us/step - loss: 0.4963 - acc: 0.7568 - val_loss: 0.4697 - val_acc: 0.7745
Epoch 12/20
357762/357762 [==============================] - 13s 36us/step - loss: 0.4178 - acc: 0.8070 - val_loss: 0.4078 - val_acc: 0.8112
Epoch 13/20
357762/357762 [==============================] - 16s 46us/step - loss: 0.3448 - acc: 0.8483 - val_loss: 0.3798 - val_acc: 0.8328
Epoch 14/20
357762/357762 [==============================] - 24s 67us/step - loss: 0.2898 - acc: 0.8759 - val_loss: 0.2925 - val_acc: 0.8746
Epoch 15/20
357762/357762 [==============================] - 24s 68us/step - loss: 0.2364 - acc: 0.9021 - val_loss: 0.2538 - val_acc: 0.8920
Epoch 16/20
357762/357762 [==============================] - 24s 66us/step - loss: 0.1934 - acc: 0.9225 - val_loss: 0.2153 - val_acc: 0.9104
Epoch 17/20
357762/357762 [==============================] - 24s 67us/step - loss: 0.1662 - acc: 0.9345 - val_loss: 0.1931 - val_acc: 0.9206
Epoch 18/20
357762/357762 [==============================] - 24s 67us/step - loss: 0.1400 - acc: 0.9455 - val_loss: 0.1825 - val_acc: 0.9254
Epoch 19/20
357762/357762 [==============================] - 27s 76us/step - loss: 0.1249 - acc: 0.9520 - val_loss: 0.1666 - val_acc: 0.9329
Epoch 20/20
357762/357762 [==============================] - 33s 91us/step - loss: 0.1079 - acc: 0.9591 - val_loss: 0.1503 - val_acc: 0.9400
<keras.callbacks.History at 0x20f3a8d9ef0>
```

图 5-39　逐轮训练

模型在未知文章中的应用

对未知文件夹中的所有文件执行此操作：

1）像训练集一样进行预处理（小写，去除白线等）。

2）使用上面的标记器和 **make_subsequences** 函数将它们转换成所需大小的序列。

3）使用该模型预测序列。

4）计算分配给作者 **A** 和作者 **B** 的序列数。

5）根据票数，选出得票最多的作者。

```
for x in os.listdir('./papers/Unknown/'):
    unknown = preprocess_text('./papers/Unknown/' + x)
    unknown_long_sequences = tokenizer.texts_to_sequences([unknown])[0]
    X_sequences, _ = make_subsequences(unknown_long_sequences, UNKNOWN)
```

```
    X_sequences = X_sequences.reshape((-1,SEQ_LEN))

    votes_for_authorA = 0
    votes_for_authorB = 0

    y = model.predict(X_sequences)
    y = y>0.5
    votes_for_authorA = np.sum(y==0)
    votes_for_authorB = np.sum(y==1)


    print("Paper {} is predicted to have been written by {}, {} to {}".
format(
                x.replace('paper_','').replace('.txt',''),
                ("Author A" if votes_for_authorA > votes_for_authorB else
"Author B"),
                max(votes_for_authorA, votes_for_authorB), min(votes_for_
authorA, votes_for_authorB)))
```

输出如图 5-40 所示。

```
Paper 1 is predicted to have been written by Author B, 11946 to 8828
Paper 2 is predicted to have been written by Author B, 11267 to 8379
Paper 3 is predicted to have been written by Author B, 6738 to 6646
Paper 4 is predicted to have been written by Author A, 5254 to 4519
Paper 5 is predicted to have been written by Author A, 6570 to 5184
```

图 5-40 作者归属的输出

6. 门控循环单元

活动 7：使用简单 RNN 开发情感分类模型

解决方案：

1）加载数据集。

```
from keras.datasets import imdb
max_features = 10000
maxlen = 500

(train_data, y_train), (test_data, y_test) = imdb.load_data(num_words=max_
features)
print('Number of train sequences: ', len(train_data))
print('Number of test sequences: ', len(test_data))
```

2）填充序列，使每个序列具有相同的字符数。

```
from keras.preprocessing import sequence
train_data = sequence.pad_sequences(train_data, maxlen=maxlen)
test_data = sequence.pad_sequences(test_data, maxlen=maxlen)
```

3）使用具 32 个隐藏单元的 **SimpleRNN** 定义和编译模型。

```
from keras.models import Sequential
from keras.layers import Embedding
from keras.layers import Dense
from keras.layers import GRU
from keras.layers import SimpleRNN

model = Sequential()
model.add(Embedding(max_features, 32))
model.add(SimpleRNN(32))
model.add(Dense(1, activation='sigmoid'))

model.compile(optimizer='rmsprop',
              loss='binary_crossentropy',
              metrics=['acc'])

history = model.fit(train_data, y_train,
                    epochs=10,
                    batch_size=128,
                    validation_split=0.2)
```

4）绘制验证和训练的精度和损失。

```
import matplotlib.pyplot as plt

def plot_results(history):
    acc = history.history['acc']
    val_acc = history.history['val_acc']
    loss = history.history['loss']
    val_loss = history.history['val_loss']

    epochs = range(1, len(acc) + 1)
    plt.plot(epochs, acc, 'bo', label='Training Accuracy')
    plt.plot(epochs, val_acc, 'b', label='Validation Accuracy')

    plt.title('Training and validation Accuracy')
    plt.legend()
    plt.figure()
    plt.plot(epochs, loss, 'bo', label='Training Loss')
    plt.plot(epochs, val_loss, 'b', label='Validation Loss')
    plt.title('Training and validation Loss')
    plt.legend()
    plt.show()
```

5）绘制模型

```
plot_results(history)
```

输出如图 6-29 所示。

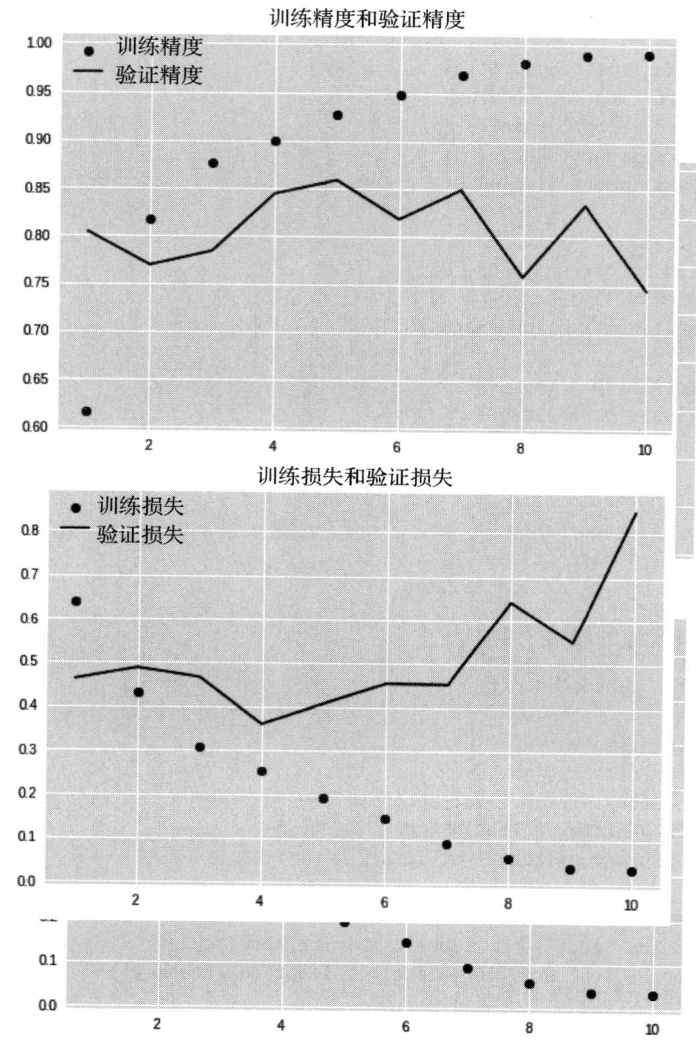

图 6-29　训练和验证精度 / 损失

活动 8：使用自选数据集训练字符生成模型

解决方案：

1）加载文本文件并导入必要的 Python 包和类。

```
import sys
import random
import string
import numpy as np
from keras.models import Sequential
from keras.layers import Dense
```

```
from keras.layers import LSTM, GRU
from keras.optimizers import RMSprop
from keras.models import load_model

# load text

def load_text(filename):
    with open(filename, 'r') as f:
        text = f.read()
    return text

in_filename = 'drive/shakespeare_poems.txt' # Add your own text file here
text = load_text(in_filename)
print(text[:200])
```

输出如图 6-30 所示。

```
THE SONNETS

by William Shakespeare

From fairest creatures we desire increase,
That thereby beauty's rose might never die,
But as the riper should by time decease,
His tender heir might bear his mem
```

图 6-30　莎士比亚十四行诗

2）创建字典，将字符映射到索引，反之亦然。

```
chars = sorted(list(set(text)))
print('Number of distinct characters:', len(chars))
char_indices = dict((c, i) for i, c in enumerate(chars))
indices_char = dict((i, c) for i, c in enumerate(chars))
```

输出如图 6-31 所示。

```
Number of distinct characters: 61
```

图 6-31　不同的字符数

3）根据文本创建序列。

```
max_len_chars = 40
step = 3
sentences = []
next_chars = []
for i in range(0, len(text) - max_len_chars, step):
    sentences.append(text[i: i + max_len_chars])
    next_chars.append(text[i + max_len_chars])
print('nb sequences:', len(sentences))
```

输出如图 6-32 所示。

```
nb sequences: 31327
```

图 6-32　nb 序列计数

4）制作输入和输出数组，馈送到模型。

```
x = np.zeros((len(sentences), max_len_chars, len(chars)), dtype=np.bool)
y = np.zeros((len(sentences), len(chars)), dtype=np.bool)
for i, sentence in enumerate(sentences):
    for t, char in enumerate(sentence):
        x[i, t, char_indices[char]] = 1
    y[i, char_indices[next_chars[i]]] = 1
```

5）用 GRU 建立和训练模型，并保存。

```
print('Build model...')
model = Sequential()
model.add(GRU(128, input_shape=(max_len_chars, len(chars))))
model.add(Dense(len(chars), activation='softmax'))

optimizer = RMSprop(lr=0.01)
model.compile(loss='categorical_crossentropy', optimizer=optimizer)
model.fit(x, y,batch_size=128,epochs=10)
model.save("poem_gen_model.h5")
```

6）定义采样和生成函数。

```
def sample(preds, temperature=1.0):
    # helper function to sample an index from a probability array
    preds = np.asarray(preds).astype('float64')
    preds = np.log(preds) / temperature
    exp_preds = np.exp(preds)
    preds = exp_preds / np.sum(exp_preds)
    probas = np.random.multinomial(1, preds, 1)
    return np.argmax(probas)
```

7）生成文本。

```
from keras.models import load_model
model_loaded = load_model('poem_gen_model.h5')
def generate_poem(model, num_chars_to_generate=400):
    start_index = random.randint(0, len(text) - max_len_chars - 1)
    generated = ''
    sentence = text[start_index: start_index + max_len_chars]
    generated += sentence
    print("Seed sentence: {}".format(generated))
    for i in range(num_chars_to_generate):
        x_pred = np.zeros((1, max_len_chars, len(chars)))
        for t, char in enumerate(sentence):
```

```
            x_pred[0, t, char_indices[char]] = 1.

        preds = model.predict(x_pred, verbose=0)[0]
        next_index = sample(preds, 1)
        next_char = indices_char[next_index]

        generated += next_char
        sentence = sentence[1:] + next_char
    return generated
generate_poem(model_loaded, 100)
```

输出如图 6-33 所示。

```
Seed sentence: pretty looks have been mine enemies,
And
'pretty looks have been mine enemies,\nAnd summmmmite it Time swill hold love and ust.\nAnd thou heart whereferayed me henule,\nThat which have,'
```

图 6-33　生成的文本输出

7. 长短期记忆网络

活动 9：使用简单 RNN 构建垃圾或非垃圾邮件分类器

解决方案：

1）导入所需的 Python 包

```
import pandas as pd
import numpy as np
from keras.models import Model, Sequential
from keras.layers import SimpleRNN, Dense,Embedding
from keras.preprocessing.text import Tokenizer
from keras.preprocessing import sequence
```

2）读取包含一个包含文本的列，和另一个包含描述文本是否为垃圾邮件的文本标签的列的输入文件。

```
df = pd.read_csv("drive/spam.csv", encoding="latin")
df.head()
```

输出如图 7-35 所示。

	v1	v2	Unnamed: 2	Unnamed: 3	Unnamed: 4
0	ham	Go until jurong point, crazy.. Available only ...	NaN	NaN	NaN
1	ham	Ok lar... Joking wif u oni...	NaN	NaN	NaN
2	spam	Free entry in 2 a wkly comp to win FA Cup fina...	NaN	NaN	NaN
3	ham	U dun say so early hor... U c already then say...	NaN	NaN	NaN
4	ham	Nah I don't think he goes to usf, he lives aro...	NaN	NaN	NaN

图 7-35　输入数据文件

3）标记输入数据中的列。

```
df = df[["v1","v2"]]
df.head()
```

输出如图 7-36 所示。

	v1	v2
0	ham	Go until jurong point, crazy.. Available only ...
1	ham	Ok lar... Joking wif u oni...
2	spam	Free entry in 2 a wkly comp to win FA Cup fina...
3	ham	U dun say so early hor... U c already then say...
4	ham	Nah I don't think he goes to usf, he lives aro...

图 7-36　带标签的输入数据

4）计算 v1 列中的垃圾邮件和火腿字符。

```
df["v1"].value_counts()
```

输出如图 7-37 所示。

```
ham     4825
spam     747
Name: v1, dtype: int64
```

图 7-37　垃圾邮件或火腿的价值计数

5）**X** 为特征，以 **Y** 为目标。

```
lab_map = {"ham":0, "spam":1}
X = df["v2"].values
Y = df["v1"].map(lab_map).values
```

6）转换成序列并填充序列。

```
max_words = 100
mytokenizer = Tokenizer(nb_words=max_words,lower=True, split=" ")
mytokenizer.fit_on_texts(X)
text_tokenized = mytokenizer.texts_to_sequences(X)
text_tokenized
```

输出如图 7-38 所示。

7）训练序列。

```
max_len = 50
sequences = sequence.pad_sequences(text_tokenized,maxlen=max_len)
sequences
```

```
[[50, 64, 8, 89, 67, 58],
 [46, 6],
 [47, 8, 19, 4, 2, 71, 2, 2, 73],
 [6, 23, 6, 57],
 [1, 98, 69, 2, 69],
 [67, 21, 7, 38, 87, 55, 3, 44, 12, 14, 85, 46, 2, 68, 2],
 [11, 9, 25, 55, 2, 36, 10, 10, 55],
 [72, 13, 72, 13, 12, 51, 2, 13],
 [72, 4, 3, 17, 2, 2, 16, 64],
 [13, 96, 26, 6, 81, 2, 2, 5, 36, 12, 47, 16, 5, 96, 47, 18],
 [30, 32, 77, 7, 1, 98, 70, 2, 80, 40, 93, 88],
 [2, 48, 2, 73, 7, 68, 2, 65, 92, 42],
 [3, 17, 4, 47, 8, 91, 73, 5, 2, 38],
 [12, 5, 2, 3, 12, 40, 1, 1, 97, 13, 12, 7, 33, 11, 3, 17, 7, 4, 29, 51],
 [1, 17, 4, 18, 36, 33],
 [2, 13, 5, 8, 5, 73, 26, 89],
 [93, 30],
 [6, 49, 19, 1, 69, 1],
 [34, 5, 6, 5, 61],
 [94, 5, 73, 35, 2, 2],
 [9, 20, 49, 3],
 [75, 2, 12, 19, 64],
 [23, 57, 45, 9, 90],
```

图 7-38 标记化的数据

8）建立模型。

```
model = Sequential()
model.add(Embedding(max_words, 20, input_length=max_len))
model.add(SimpleRNN(64))
model.add(Dense(1, activation="sigmoid"))
model.compile(loss='binary_crossentropy',
              optimizer='adam',
              metrics=['accuracy'])
model.fit(sequences,Y,batch_size=128,epochs=10,
          validation_split=0.2)
```

9）根据新的测试数据预测邮件类别。

```
inp_test_seq = "WINNER! U win a 500 prize reward & free entry to FA cup
final tickets! Text FA to 34212 to receive award"
test_sequences = mytokenizer.texts_to_sequences(np.array([inp_test_seq]))
test_sequences_matrix = sequence.pad_sequences(test_sequences,maxlen=max_
len)
model.predict(test_sequences_matrix)
```

输出如图 7-39 所示。

```
array([[0.979119]], dtype=float32)
```

图 7-39 新测试数据的输出

活动 10：创建法语到英语的翻译模型

解决方案：

1）导入必要的 Python 包和类。

```
import os
import re
import numpy as np
```

2）成对读取句子文件。

```
with open("fra.txt", 'r', encoding='utf-8') as f:
    lines = f.read().split('\n')

num_samples = 20000 # Using only 20000 pairs for this example
lines_to_use = lines[: min(num_samples, len(lines) - 1)]
```

3）删除 **\u202f** 字符。

```
for l in range(len(lines_to_use)):
    lines_to_use[l] = re.sub("\u202f", "", lines_to_use[l])


for l in range(len(lines_to_use)):
    lines_to_use[l] = re.sub("\d", " NUMBER_PRESENT ", lines_to_use[l])
```

4）将“**BEGIN_**”和“**_END**”单词附加到目标序列。将单词映射为整数。

```
input_texts = []
target_texts = []
input_words = set()
target_words = set()

for line in lines_to_use:
    target_text, input_text = line.split('\t')
    target_text = 'BEGIN_ ' + target_text + ' _END'
    input_texts.append(input_text)
    target_texts.append(target_text)
    for word in input_text.split():
        if word not in input_words:
            input_words.add(word)
    for word in target_text.split():
        if word not in target_words:
            target_words.add(word)


max_input_seq_length = max([len(i.split()) for i in input_texts])
max_target_seq_length = max([len(i.split()) for i in target_texts])

input_words = sorted(list(input_words))
target_words = sorted(list(target_words))
num_encoder_tokens = len(input_words)
num_decoder_tokens = len(target_words)
```

5）定义编码器 – 解码器输入。

```
input_token_index = dict(
    [(word, i) for i, word in enumerate(input_words)])
target_token_index = dict(
    [(word, i) for i, word in enumerate(target_words)])

encoder_input_data = np.zeros(
    (len(input_texts), max_input_seq_length),
    dtype='float32')
decoder_input_data = np.zeros(
    (len(target_texts), max_target_seq_length),
    dtype='float32')
decoder_target_data = np.zeros(
    (len(target_texts), max_target_seq_length, num_decoder_tokens),
    dtype='float32')

for i, (input_text, target_text) in enumerate(zip(input_texts, target_
texts)):
    for t, word in enumerate(input_text.split()):
        encoder_input_data[i, t] = input_token_index[word]
    for t, word in enumerate(target_text.split()):
        decoder_input_data[i, t] = target_token_index[word]
        if t > 0:
            # decoder_target_data is ahead of decoder_input_data #by one
timestep
            decoder_target_data[i, t - 1, target_token_index[word]] = 1.
```

6）建立模型。

```
from keras.layers import Input, LSTM, Embedding, Dense
from keras.models import Model

embedding_size = 50
```

7）开始编码器训练。

```
encoder_inputs = Input(shape=(None,))
encoder_after_embedding =  Embedding(num_encoder_tokens, embedding_size)
(encoder_inputs)

encoder_lstm = LSTM(50, return_state=True)_,
state_h, state_c = encoder_lstm(encoder_after_embedding)
encoder_states = [state_h, state_c]
```

8）开始解码器训练。

```
decoder_inputs = Input(shape=(None,))
decoder_after_embedding = Embedding(num_decoder_tokens, embedding_size)
(decoder_inputs)
decoder_lstm = LSTM(50, return_sequences=True, return_state=True)
decoder_outputs, _, _ = decoder_lstm(decoder_after_embedding,
                                     initial_state=encoder_states)
decoder_dense = Dense(num_decoder_tokens, activation='softmax')
decoder_outputs = decoder_dense(decoder_outputs)
```

9）定义最终模型。

```
model = Model([encoder_inputs, decoder_inputs], decoder_outputs)
model.compile(optimizer='rmsprop', loss='categorical_crossentropy',
metrics=['acc'])
model.fit([encoder_input_data, decoder_input_data],
          decoder_target_data,
          batch_size=128,
          epochs=20,
          validation_split=0.05)
```

10）向编码器和解码器提供推断。

```
# encoder part
encoder_model = Model(encoder_inputs, encoder_states)

# decoder part
decoder_state_input_h = Input(shape=(50,))
decoder_state_input_c = Input(shape=(50,))
decoder_states_inputs = [decoder_state_input_h, decoder_state_input_c]

decoder_outputs_inf, state_h_inf, state_c_inf = decoder_lstm(decoder_
after_embedding, initial_state=decoder_states_inputs)

decoder_states_inf = [state_h_inf, state_c_inf]
decoder_outputs_inf = decoder_dense(decoder_outputs_inf)
decoder_model = Model(
    [decoder_inputs] + decoder_states_inputs,
    [decoder_outputs_inf] + decoder_states_inf)
```

11）反向查找标记索引（token index）以解码序列。

```
reverse_input_word_index = dict(
    (i, word) for word, i in input_token_index.items())
reverse_target_word_index = dict(
    (i, word) for word, i in target_token_index.items())


def decode_sequence(input_seq):
```

12）将输入编码为状态向量。

```
states_value = encoder_model.predict(input_seq)
```

13）生成长度为 1 的空目标序列。

```
target_seq = np.zeros((1,1))
```

14）用起始字符填充目标序列的第一个字符。

```
target_seq[0, 0] = target_token_index['BEGIN_']
```

15）采样一批序列的循环。

```
stop_condition = False
```

```
    decoded_sentence = ''

    while not stop_condition:
        output_tokens, h, c = decoder_model.predict(
            [target_seq] + states_value)
```

16）采样一个标记（token）。

```
sampled_token_index = np.argmax(output_tokens)
sampled_word = reverse_target_word_index[sampled_token_index]
decoded_sentence += ' ' + sampled_word
```

17）中止条件：点击最大长度或找到停止字符。

```
if (sampled_word == '_END' or
   len(decoded_sentence) > 60):
    stop_condition = True
```

18）更新目标序列（长度为 1）。

```
target_seq = np.zeros((1,1))
target_seq[0, 0] = sampled_token_index
```

19）更新状态。

```
    states_value = [h, c]

return decoded_sentence
```

20）对用户输入的推断：输入一个单词序列，将序列逐字转换成编码。

```
text_to_translate = "Où est ma voiture??"

encoder_input_to_translate = np.zeros(
    (1, max_input_seq_length),
    dtype='float32')

for t, word in enumerate(text_to_translate.split()):
    encoder_input_to_translate[0, t] = input_token_index[word]

decode_sequence(encoder_input_to_translate)
```

输出如图 7-47 所示。

```
' Get a lot. _END'
```

图 7-47　法语到英语的翻译

8. 自然语言处理前沿

活动 11：构建文本摘要模型

解决方案：

1）导入必要的 Python 包和类。

```
import os
import re
import pdb
import string
import numpy as np
import pandas as pd
from keras.utils import to_categorical
import matplotlib.pyplot as plt
%matplotlib inline
```

2）加载数据集并读取文件。

```
path_data = "news_summary_small.csv"
df_text_file = pd.read_csv(path_data)
df_text_file.headlines = df_text_file.headlines.str.lower()
df_text_file.text = df_text_file.text.str.lower()

lengths_text = df_text_file.text.apply(len)
dataset = list(zip(df_text_file.text.values, df_text_file.headlines.values))
```

3）制作词汇词典。

```
input_texts = []
target_texts = []
input_chars = set()
target_chars = set()

for line in dataset:
    input_text, target_text = list(line[0]), list(line[1])
    target_text = ['BEGIN_'] + target_text + ['_END']
    input_texts.append(input_text)
    target_texts.append(target_text)


    for character in input_text:
        if character not in input_chars:
            input_chars.add(character)
    for character in target_text:
        if character not in target_chars:
            target_chars.add(character)

input_chars.add("<unk>")
input_chars.add("<pad>")
target_chars.add("<pad>")
```

```
input_chars = sorted(input_chars)
target_chars = sorted(target_chars)

human_vocab = dict(zip(input_chars, range(len(input_chars))))
machine_vocab = dict(zip(target_chars, range(len(target_chars))))
inv_machine_vocab = dict(enumerate(sorted(machine_vocab)))

def string_to_int(string_in, length, vocab):
    """
    Converts all strings in the vocabulary into a list of integers
representing the positions of the
    input string's characters in the "vocab"

    Arguments:
    string -- input string
    length -- the number of time steps you'd like, determines if the
output will be padded or cut
    vocab -- vocabulary, dictionary used to index every character of your
"string"

    Returns:
    rep -- list of integers (or '<unk>') (size = length) representing the
position of the string's character in the vocabulary
    """
```

4）转换为小写以标准化。

```
string_in = string_in.lower()
string_in = string_in.replace(',','')

if len(string_in) > length:
    string_in = string_in[:length]

rep = list(map(lambda x: vocab.get(x, '<unk>'), string_in))
    if len(string_in) < length:
        rep += [vocab['<pad>']] * (length - len(string_in))

    return rep

def preprocess_data(dataset, human_vocab, machine_vocab, Tx, Ty):

    X, Y = zip(*dataset)
    X = np.array([string_to_int(i, Tx, human_vocab) for i in X])
    Y = [string_to_int(t, Ty, machine_vocab) for t in Y]
    print("X shape from preprocess: {}".format(X.shape))

    Xoh = np.array(list(map(lambda x: to_categorical(x, num_
classes=len(human_vocab)), X)))
    Yoh = np.array(list(map(lambda x: to_categorical(x, num_
classes=len(machine_vocab)), Y)))
```

```
    return X, np.array(Y), Xoh, Yoh

def softmax(x, axis=1):
    """Softmax activation function.
    # Arguments
        x : Tensor.
        axis: Integer, axis along which the softmax normalization is
applied.
    # Returns
        Tensor, output of softmax transformation.
    # Raises
        ValueError: In case 'dim(x) == 1'.
    """
    ndim = K.ndim(x)
    if ndim == 2:
        return K.softmax(x)
    elif ndim > 2:
        e = K.exp(x - K.max(x, axis=axis, keepdims=True))
        s = K.sum(e, axis=axis, keepdims=True)
        return e / s
    else:
        raise ValueError('Cannot apply softmax to a tensor that is 1D')
```

5）运行前面的代码片段来加载数据，获取 vocab 字典，并定义一些稍后要使用的实用函数。定义输入字符和输出字符的长度。

```
Tx = 460
Ty = 75
X, Y, Xoh, Yoh = preprocess_data(dataset, human_vocab, machine_vocab, Tx,
Ty)
Define the model functions (Repeator, Concatenate, Densors, Dotor)
# Defined shared layers as global variables

repeator = RepeatVector(Tx)
concatenator = Concatenate(axis=-1)
densor1 = Dense(10, activation = "tanh")
densor2 = Dense(1, activation = "relu")
activator = Activation(softmax, name='attention_weights')
dotor = Dot(axes = 1)
Define one-step-attention function:
def one_step_attention(h, s_prev):
    """
    Performs one step of attention: Outputs a context vector computed as a
dot product of the attention weights
    "alphas" and the hidden states "h" of the Bi-LSTM.

    Arguments:
    h -- hidden state output of the Bi-LSTM, numpy-array of shape (m, Tx,
2*n_h)
    s_prev -- previous hidden state of the (post-attention) LSTM, numpy-
```

```
array of shape (m, n_s)

    Returns:
    context -- context vector, input of the next (post-attetion) LSTM cell
    """
```

6）使用 **repeator** 将 **s_prev** 重复为形状（**m, Tx, n_s**），以便你可以将其与所有隐藏状态“**a**”连接起来

```
s_prev = repeator(s_prev)
```

7）使用连接器（concatenator）在最后一个轴上连接 a 和 s _ prev（≈ 1 行）。

```
concat = concatenator([h, s_prev])
```

8. 使用 **densor1** 通过一个小的完全连接的神经网络传播 **concat** 来计算“中间能量”变量 e。

```
e = densor1(concat)
```

9）使用 **densor2** 通过一个小的完全连接的神经网络传播 e 来计算“**energies**”可变能量。

```
energies = densor2(e)
```

10）使用“**energies**”上的“**激活器**”来计算注意力权重“**alpha**”。

```
alphas = activator(energies)
```

11）将 **dotor** 与“**alpha**”和“**a**”一起使用，计算要给予下一个（后注意）LSTM 单元的上下文向量。

```
    context = dotor([alphas, h])

    return context
Define the number of hidden states for decoder and encoder.
n_h = 32
n_s = 64
post_activation_LSTM_cell = LSTM(n_s, return_state = True)
output_layer = Dense(len(machine_vocab), activation=softmax)
Define the model architecture and run it to obtain a model.
def model(Tx, Ty, n_h, n_s, human_vocab_size, machine_vocab_size):
    """
    Arguments:
    Tx -- length of the input sequence
    Ty -- length of the output sequence
    n_h -- hidden state size of the Bi-LSTM
    n_s -- hidden state size of the post-attention LSTM
    human_vocab_size -- size of the python dictionary "human_vocab"
    machine_vocab_size -- size of the python dictionary "machine_vocab"

    Returns:
    model -- Keras model instance
    """
```

12）用形状（**Tx,**）定义模型的输入。

13）定义 **s0** 和 **c0**，形状为（**n_s**）的解码器 LSTM 的初始隐藏状态。

```
X = Input(shape=(Tx, human_vocab_size), name="input_first")
s0 = Input(shape=(n_s,), name='s0')
c0 = Input(shape=(n_s,), name='c0')
s = s0
c = c0
```

14）初始化输出的空列表。

```
outputs = []
```

15）定义前注意力 Bi-LSTM。记住使用返回 return_sequences=True。

```
    a = Bidirectional(LSTM(n_h, return_sequences=True))(X)

    # Iterate for Ty steps
    for t in range(Ty):

        # Perform one step of the attention mechanism to get back the
context vector at step t
        context = one_step_attention(h, s)
```

16）将后注意力 LSTM 单元应用于“**context**”向量。

```
        # Pass: initial_state = [hidden state, cell state]
        s, _, c = post_activation_LSTM_cell(context, initial_state =
[s,c])
```

17）将**稠密层**应用于后注意 LSTM 的隐藏状态输出。

```
out = output_layer(s)
```

18）将“输出”附加到“输出”列表中。

```
outputs.append(out)
```

19）创建模型实例，采用三个输入并返回输出列表。

```
    model = Model(inputs=[X, s0, c0], outputs=outputs)

    return model

model = model(Tx, Ty, n_h, n_s, len(human_vocab), len(machine_vocab))
#Define model loss functions and other hyperparameters. Also #initialize
decoder state vectors.

opt = Adam(lr = 0.005, beta_1=0.9, beta_2=0.999, decay = 0.01)
model.compile(loss='categorical_crossentropy', optimizer=opt,
metrics=['accuracy'])

s0 = np.zeros((10000, n_s))
c0 = np.zeros((10000, n_s))
outputs = list(Yoh.swapaxes(0,1))
```

```
Fit the model to our data:
model.fit([Xoh, s0, c0], outputs, epochs=1, batch_size=100)
#Run inference step for the new text.
EXAMPLES = ["Last night a meteorite was seen flying near the earth's
moon."]
for example in EXAMPLES:

    source = string_to_int(example, Tx, human_vocab)
    source = np.array(list(map(lambda x: to_categorical(x, num_
classes=len(human_vocab)), source)))
    source = source[np.newaxis, :]
    prediction = model.predict([source, s0, c0])
    prediction = np.argmax(prediction, axis = -1)
    output = [inv_machine_vocab[int(i)] for i in prediction]

    print("source:", example)
    print("output:", ''.join(output))
```

输出如图 8-18 所示。

```
source: Last night a meteorite was seen flying near the earth's moon.
output: aaaaa              <pad><pad><pad><pad><pad><pad><pad><pad><pad><pad><pad><pad><pad><pad><pad><pad>
```

图 8-18　文本摘要模型输出

9. 组织中的实际 NLP 项目工作流

LSTM 模型代码

1）检查是否能检测到 GPU。

```
import tensorflow as tf
tf.test.gpu_device_name()
```

2）设置 Colab notebook。

```
from google.colab import drive
drive.mount('/content/gdrive')

# Run the below command in a new cell

cd /content/gdrive/My Drive/Lesson-9/

# Run the below command in a new cell
!unzip data.csv.zip
```

3）导入必要的 Python 包和类。

```
import os
import re
```

```
import pickle
import pandas as pd

from keras.preprocessing.text import Tokenizer
from keras.preprocessing.sequence import pad_sequences

from keras.models import Sequential
from keras.layers import Dense, Embedding, LSTM
```

4）加载数据文件。

```
def preprocess_data(data_file_path):
    data = pd.read_csv(data_file_path, header=None) # read the csv
    data.columns = ['rating', 'title', 'review'] # add column names
    data['review'] = data['review'].apply(lambda x: x.lower()) # change
all text to lower
    data['review'] = data['review'].apply((lambda x: re.sub('[^a-zA-z0-
9\s]','',x))) # remove all numbers
    return data


df = preprocess_data('data.csv')
```

5）初始化标记。

```
max_features = 2000
maxlength = 250

tokenizer = Tokenizer(num_words=max_features, split=' ')
```

6）安装标记器。

```
tokenizer.fit_on_texts(df['review'].values)
X = tokenizer.texts_to_sequences(df['review'].values)
```

7）填充序列。

```
X = pad_sequences(X, maxlen=maxlength)
```

8）获取目标变量。

```
y_train = pd.get_dummies(df.rating).values


embed_dim = 128
hidden_units = 100
n_classes = 5

model = Sequential()
model.add(Embedding(max_features, embed_dim, input_length = X.shape[1]))
model.add(LSTM(hidden_units))
model.add(Dense(n_classes, activation='softmax'))
model.compile(loss = 'categorical_crossentropy', optimizer='adam',metrics
```

```
= ['accuracy'])
print(model.summary())
```

9）适配模型。

```
model.fit(X[:100000, :], y_train[:100000, :], batch_size = 128, epochs=15,
validation_split=0.2)
```

10）保存模型和标记器。

```
model.save('trained_model.h5')  # creates a HDF5 file 'trained_model.h5'

with open('trained_tokenizer.pkl', 'wb') as f: # creates a pickle file
'trained_tokenizer.pkl'
    pickle.dump(tokenizer, f)

from google.colab import files
files.download('trained_model.h5')
files.download('trained_tokenizer.pkl')
```

Flask 代码

1）导入必要的 Python 包和类。

```
import re
import pickle
import numpy as np

from flask import Flask, request, jsonify
from keras.models import load_model
from keras.preprocessing.sequence import pad_sequences
```

2）定义输入文件并加载到数据帧中。

```
def load_variables():
    global model, tokenizer
    model = load_model('trained_model.h5')
    model._make_predict_function()  # https://github.com/keras-team/keras/
issues/6462
    with open('trained_tokenizer.pkl',  'rb') as f:
        tokenizer = pickle.load(f)
```

3）定义类似于训练代码的预处理函数。

```
def do_preprocessing(reviews):
    processed_reviews = []
    for review in reviews:
        review = review.lower()
        processed_reviews.append(re.sub('[^a-zA-z0-9\s]', '', review))
    processed_reviews = tokenizer.texts_to_sequences(np.array(processed_
reviews))
    processed_reviews = pad_sequences(processed_reviews, maxlen=250)
    return processed_reviews
```

4）定义 Flask 应用实例。

```
app = Flask(__name__)
```

5）定义显示固定消息的端点。

```
@app.route('/')
def home_routine():
    return 'Hello World!'
```

6）现有一个预测端点，可以向它发送审查字符串。我们使用的是一种“**POST**”请求。

```
@app.route('/prediction', methods=['POST'])
def get_prediction():
  # get incoming text
  # run the model
    if request.method == 'POST':
        data = request.get_json()
    data = do_preprocessing(data)
    predicted_sentiment_prob = model.predict(data)
    predicted_sentiment = np.argmax(predicted_sentiment_prob, axis=-1)
    return str(predicted_sentiment)
```

7）启动网络服务器。

```
if __name__ == '__main__':
  # load model
  load_variables()
  app.run(debug=True)
```

8）将此文件另存为 **app.py**（可以使用任何名称）。从终端运行此 **app.py** 代码。

```
python app.py
```

输出如图 9-31 所示。

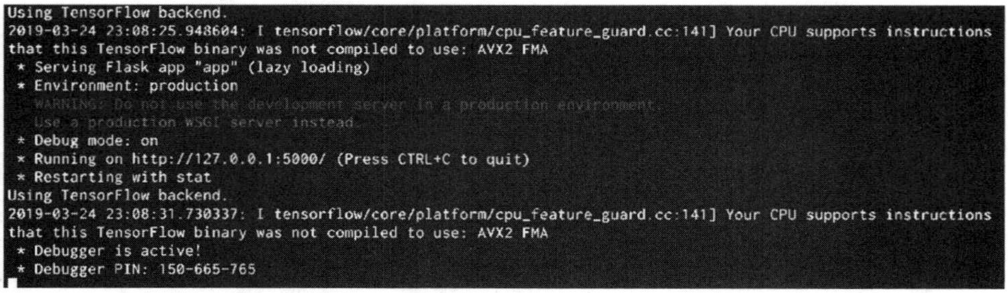

```
Using TensorFlow backend.
2019-03-24 23:08:25.948604: I tensorflow/core/platform/cpu_feature_guard.cc:141] Your CPU supports instructions
that this TensorFlow binary was not compiled to use: AVX2 FMA
 * Serving Flask app "app" (lazy loading)
 * Environment: production
   WARNING: Do not use the development server in a production environment.
   Use a production WSGI server instead.
 * Debug mode: on
 * Running on http://127.0.0.1:5000/ (Press CTRL+C to quit)
 * Restarting with stat
Using TensorFlow backend.
2019-03-24 23:08:31.730337: I tensorflow/core/platform/cpu_feature_guard.cc:141] Your CPU supports instructions
that this TensorFlow binary was not compiled to use: AVX2 FMA
 * Debugger is active!
 * Debugger PIN: 150-665-765
```

图 9-31　Flask 的输出